Active Inference
The Free Energy Principle in Mind, Brain, and Behavior

主动推理

心智、大脑与行为的自由能原理

[英] 托马斯·帕尔
[意] 乔瓦尼·佩祖洛 著
[英] 卡尔·J.弗里斯顿

刘林澍 译

主动推理架构是对感知行为的一种理解，旨在以概率推理描述知觉、计划和行动。该架构为理论神经科学家卡尔·J. 弗里斯顿多年来开创性研究的成果，提供了一个关于大脑、认知和行为的整合性视角，越来越多地应用于神经科学、心理学和哲学等学科领域。主动推理架构将行动寓于知觉之中。本书首次全面介绍了主动推理架构，涵盖理论基础和实践应用。

作为理解行为与大脑的"第一原则"方法，主动推理架构以最小化自由能为纲。本书强调了自由能原理对理解大脑运行方式的重大意义，介绍了主动推理架构的相关概念和形式体系，并将其置于当前认知科学理论的语境之中，而后以具体实例展示了如何使用基于主动推理的计算模型来解释知觉、注意、记忆和计划等认知现象。

Active Inference: The Free Energy Principle in Mind, Brain, and Behavior
by Thomas Parr, Giovanni Pezzulo, and Karl J. Friston
© 2022 Massachusetts Institute of Technology
Simplified Chinese Translation Copyright © 2024 by China Machine Press. This edition is authorized for sale in the Chinese mainland (excluding Hong Kong SAR, Macao SAR and Taiwan).
No part of this book may be reproduced in any form by any electronic or mechanical means (including photocopying, recording, or information storage and retrieval) without permission in writing from the publisher. All rights reserved.

此版本仅限在中国大陆地区（不包括香港、澳门特别行政区及台湾地区）销售。未经出版者书面许可，不得以任何方式抄袭、复制或节录本书中的任何部分。

北京市版权局著作权合同登记号　图字：01-2023-5628。

图书在版编目（CIP）数据

主动推理：心智、大脑与行为的自由能原理 /（英）托马斯·帕尔（Thomas Parr），（意）乔瓦尼·佩祖洛（Giovanni Pezzulo），（英）卡尔·J. 弗里斯顿（Karl J. Friston）著；刘林澍译. —北京：机械工业出版社，2024.2

书名原文：Active Inference: The Free Energy Principle in Mind, Brain, and Behavior

ISBN 978-7-111-75019-2

Ⅰ.①主… Ⅱ.①托… ②乔… ③卡… ④刘… Ⅲ.①推理 Ⅳ.①B812.23

中国国家版本馆 CIP 数据核字（2024）第 040191 号

机械工业出版社（北京市百万庄大街22号　邮政编码100037）
策划编辑：坚喜斌　　　　责任编辑：坚喜斌　廖　岩
责任校对：曹若菲　陈　越　责任印制：刘　媛
唐山楠萍印务有限公司印刷
2024年6月第1版第1次印刷
160mm×235mm·27.5印张·3插页·285千字
标准书号：ISBN 978-7-111-75019-2
定价：108.00元

电话服务	网络服务
客服电话：010-88361066	机　工　官　网：www.cmpbook.com
010-88379833	机　工　官　博：weibo.com/cmp1952
010-68326294	金　书　网：www.golden-book.com
封底无防伪标均为盗版	机工教育服务网：www.cmpedu.com

这或许是迄今为止对主动推理这一概念最详实清晰的介绍。

——托马斯·瑞恩（Tomas Ryan），都柏林圣三一大学

致 谢

Active Inference

我们在此诚挚地感谢朋友和同事们为本书的创作提供的宝贵意见，特别是伦敦大学学院 Wellcome 人类神经成像中心（Wellcome Centre for Human Neuroimaging）理论神经生物学研究小组、意大利国家研究委员会认知科学与技术研究所的认知行动实验室过去和现在的成员们，以及众多国际合作者——他们对本书思想的发展发挥了不可或缺的作用。这个年轻但不断成长的社区为我们提供了慷慨的智力支持和强大的精神激励。此外，感谢 MIT 出版社的 Robert Prior 和 Anne-Marie Bono 在本书创作过程中的陪伴和建议，以及 Jakob Hohwy 和其他思想家的评论和指导。最后，感谢为 Karl Friston 和 Giovanni Pezzulo 的研究提供资金支持的 Wellcome Trust 重点研究基金（088130/Z/09/Z）、欧洲研究委员会（第 820213 号协议：ThinkAhead）以及欧盟"地平线 2020 研究与创新框架计划"（第 945539 号协议：人类大脑计划 SGA3）。

前　言

Active Inference

　　主动推理是一种理解感知行为（sentient behavior）的方法。读这本书的时候，你就在实施主动推理——也就是说，你正（以特定方式）主动对现实进行取样，因为你相信这样做能让你学到些东西。你用双眼扫过页面，因为此举有助于降低你将要接收到的视觉刺激的不确定性，即有助于你了解这些文字试图传达些什么意思。简而言之，主动推理将行动纳入了知觉之中，让知觉成为了一种推理或曰假设检验。不仅如此，主动推理甚至将计划也纳入了推理的范畴——这种推理是为了确定你将采取的行动，以降低自身存在的不确定性。

　　主动推理可以非常简单直接，要体会这一点，你只需要让指尖轻触大腿，并保持不动一两秒钟。现在你的腿能感受到指尖吗？它是平滑还是粗糙？你大概会发现要想感受到指尖的质地就非得让它在腿上轻轻滑动不可，这就是最基本的主动推理。感之即触之，见之即视之，闻之即听之。当然"抚触"并不一定要像这样外显地进行，我们可以像浏览书本时那样悄悄引导自己注意力的指向。一句话，我们并非只在致力于理解自己感知到的事物，还在积极主动地创造自己的"感知圈"（sensorium）。接下来，我们就将看到事情为何必然如此——为何我们所感、所做，乃至计划的一切皆可归于一种存在意义上的规范——自证。

主动推理的解释范围可不仅限于阅读或搜索信息。有观点认为，一切生物与粒子都以自身的存在实施主动推理。这像是个很强势的主张，但它其实点明了一个事实：主动推理源于自由能原理，后者将存在等同于自证，将自证等同于生成性的推理。本书不会深入探讨智能系统的物理学，而是主要关注这些物理原则将如何帮助我们理解大脑的运行机制。

要理解这些并不容易。哲学家们思索自然已有上千年了，神经科学也有上百年的历史。虽说我们能将主动推理追溯到自组织行为的第一原则（类似哈密顿最小作用量原理的变分原理），但第一原则本身对理解一个特定的大脑如何运行，以及它与其他大脑有何不同却很难说有多大的帮助。这就像基于自然选择的演化理论很难解释我为什么有两只眼睛或为什么说法语。本书旨在使用原则支持读者提出并解决神经科学与人工智能领域的重要问题，我们不能止步于原则，还要掌握适配原则的具体机制。

因此，主动推理——及相应的贝叶斯机制——为我们如何知觉、计划与行动的问题确定了框架。关键在于，它的目标并非取代其他的框架，如心理行为研究、决策理论或强化学习。相反，它试图将这些行之有效的进路囊括在统一的结构之中。接下来我们将特别关注主动推理的信念更新（及相应过程理论）将如何与心理学、认知神经科学、生成论、动物行为学等领域的重要概念建立关联。

所谓的"过程理论"关注具身的大脑（及其他因素）支持的神经（及其他生物物理）过程如何实现信念更新。基于主动推理的研究迄今已创建了一套相当完善的计算架构和模拟工具，既可为大脑的方方面面建模，又可检验关于其他计算架构的假设。但这些工具没法解决所有的问题。主动推理的核心（同时也是它最大的挑战）是创建一个合适的生成模型——关于外部世界（无法观察）的诱因如何产生可观察结果（即感知）的统计表征，能为实验被试或其他生物的智能行为提供恰当的解释。

我们希望借助本书向读者展示如何应对这一挑战。在第一部分，我们将给出全书的基本观点和公式，这些观点和公式将在第二部分用于研究实践。简而言之，本书是为那些想要使用主动推理的读者创作的，该架构可为智能行为建模，服务于科学探索或人工智能研究。因此它关注的是理解和应用主动推理架构所必不可少的观点和程序，而非智能系统的物理学或哲学。

Karl Friston 的特别声明

我要承认自己并未过多地参与，或更准确地说，并未被允许过多地参与本书的创作。本书的创作宗旨决定了清晰明了的写作风格对其至关重要,而这是我力所不能及的。虽然书中加入了我最为中意的一些观点,但Thomas和Giovanni承担了绝大部分的创作工作——本书是他们对相关问题(当然首先是关于心智的问题)的深刻理解的绝好证明。

目 录

致谢

前言

第一部分

1 概论

1.1	介绍	005
1.2	生命有机体的持存与适应	006
1.3	主动推理：基于第一原则的行为	008
1.4	全书结构	010
1.5	总结	021

2 主动推理的底层逻辑

2.1	介绍	025
2.2	作为推理的知觉	026
2.3	生物的推理和优化	035
2.4	作为推理的行动	038
2.5	最小化模型与世界的差异	040
2.6	最小化变分自由能	043
2.7	预期自由能和作为推理的计划	048
2.8	何谓预期自由能	051
2.9	关于主动推理的底层逻辑	057
2.10	总结	059

3 主动推理的顶层逻辑

- 3.1 介绍 063
- 3.2 马尔科夫毯 065
- 3.3 惊异最小化与自证 070
- 3.4 推理、认知与随机动力学 075
- 3.5 主动推理架构：理解行为与认知的新基础 080
- 3.6 模型、策略与轨迹 084
- 3.7 在主动推理架构下协调生成论、控制论和预测理论 086
- 3.8 主动推理：从生命的涌现到能动性的产生 088
- 3.9 总结 090

4 主动推理的生成模型

- 4.1 介绍 095
- 4.2 从贝叶斯推理到自由能 096
- 4.3 生成模型 101
- 4.4 对应离散时间任务的主动推理 106
- 4.5 连续时间的主动推理 114
- 4.6 总结 125

5 消息传递和神经生物学

5.1	介绍	129
5.2	微观回路与消息	131
5.3	运动指令	136
5.4	皮质下结构	139
5.5	神经调节与学习	143
5.6	表征离散变量与连续变量的层级	149
5.7	总结	151

第二部分

6 主动推理模型的设计指南

6.1	介绍	157
6.2	主动推理模型：四步设计指南	159
6.3	我们在为什么系统建模？	161
6.4	生成模型最恰当的形式是怎样的？	164
6.5	如何创建生成模型？	169
6.6	怎样理解生成过程？	177
6.7	基于主动推理架构执行数据的模拟、可视化、分析和拟合	181
6.8	总结	183

7 离散时间的主动推理

7.1	介绍	187
7.2	知觉推理	188
7.3	作为推理的决策与计划	193
7.4	信息搜集	203

7.5	学习与求新	208
7.6	多层（深度）推理	218
7.7	总结	223

8 连续时间的主动推理

8.1	介绍	227
8.2	运动控制	228
8.3	动力系统	232
8.4	广义同步	240
8.5	混合（离散+连续）模型	243
8.6	总结	248

9 基于模型的数据分析

9.1	介绍	255
9.2	元贝叶斯方法	256
9.3	变分拉普拉斯	260
9.4	参数经验贝叶斯（PEB）	263
9.5	基于模型的数据分析指南	265
9.6	生成模型举例	269
9.7	错误推理的模型	273
9.8	总结	279

10 作为感知行为之统一理论的主动推理

10.1	介绍	283
10.2	完整梳理	284
10.3	融会贯通：以整合水平理解主动推理架构	289
10.4	预测性的大脑、心智和预测加工理论	293
10.5	知觉	296
10.6	行动控制	299
10.7	效用与决策	305
10.8	行为与有限理性	314
10.9	效价、情绪与动机	317
10.10	稳态、稳态应变与内感觉加工	320
10.11	注意、显著性与认识活动的动力学	323
10.12	规则学习、因果推理与快速泛化	325
10.13	在其他领域应用主动推理：一些可能的方向	328
10.14	总结	332

附　录

附录 A	相关数学背景	337
附录 B	主动推理的数学方程	362
附录 C	Matlab 代码：一个带注释的例子	383

注释	393
参考文献	400
索引	424

PART ONE

第一部分

主动推理

Active Inference

心智、大脑与行为的自由能原理

1

概论

机遇青睐有准备的人。

——Louis Pasteur

1.① 介绍

本章介绍了主动推理架构致力于解决的主要问题：生命有机体如何借助与其所在环境的适应性互动实现持存？我们将探讨从规范性角度回答这个问题的动机：从第一原则出发，进而追问其认知科学与生物科学蕴含。此外，本章简要介绍了全书的结构，包括两大部分：第一部分致力于帮助读者理解主动推理架构，第二部分则致力于帮助读者将该架构应用于自己的研究工作。

* * *
* *
*

1.2 生命有机体的持存与适应

生命有机体始终处在与其所在环境（包括其他有机体）的互动之中。它们借助行动改变环境并从环境中接受感知刺激，如图 1-1 所示。

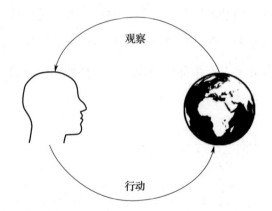

图 1-1 连接生物及其所在环境的行动—知觉环路。"环境"的概念是宽泛的，在我们探讨的例子中，其包括物理环境、身体、社会环境，等等。

生命有机体只有通过对行动—知觉环路的适应性控制，才能维持自身的完整。这意味着它们要采取行动并接收感知刺激（观察），这些感知刺激要么对应于它们所偏好的结果和目标（对简单有机体，这类感知刺激通常与食物和庇护所有关，对复杂有机体则可能还与社会关系或职业有关），要么有助于它们理解世界（为其揭示周围环境状态）。

借助对行动—知觉环路的适应性控制与环境互动对生命有机体意味着巨大的挑战,这是因为行动—知觉环路具有递归的性质:观察难免受过往的行动影响,进而又改变我们后续行动的决策,后续的行动又产生后续的观察。潜在的控制与适应方案数量巨大,但其中只有很少是真正有用的。但在演化的过程中,生命有机体成功地发展了适应性的策略,并因此得以存续下来。这些策略的复杂程度各不相同,简单有机体的策略相对单一、刻板(比如细菌会游向糖分更高的水域),复杂有机体的策略则要求更高,也更加灵活(比如人类会制订计划,追求远期目标)。这些策略在选择和执行的时间尺度方面也有区别:从(演化时间尺度的)对环境中威胁因素的简单反应和形态学适应,到借助文化与发展习得的行为模式,再到行动与知觉尺度的、通常要求更高的认知过程(如注意与记忆)。

* * *
* *
*

1.3 主动推理：基于第一原则的行为

5   这种多样性为生物带来了福音，但对构建大脑与心智的形式理论却构成了挑战。对心智理论大致有两种观点。一种观点是：不同生物的适应性、神经过程（比如突触间的交互与神经网络的运行）和认知机制（像知觉、注意、社会互动）具有高度的特异性，需分别予以专门解释，这就引出了哲学、心理学、神经科学、行为学、生物学、人工智能和机器人学等领域的海量理论，要想将它们统一几乎是不可能的。另一种观点是，尽管表现形式多种多样，生命有机体在行为、认知和适应性方面的某些核心特征可基于"第一原则"做出一致的解释。

这两种观点产生了两条研究思路，在某种程度上又分别映射了认知科学研究的两大"派系"——"简约派"（theneats）和"芜杂派"（thescruffies）（这对称谓来自 Roger Shank）。"简约派"致力于超越大脑和心智现象（表面上）的异质性，寻求理论上的统一。他们希望从第一原则出发，设计自上而下的、规范性[1]的模型，并由此衍生出关于大脑和心智的尽可能多的事实。"芜杂派"则拥抱异质性，关注需要专门解释的细节。他们希望从数据出发，设计自下而上的模型，用一切可用的方法解释复杂现象，包括为不同的现象提供不同的解释。

我们有无可能如"简约派"所追求的那样,从第一原则出发解释高度异质化的生物和认知现象?又能否构建起理解大脑与心智的统一框架?

对这些问题,本书给出的答案是肯定的。主动推理就是理解大脑与心智的规范架构,我们将从第一原则出发,逐渐呈现其认知科学与生命科学蕴义。

1.4 全书结构

本书由两部分构成，分别针对想要理解主动推理架构的读者（第一部分）和想在自己的研究工作中使用主动推理架构的读者（第二部分）。本书第一部分以当前认知理论为背景，展示了主动推理架构的概念与形式体系，旨在为读者提供对主动推理架构的详细的、形式化的，同时也是自洽的介绍：这一架构都有哪些核心概念，以及它对神经科学与认知科学研究而言意味着什么。

本书的第二部分以一些计算模型为例，展示了主动推理架构如何解释诸如知觉、注意、记忆和计划等认知现象，旨在帮助读者理解现有基于主动推理架构的计算模型，并启发他们创建新的模型。简而言之，本书的两个部分分别对应主动推理架构的理论与实践。

1.4.1 主动推理：理论篇

主动推理是一个规范架构，用于描述生命有机体之贝叶斯最优[2]的认知与行为。其规范性体现在：生命有机体认知与行为的方方面面都要遵循一个原则——令其感知观察的惊异最小化。"惊异"这个概念不能从字面意义上来理解，它衡量的其实是主体当前的感知观察与其偏好的感知观察间的差异，而为主体所偏好的感知观察通常关乎身体的完整与生命的维系（比如鱼偏好的感知观察必然是在水中的）。重要的是，单凭被动地观察环境无助于实现惊异最小化，主体必须对其行动—知觉环路施以适应性的控制，由此获得偏好的感知观察。主动推理架构之"主动"就体现于此。

惊异最小化在技术上很难实现，个中原因我们很快就将谈到。主动推理架构提供了一个解决方案，其假设即便生命有机体无法直接最小化惊异水平，也能最小化一个近似值，这个近似值就是（变分）自由能。这个量可借助神经计算实现最小化，作为对感知观察的反应（和期望）。对自由能最小化的强调揭示了主动推理架构及其背后的"第一原则"——也就是自由能原理（Friston, 2009）间的关系。

就解释生命现象而言，自由能最小化似乎是一个非常抽象的出发点。但是，我们能由此出发引申出一系列形式的，乃至实证的假设，解释大量认知科学与神经科学问题。包括神经集群如何编码自由能最小化涉及的变量，最小化自由能的过程如何对应于特定认知过程，如知觉、行动选择和学习，以及主动推理的主体为推进自由能的最小化会采取哪些行动。

上述问题表明本书将主要关注生命有机体水平的主动推理和自由能最小化——包括非常简单与非常复杂的生命（如细菌与人类），及相应的行为、认知、社会和神经过程。这是必要的澄清，因为自由能原理的适用范围非常广泛，除神经信息加工活动外，自由能最小化还可用于描述时间跨度各异的一系列生命现象，涵盖细胞尺度、文化尺度和演化尺度（Friston, Levin et al., 2015；Isomura & Friston, 2018；Palacios, Razi et al., 2020；Veissière et al., 2020）。但这些话题就不在本书的关注范围之内了。

我们可以用两套逻辑来刻画主动推理架构：顶层逻辑和底层逻辑（见图1-2）。它们为理解主动推理提供了两种截然不同的视角，但彼此又高度互补。

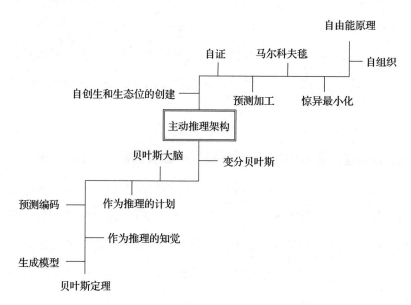

图1-2 主动推理架构的两套逻辑：顶层逻辑（始于右上角）和底层逻辑（始于左下角）。

主动推理架构之顶层逻辑的出发点是类似这样的问题：生命有机体如何借助在现实环境中的适应性活动实现持存？主动推理架构提供了对这类问题的规范性解决方案，而顶层逻辑将有助于我们理解这种规范性的内涵：生命有机体需要做些什么来应对基本的生存挑战（最小化自由能）以及它们为何要这么做（替代性地最小化其感知观察之惊异）。

主动推理架构的底层逻辑从贝叶斯大脑的理念出发，该理念视大脑为一台推理引擎，致力于优化感知刺激之诱因的概率表征。主动推理是（原本不可解的）推理问题的一种特殊的变分近似，这种近似有生物学意义上的可行性。主动推理的底层逻辑有助于阐释主体**如何**最小化自由能——这意味着主动推理不仅是一条原则，还是对认知功能及其神经基础的机制解释（亦即过程理论）。

我们将在第 2 章探讨主动推理架构的底层逻辑。从基本理论开始，回顾 Helmholtz（1866）如何将知觉描述为（贝叶斯）统计推理，以及这一观点的现代版本——贝叶斯大脑假设（Doya, 2007）。我们将看到为实施这种（知觉）推理，生命有机体必须配备（体化）一个概率生成模型。生成模型是关于感知观察之生成过程的，编码了对可观察和不可观察的变量（感知观察和隐藏诱因）的信念（概率分布）。我们将扩充这种推理机制的适用范围，直至其将行动选择、计划和学习囊括在内。

我们将在第 3 章探讨主动推理架构的顶层逻辑，与底层逻辑相对应。这一章将要介绍自由能原理，以及生命有机体最小化自由能的规范原则。此外，我们还将揭示这一原则如何适用于自组织动力学，以及如何在统计意义上区分主体与环境（以"马尔科夫毯"为界),这对生命的维系与自创生十分关键。

第 4 章的探讨将更偏重于形式,以第 2 章将要讨论的"贝叶斯大脑"为线索,揭示第 3 章提及的自证动力学与变分推理间的数学关系。此外,这一章还将区分两类生成模型,它们都可用于主动推理:一是部分可观察的马尔科夫决策过程,适用于决策与计划;二是时间上具有连续性的动力模型,可用于协调感受器与效应器。最后,我们将领略这两类模型如何将自由能的最小化呈现为信念的动态更新。

在第 5 章,我们将从主动推理架构的形式体系谈到其生物学意义。从"大脑的一切变化都必须最小化自由能"(Friston,2009)这一预设出发,我们将探讨自由能最小化涉及的某些变量(类似预测、预测误差、精度信号)与神经动力学的对应关系,也就是将主动推理架构的抽象计算原则与具体的神经生理计算机制联系起来。这将有助于我们基于当前架构提出假设,并对测量数据做出合理的解释。换言之,第 5 章试图演示如何为主动推理架构与相应的过程理论牵线搭桥。

本书的第一部分将要探讨主动推理架构的几个典型特征,正是它们让主动推理架构与其他试图解释生命与认知现象的框架有所不同,我们在这里简单地预览一下。

- 根据主动推理架构,知觉和行动是同一规范原则——最小化自由能——的两种互补的实现手段。知觉借助(贝叶斯)信念更新

（即改变观念）最小化自由能（和惊异），让我们的信念与感知观察相符。行动则通过改变世界最小化自由能（和惊异），让外部环境符合我们的信念和目标。主动推理架构强调认知功能的统一，与那些将行动与知觉区分开来的观点划清了界限。学习只是另一种最小化自由能的方法，但它与知觉没有本质上的区别：只是在一个更长的时间跨度上进行罢了。第 2 章就将深入探讨知觉与行动的这种互补关系。

- 除去在当下选择行动，改变可用感知刺激，主动推理架构还能解释计划——面向未来的最优行动路线（策略）的选择。是否"最优"的衡量标准是"预期自由能"，它与我们讨论行动和知觉时谈到的"变分自由能"不太一样。事实上，计算变分自由能需要依赖当前的以及过去的观察，而计算变分自由能还需要预测未来的观察（否则就不叫"预期"了）。有趣的是，特定行动策略的预期自由能由两个部分组成，分别衡量该策略将在何种程度上降低不确定性（探索），以及预期的结果在何种程度上符合主体的偏好（利用）。与其他框架对比，主动推理的策略选择自动地平衡了探索与利用。变分自由能和预期自由能的关系可见第 2 章。

- 根据主动推理架构，一切认知活动都可界定为基于生成模型的推理——这与我们将大脑的日常工作视为概率计算（贝叶斯大脑假设）的观点一致。不过，借助强调贝叶斯推理的一种特定类型的近似（基于第一原则的变分贝叶斯），主动推理的过程理论具有了某种特殊性。此外，主动推理架构试图以同样的逻辑解释一系列少有关注的认知活动,并对有生物学可行性的模型与推理做出了特殊的界定。根据某些假设,主动推理架构使用的生成模型的动力学与一些影响甚广的计算神经科学模型,如预测编码(Rao & Ballard, 1999)和 Helmholtz 机(Dayan et al., 1995)关系十分密切。相应变分机制的讨论可见第 4 章。

- 根据主动推理架构,知觉和学习都是主动的过程,原因有二:其一,大脑本质上是一台预测机器,持续不断地预测传入刺激,而非被动地等待接收感知信号。这很重要,因为知觉和学习的过程始终以先验预测为背景(也就是说,意料之内或出乎意料的刺激会以不同的方式影响知觉和学习)。其二,从事主动推理的生物会主动地寻找那些具有显著性的感知观察,降低其不确定性(比如控制感官的指向,或选择更有效的学习方法)。这种对知觉与学习之主动性的强调使主动推理架构进一步区别于其他框架——它们大都将知觉与学习视为被动的过程。相关论述可见第 2 章。

- 归根结底,行动是目标导向的,是有意图的,始于对特定结果或目的的渴望(这种结果或目的类似于控制论概念 setpoint 即"设定值",由某个先验预测编码)。计划就是对符合该预测的行动结果的推理(只要能降低先验预测与当前状态间的预测误差,就可以说是"符合该预测")。主动推理架构强调行动的目标导向性,这与早期控制论立场相符,但与当前大多数其他理论不同,这些理论用刺激—反应映射或状态—行动策略来解释行为。刺激—反应模式或习惯化行为只是主动推理架构界定的更为宽泛的"行动策略"的特例，第 2 章和第 3 章将深入探讨主动推理架构的目标导向性。

- 主动推理架构涉及的一系列概念都能找到相应的神经对应物，这意味着主动推理不仅仅是一个规范架构，还能作为过程理论——只要我们为手头的问题定义了生成模型，就能据此提出相应的实证假设。比如知觉推理和学习就分别对应于改变突触活动和改变突触效能，预测的精度（见预测编码）对应于预测误差单元的突触增益，策略的精度则对应于多巴胺能活动水平。主动推理架构的某些生物学蕴义可见第 5 章。

1.4.2 主动推理：实践篇

本书第一部分为读者提供了理解主动推理架构的概念与形式工具，第二部分将关注于实践问题，特别是帮助读者了解现有基于主动推理架构的计算模型如何解释一系列认知功能（及功能失调），并支持他们创建新的主动推理模型。为此我们将探讨一些实例。重要的是，主动推理模型可依不同的维度加以区分（包括时间上的离散与连续、结构上的扁平与分层）。第二部分结构安排如下。

我们将在第 6 章介绍主动推理模型的创建方法，即设计有效模型的步骤，包括如何识别我们关注的系统、选择哪一类生成模型（根据需要刻画的现象在时间上的离散性或连续性）以及确定模型中所含的变量，作为后续章节将要讨论的模型的设计原则。

在第 7 章，我们将探讨那些用于解决离散时间问题的主动推理模型，如隐马尔科夫模型（hidden Markov models，HMMs）或部分可观察的马尔科夫决策过程（partially observable Markov decision processes，POMDPs）。相关实例包括一个知觉推理模型和一个离散的寻觅—决策模型——涉及借助一系列"左转—右转"的决策获得最大收益。这一章的话题还包括信息搜集、学习和求新求异，这些活动都能还原为离散时间的主动推理问题。

在第 8 章，我们将探讨用随机微分方程解决连续时间问题的主动推理模型，包括知觉模型（类似预测编码）、运动控制模型和顺序动力学模型。有趣的是，主动推理架构一些最为独特的预测正可由这类模型所体现，比如运动是对预测的实现，以及注意现象可以借助精度控制来理解。我们还将介绍主动推理的混合模型，这类模型既包括离散时间变量，也包括连续时间变量，因此能协调一些更加复杂的活动，它们同时涉及离散的选项（如扫视对象）和相应的连续运动（如眼动）。

在第 9 章，我们将展示如何使用主动推理模型来分析行为实验的数据，涉及基于模型的数据分析（针对单个或小组水平的被试）的必要步骤，从数据的搜集到模型的创建，再到模型的"反演"。

在第 10 章，我们将讨论主动推理架构和其他心理学、神经科学、人工智能与哲学理论间的关系。我们还将总结并强调主动推理架构之所以与众不同的那些最为重要的特点。

在附录部分，我们将提供一些简单的背景知识，主要是数学方面的，包括泰勒级数近似、变分拉普拉斯和针对泛函的变分法，以方便读者理解书中最"技术化"的内容。我们还对主动推理最重要的那些方程做了简要介绍。

总而言之，本书第二部分介绍了关于各类生物与认知现象的一系列主动推理模型，并为读者创建新的模型提炼了相应的方法论。虽说这些模型都很有趣，但我们更希望这部作品能让读者意识到：使用统一的规范架构对生命科学与认知科学问题进行连贯的处理大有好处——为研究表面上高度异质的现象（如知觉、决策、注意、学习和运动控制）提供了统一的视角和指导原则，而传统的心理学与神经科学教材通常会将这些现象分散到不同的章节之中。

第二部分的一个原则是模型的选择要有助于尽可能简单明了地介绍相关主题。虽说我们的几个模型已经有相当的概括性，其解释对象包括离散时间现象（决策）和连续时间现象（运动控制），但它们显然无法涵盖主动推理架构的适用范围。读者可以在现有文献资料中找到一些同样有趣的主动推理模型，它们能解释非常宽泛的现象，包括生物的自组织和生命的起源（Friston, 2013）、形态发生（Friston, Levin et al., 2015）、认知机器人学（Pio-Lopez et al., 2016；Sancaktar et al., 2020）、社会性的发展和生态位的创建（Bruineberg, Rietveld et al., 2018）、动态突触网络（Palacios, Isomura et al., 2019）、生物网络的学习（Friston & Herreros, 2016）和一系列精神病理现象，如创伤后应激障碍（Linson et al., 2020）和惊恐障碍（Maisto, Barca et al., 2021）。我们可以在许多维度上区分这些模型：

有些与生命现象直接相关，有些则不是；有些与单个主体有关，有些则关注多个主体；有些致力于解释适应性推理，有些则关注适应不良的（病理）现象……诸如此类。

相关文献资料的数量正与日俱增，这说明主动推理架构已得到了越来越广泛的认可，并已在许多不同的领域得到了应用。本书的目的是让读者理解主动推理架构，在自己的研究工作中加以使用，并尽可能发掘该架构的潜力——对这些潜力，我们尚无法充分预见。

* * *
* *
*

1.5 总结

本章简要介绍了主动推理架构如何对一系列生命与认知现象进行规范性解释,并简要预览了这种规范性解释的内涵,以备后续章节展开。此外,本章强调了全书的结构:两大部分分别致力于帮助读者理解和应用主动推理架构。接下来的几章将展示主动推理架构的底层逻辑和顶层逻辑,并深入探讨生成模型的结构以及消息传递机制。这些内容作为主动推理的"理论篇",将使读者为接下来进入"实践篇"做好准备。我们希望这些章节能让读者相信:主动推理不仅为理解行为提供了统一的原则,还为研究自主系统的行动和知觉提供了一种便于处理的方法。

* * *
* *
*

主动推理

Active Inference

心智、大脑与行为的自由能原理

2

主动推理的底层逻辑

我们之所以思考，首先、最终且从来都是为了行动。

——William James

2.1 介绍

本章从 Helmholtz（1867）的理念（或许能追溯到 Kant）——"知觉是无意识的推理"——出发介绍主动推理架构，以及近年来贝叶斯大脑假设的相关立场。我们将揭示主动推理架构如何囊括这些理念，如何将（贝叶斯式的）推理的解释范围从单纯的知觉拓展至行动、计划和学习，以及如何以一种原则性的（变分）近似应对这些原本相当棘手的问题。

*　　*　　*
　*　　*
　　*

2.2 作为推理的知觉

将大脑视为"预测机器"或统计器官的传统由来已久。Helmholtz（1866）认为知觉是大脑预测外部世界的状态并基于这种预测实施的无意识推理。近年来，这种观念已演变为"贝叶斯大脑"假设（Doya, 2007）。根据这种见解，知觉并不是一个纯粹自下而上的过程，将（视网膜的）感知状态转化为对外部知觉对象的内部表征（神经集群的激活模式），相反，知觉是一种推理，需要将（自上而下的）关于感知刺激最可能的诱因的先验信息和实际接收的（自下而上的）感知刺激结合起来。推理的过程是依据贝叶斯定理操纵对世界状态的概率表征，也就是依据感知证据对表征进行优化（更新）。知觉不是一个由外而内的被动的过程，从我们对外部世界的感官印象中提取信息，而是一种由内而外的主动建构——感知状态被用于证明或证伪关于这些感知状态如何生成的假设（MacKay, 1956；Gregory, 1980；Yuille & Kersten, 2006；Neisser, 2014；A. Clark, 2015）。

实施这种贝叶斯推理需要用到生成模型（generative model），这是一种正向模型（forward model），作为基于统计理论的构造生成对感知观察的预测。它可以写成联合概率 $P(y,x)$，其中 y 表示感知观

察，x 则表示现实世界的隐藏状态，感知观察正是由这些外部状态生成的。外部状态之所以是"隐藏"的或"潜在"的，是因为它们无法被直接观察到。因此联合概率 $P(y,x)$ 可以分解为两部分：一是"先验"即 $P(x)$，表示有机体在接收到感知刺激前关于隐藏的外部状态所拥有的知识；二是"似然"即 $P(y|x)$，表示有机体对外部状态如何生成感知观察的知识。贝叶斯定理告诉我们如何将这两部分结合起来，将先验概率 $P(x)$ 更新为后验概率，也就是接收到感知刺激后为特定外部状态确定的概率 $P(x|y)$。需要简单回顾概率论相关知识的读者可参见知识库 2.1。

贝叶斯推理广泛应用于统计学、机器学习和计算神经科学等领域，相关话题仅凭本书有限的篇幅无法充分展开。一些优秀的参考资料（Murphy, 2012）将有助于读者们的深入了解。但对贝叶斯推理的所有应用都有一个简单的原则，为阐释该原则，我们可以构思一个简单的贝叶斯知觉推理的实例（见图2-1）。想象某人坚定地相信自己面前的东西是一个苹果，该信念对应于一个先验概率（可简称为"先验"），包括"苹果假设"的概率和备择假设的概率。在这个例子里，我们且设想他的备择假设是一只青蛙。这样，他的先验概率分布就是 $P(x = 苹果) = 0.9$ 和 $P(x = 青蛙) = 0.1$。请注意，既然我们只规定了两种互斥的合理假设，这两种假设的先验概率之和就必然等于1。注意，我们的主人公还有一个似然模型，为"青蛙则会跳"和"苹果则不跳"分配了很高的概率，意味着从两种隐藏状态（"青蛙"或"苹果"）映射到两种观察

（"跳"和"不跳"）。最终，先验和似然共同构成了他的生成模型。

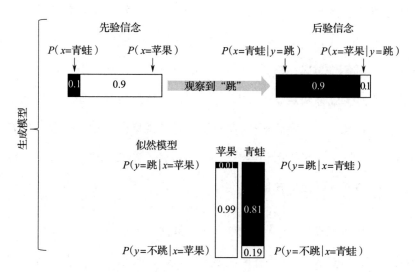

图 2-1 一个贝叶斯推理的简单实例

上左：有机体在观察前对观察对象的先验信念 $P(x)$，在这里是一个类型分布，共两种可能性，分别是"苹果"（概率为 0.9）和"青蛙"（概率为 0.1）。上右：有机体观察到眼前的东西跳了一下，因此形成的后验信念 $P(x|y)$。后验信念可使用贝叶斯定理，结合似然函数 $P(y|x)$ 计算（图片下部）。如果观察对象是一只苹果，它会跳的概率非常之小（0.01）；而如果观察对象是一只青蛙，它会跳的概率就要大得多（0.81）。（请注意柱状部分长度并未与相应概率成比例。）在本例中，从先验到后验的更新幅度很大。

现在，想象我们的主人公发现面前的东西跳了一下。贝叶斯定理告诉我们如何在先验的基础上，根据"跳"的似然求后验信念。这一定理可写成如下形式：

$$P(x|y) \frac{P(x)P(y|x)}{P(y)} \qquad (2\text{-}1)$$

> 知识库
> **2.1**

概率的加法规则和乘法规则

概率推理有两条重要规则:加法规则和乘法规则,它们分别是:

$$\sum_x P(x) = 1$$
$$P(x)P(y|x) = P(x,y)$$

加法规则的意思是所有可能事件(x)的概率之和(或积分)必为1。乘法规则的意思是两个随机变量(x和y)的联合分布可以分解为其中一个变量的概率[$P(x)$]和给定该变量时另一个变量的条件概率[$P(y|x)$]的乘积。条件概率指当我们知道一个变量(这里是x)的取值时,另一个变量(这里是y)的概率。

我们可以从这两条简单的规则推出两个重要的结论,一是边缘化操作,二是贝叶斯定理。边缘化就是从一个含有两个变量的联合分布中提取出一个变量,并确定它的分布:

$$\underbrace{\sum_x P(x,y)}_{乘法规则} = \underbrace{\sum_x P(y)P(x|y)}_{} = \underbrace{P(y)\sum_x P(x|y)}_{加法规则} = P(y)$$

其中y的概率就被称为边缘概率,上述边缘化操作就是将x"边缘掉"了。贝叶斯定理可以直接从乘法规则中获得:

$$\underbrace{P(x)P(y|x)}_{乘法规则} = P(x,y) = \underbrace{P(y)P(x|y)}_{乘法规则}$$

有了贝叶斯定理，我们就能将一个先验分布和一个条件分布（似然）"转译"为相应的边缘分布和另一个条件分布（后验）了。简而言之，贝叶斯定理说的就是：两个事物的概率就是以第二个事物为前提的第一个事物的概率乘以第二个事物本身的概率，也就是以第一个事物为前提的第二个事物的概率乘以第一个事物本身的概率。

根据图 2-1 所示的似然模型，"青蛙"的后验概率是 0.9 而"苹果"的后验概率是 0.1。根据知识库 2.1 的论述，式 2-1 中的分母可借助对分子做边缘化来计算。借助这个"苹果—青蛙"的例子，我们能定义两种不同的"惊异"——它们都对主动推理架构很重要。第一种（我们就称之为"惊异"）是"证据"的对数函数之负值，即负对数证据 $-\ln P(y)$——"证据"就是感知观察（y）的边缘概率 $P(y)$。在本例中，"惊异"就是在当前生成模型之下观察到"跳"的概率的负对数值。这在贝叶斯推理中是一个非常重要的概念，衡量了模型对其致力于解释的数据"拟合不良"的程度。直观地说，就是在当前生成模型之下观察对象做出特定行为（跳）的可能性。既然我们分配给"苹果"的先验信念很高而分配给"青蛙"的先验信念很低，感知观察（"跳"）的边缘概率可做如下计算：

$$
\begin{aligned}
P(y = 跳) &= \sum_x P(x, y = 跳) \\
&= \sum_x P(x) P(y = 跳 \mid x) \\
&= P(x = 青蛙) P(y = 跳 \mid x = 青蛙) \\
&\quad + P(x = 苹果) P(y = 跳 \mid x = 苹果) \\
&= 0.1 \times 0.81 + 0.9 \times 0.01 \\
&= 0.09
\end{aligned}
\quad (2\text{-}2)
$$

这意味着根据当前模型，我们预期在每 100 次感知中只会有 9 次观察到"跳"。所以假如采用了如图 2-1 所示的模型，而又观察到了"跳"，我们一定会感到惊讶。惊异（ℑ）就是对这种感受的量化，亦即 $ℑ(y=跳) = -\ln(y=跳) = -\ln(0.09) = 2.4$ 奈特。[1] 这个数越大，模型对当前观察的解释力就越差。这样，我们就能根据感知刺激对比不同的模型。比如一个备择模型，为"青蛙"分配的先验信念 $P(x=青蛙)=1$，那么根据式 2-2，我们能计算出惊异约为 0.2 奈特。这个模型对当前感知刺激的解释就比较好，因此感知观察（"跳"）不会令我们感到多么惊讶。这种根据证据（或惊讶）为模型评分的操作通常被称为"贝叶斯模型比较"（Bayesian model comparison）。模型本身越复杂，惊异的形式也可能会越复杂。除我们刚才使用的类型分布外，表 2-1 还提供了与一系列概率分布相对应的惊异的形式（省略常数）。重要的是，即便一个概率分布的支撑集（support）[2]与方才的例子中那种简单的情况不同，我们也能谈论相应的惊异。这一点之所以重要，是因为现实世界生成感知刺激的方式取决于刺激的具体类型：比如早上洗漱时发现镜子映出了另一张脸（离散分布），或出门后发现天气比我们想的要冷（连续分布），都会让我们感到惊讶。在后续章节中，生成模型的创建就要用到表 2-1 中的概率分布。一言以蔽之，我们可对任意一组给定类型的概率分布评估相应的惊异水平。

表 2-1　概率分布与惊异[3]

分布	支撑集	惊异 ($\Im$)
高斯分布	$x \in \mathbb{R}$	$\frac{1}{2}(x-\mu) \cdot \prod(x-\mu) - \sum_i x_i \ln d_i$
多项分布①	$x_i \in (0, \cdots, N)$ $i \in \{1, \cdots, K\}$ $\sum_i x_i = N$	
Dirichlet 分布②	$x_i \in (0,1)$ $i \in \{1, \cdots, K\}$ $\sum_i x_i = 1$	$\sum_i (1-\alpha_i)\ln x_i$
Gamma 分布	$x \in (0, \infty)$	$(bx + (1-\alpha)\ln x)$

① 类型分布 ($K>2, N=1$)、二项分布 ($K=2, N>1$) 和 Bernoulli 分布 ($K=2, N=1$) 都是多项分布的特例。

② Beta 分布 ($K=2$) 是 Dirichlet 分布的特例。

第二种"惊异"(这可能会产生一些混淆)被称为"贝叶斯惊异"(Bayesian surprise),衡量的是我们根据感知观察要在多大程度上更新自己的信念。换言之,贝叶斯惊异量化了先验概率和后验概率间的差异。这提出了一个问题:我们该如何量化两个概率分布间的差异?信息理论给出的答案是使用 Kullback-Leibler 散度(KL 散度)。KL 散度就是两个概率分布之对数函数的差异之期望:

$$D_{KL}[Q(x) \| P(x)] \triangleq \mathbb{E}_{Q(x)}[\ln Q(x) - \ln P(x)] \qquad (2\text{-}3)$$

在这个方程中，符号 $\mathbb{E}$ 表示均值（或期望）（详见知识库 2.2）。回到苹果—青蛙的例子，我们能用 KL 散度量化贝叶斯惊异：

$$D_{KL}[P(x|y)\|P(x)]$$
$$= P(x=青蛙|y=跳)[\ln P(x=青蛙|y=跳) - \ln P(x=青蛙)]$$
$$+ P(x=苹果|y=跳)[\ln P(x=苹果|y=跳) - \ln P(x=苹果)]$$
$$= 0.9[\ln(0.9) - \ln(0.1)] + 0.1[\ln(0.1) - \ln(0.9)] \qquad (2\text{-}4)$$
$$\approx 1.8 \text{ 奈特}$$

这个数值量化了信念更新的程度，而不是对特定感知观察的惊讶水平。要区别惊异和贝叶斯惊异，我们可以想象自己拥有这样的先验信念：眼前的东西就是一个苹果，而且永远都会是一个苹果。果真如此的话，"贝叶斯惊异"就会是 0，因为我们对先验如此笃信不疑，以致不论观察到了什么，都不会据此对先验进行更新。但对"跳"这一观察的"惊异"水平会非常之高（4.6 奈特），因为苹果实在不太可能会跳。

知识库 2.2

期 望

一个随机变量 x 的期望通常写成 $\mathbb{E}[x]$，这是对该变量所有可取值的加权平均，权值就是各个取值的概率。对离散随机变量（可取值的数量有限）而言，期望的形式一般是：

$$\mathbb{E}[x] = \sum_x xP(x)$$

比如一个随机数值变量，取值只有 1 和 2，概率同为 $\frac{1}{2}$，则有 $\mathbb{E}[x] = 1 \cdot \frac{1}{2} + 2 \cdot \frac{1}{2} = \frac{3}{2}$。

对连续随机变量（可取值数量无限）而言，期望的计算方法就由加和变为积分了。除了对随机变量本身，我们还能对随机变量的函数求期望。比如我有一个函数 $f(x)$，其中 x 是一个连续分布，则该函数的期望就定义为：

$$\mathbb{E}[f(x)] = \int f(x)p(x)dx$$

本书对这些符号的使用是连贯的，其中 $f(x)$ 通常都以对数函数的形式出现。

请注意，虽然我们在这里用一个非常简单的生成模型解释贝叶斯推理，但生成模型的复杂度原则上是无上限的。第 4 章就将展示两类已广泛应用于主动推理架构的生成模型。

* * *
* *
*

2.❸ 生物的推理和优化

关于上述推理架构与知觉的生物/心理理论的关联，需要强调两点：其一，我们探讨的推理需要整合自上而下的过程（基于先验的预测）和自下而上的过程（由似然介导），其他推理理论则大都只考虑自下而上的过程，缺乏对双向过程间相互作用的关注。而关于知觉的现代生物学理论——如预测编码理论（详见第4章）——则可视为在算法（过程）水平应用当前通用（贝叶斯）推理架构。

其二，贝叶斯推理的目的是解决优化问题。推理是否有效，取决于能否优化（最小化）一个成本函数，对贝叶斯推理而言，该成本函数就被称为变分自由能——它与"惊异"密切相关。我们将在2.5节展开讨论。由于当前推理架构明确地考虑隐藏状态的全分布，它自然就能处理不确定性，也就与其他只考虑隐藏状态之点估计（比如 x 的均值）的方法，比如最大似然估计区别开来了——后者只能确定哪种隐藏状态最有可能生成当前感知刺激，但忽略了该隐藏状态的先验合理性和当前估计的不确定性。贝叶斯推理就没有这些缺陷。不过尽管我们能用"惊异"来相对客观地评估当前的模型与数据的拟合程度，重要的还是要认识到：推理本身是主观的，其结果不一定准确（也就是说，有机体的信念不一定与现实相符）。原因有两点：首先，生物可用于计算的能量与资源是有限的，通常无法实施经典贝叶斯推理。[4] 既然无法确保真正意义上的优化，就需要代之以近似。近似涉及"变分后验"的概念（基于所谓的"平均场近似"），我们将在第 4 章详细展开。

推理之所以是主观的第二点原因是，有机体的推理（优化）基于生成模型进行，生成模型与感知状态真正的生成过程可能对应，也可能不对应。这并不是说生成模型就**应该**与生成过程相对应。事实上，相比于当前感知状态真正的生成过程，一些模型能提供更好（更简洁）的解释。错觉就是很好的例子。人们会为自己的视觉输入寻找各式各样的解释——只要它足够简洁有力，比如视觉刺激是由一个不怀好意的心理学家故意操纵的，诸如此类。

新近获取的经验能用于优化生成模型，优化后的生成模型可能与生成过程相符，但也有别的可能。图 2-2 就描绘了这种优化：一方面是真正的环境事件，也就是生成过程，这是有机体无法访问的，另一方面是有机体关于环境状态的生成模型。有机体无法访问生成过程 x^*，但有机体和环境相互耦合，x^* 会生成一个观察 y，而有机体又能感知到 y。有机体能基于这个观察，使用贝叶斯定理来推出某个解释性的变量，即生成模型中的"隐藏状态"（的后验概率）。图中 x^* 和 x 都代表隐藏状态，这是为了强调有机体无法访问它们，但它们有一点区别：x^* 是有机体生成模型的成分，x 则是生成过程的成分。此外，x^* 和 x 未必总能对应得上：环境的隐藏状态的取值可能超出大脑的解释范围，大脑的解释也可能包含一些并不存在于现实环境中的变量。比如说，前者可能是五维的，而后者是二维的；或前者可能是连续变量，而后者是离散变量。

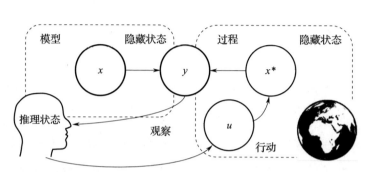

图 2-2　生成模型与生成过程

"模型"与"过程"描绘的都是感知刺激（y）的生成，x 代表隐藏状态，从 x 指向 y 的箭头代表因果性。区别是"过程"是生成感知刺激的真正的因果结构，"模型"则是一种建构，用于就感知刺激的诱因进行推理（即使用"观察"导出"推理状态"）。生成模型和生成过程的隐藏状态是不同的，有机体的模型包括一系列关于隐藏状态的假设（x），但它未必包括生成过程的隐藏状态（x^*）的真值。换言之，我们用于解释外界（"感知圈"）的模型可能包含一些现实世界中并不存在的隐藏状态，反之亦然。基于生成模型的推理指导了行动（u），在这里，行动被描绘为生成过程的一部分，可用于改变世界，虽然它本身是根据基于模型的推理选择的。

生成模型与生成过程的区别意味着有机体需要借助推理（尽可能）实现二者的最优拟合，而能否做到这一点则取决于有机体能否充分利用生成模型和有限的计算和记忆资源。

* * *
* *
*

2.4 作为推理的行动

目前为止，我们的讨论还适用于所有的贝叶斯大脑理论。接下来要介绍的是主动推理架构相对于其他理论的一点简单但重要的进步：除前述推理机制外，主动推理架构将行动也纳入了推理的范畴。这一点源于贝叶斯推理最小化惊异（等价于最大化贝叶斯模型证据）的基本逻辑。我们之前考虑的情况属于通过实施推理计算惊异，并基于最小化惊异的能力选择最优的模型。但是，惊异水平的高低不仅取决于模型，还取决于输入（数据）。通过采取实际行动改变世界以改变感知输入的实际生成，相当于选择（相对于当前模型而言）惊异水平最低的刺激，也有助于生成模型与生成过程的拟合。

假如有机体拥有一套采取行动的机制，就能与其所在环境互动（见图2-2）。对动物来说，这套机制的常见形式是运动反射回路。本质上，在每一轮行动—知觉循环中，环境都会作用于有机体，令其形成一次"观察"，有机体使用（近似）贝叶斯推理推断其最有可能的隐藏诱因（"隐藏状态"），并生成"行动"作用于环境，以降低后者的惊异水平。在行动的作用下，环境又作用于有机体，令其形成一次新的"观察"。如此周而复始。纵然这种序列式的描述有助于理解，我们还是要记住，这整个过程并不会区分为一个个独立的步骤，而是始终连续动态地运行。

知觉和行动在主动推理架构中不存在性质上的差别，事实上，它们只是实现共同目标或优化同一功能的两种手段——尽管不少认知理论都预设它们各有各的目的。主动推理的相关文献资料对上述"共同目标"的表述各有不同，其形式化水平也有高有低，包括最小化惊异、熵、不确定性、预测误差或（变分）自由能。这些术语间存在密切关联，但这种关联性有时并不清晰，也导致了一些混淆。此外，这些术语通常在不同的语境下使用，比如最小化预测误差常在生物学语境下使用，以解释神经信号；最小化变分自由能则常见于机器学习领域。

在接下来的两节里，我们将集中关注主动推理的主体借助知觉与行动致力于最小化的那个量——变分自由能。但在某些条件下，我们也能将变分自由能还原为其他概念，比如生成模型与世界的差异，或主体的期望与其实际观察间的差异（即预测误差）。我们将在2.6节中正式介绍变分自由能，为简单起见，2.5节重点介绍知觉和行动如何最小化生成模型与世界间的差异。

* * *
* *
*

2.❺ 最小化模型与世界的差异

既然我们已在贝叶斯推理的背景下探讨了知觉与行动的作用，接下来就该思索推理的目的是什么了。换言之，如果要用推理解决优化问题，那推理能"优化"什么？认知科学研究的惯例是为不同的认知功能——比如知觉和行动——预设不同的优化对象。比如我们可以假设知觉的目的是提高某种内部重构的准确性，而行动的目的则是提高效用。不过，主动推理架构的一大基本洞见，就是知觉和行动是围绕同一个基本目标展开的，该基本目标可近似地表述为"最小化模型与世界的差异"。在某些语境下，这种差异的操作定义就是"预测误差"。

要理解知觉和行动如何达到上述目标，可以回顾前面的例子：某人预期自己会看见一个苹果（见图2-3）。她会生成一系列自上而下的视觉预测（比如说，将要看见的东西是红色的，而且不会跳），并将这些预测与感知（比如说，眼前的东西在跳）进行对比——对比的结果就是差异。

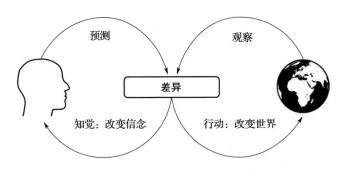

图 2-3　知觉与行动都能降低模型与世界的差异

当事人可以采取两种方法来最小化模型与世界的差异：其一，他能改变自己关于"将会看见什么"的信念（比如说，从"苹果"变成"青蛙"），使模型拟合于世界，以此消除差异。这对应于知觉。其二，他能扭过头去面向果园，看着其中的苹果树（假设真有一个果园，而且确实种着苹果树）。这也能消除差异，但方式不同：它涉及改变世界（包括改变注视的方向），由此改变世界生成的感知（观察）。因此当事人无需改变自己的信念就能使其与世界拟合。这种反向的拟合对应于行动。

虽说在苹果—青蛙的例子里，与改变信念相比，改变注视方向多少有些不那么自然，但想象另一种情况：某人预期自己的体温在一个小范围内波动，但借助内置"热侦测仪"，他感受到了过度的高温。这种异乎寻常的状况意味着某种巨大的差异有待消除。我们已经知道当事人可以用两种方式来消除差异，分别是知觉（改变信念）和行动（改变世界）。在当前情况下仅仅改变信念就不够了，真正需要的是采取适应性的行动实现降温（比如打开空调）。

由此可知在主动推理架构中，（比如体温的）边缘概率或"惊异"水平不仅有它在标准贝叶斯推理中的那层意思，还与主体稳态/稳态应变的设定值有关。确切地说，主动推理的主体拥有的模型会为它们偏好的状态或观察分配较高的边缘概率，比如对一条鱼来说"在水中"的边缘似然会非常之高。这意味着有机体内隐地期望自身的观察位于"舒适区"（生理界限）以内。

综上所述，在任意时刻，我们都能借助知觉与行动最小化模型与世界的差异。至于是改变信念还是改变输入，则取决于我们对信念的确信度。在苹果—青蛙的例子中，当事人对自己会看见什么多少还是不确定的，因此信念会得到更新；相反，在低温—高温的例子中，当事人对体温的确信度要高得多，因为体温的变动与健康乃至生存息息相关——为"确证"关于体温的信念，我们会采取行动改变世界。不过，在主动推理架构中知觉和行动不是非此即彼的，它们的关系更多地是一种协同。这种理解需要我们将差异的概念从"预测误差"泛化为"变分自由能"——下一节我们将指出，主动推理致力于最小化的正是这个量，预测误差只是它的一个特例。

* * *

* *

*

2.6 最小化变分自由能

到目前为止,我们还只是在贝叶斯架构的范围内探讨知觉与行动如何最小化惊异。但在现实中要以经典贝叶斯推理指导知觉与行动,在计算上通常相当棘手,因为模型证据 $P(y)$ 和后验概率 $P(x|y)$ 是无法计算的。这里有两个原因。首先,对比较复杂的模型来说,可能有许多类型的隐藏变量需要"被边缘掉",这使边缘化操作很难下手;其次,边缘化操作涉及很难处理的积分。主动推理要基于一种计算上可行的方法,这种方法就是经典贝叶斯推理的变分近似。

变分推理的形式化详见第 3 章。在这里我们只需要指出:实施变分贝叶斯推理意味着将两个无法计算的量——后验概率和模型证据(的 log 值)分别替代为两个可计算的近似量——近似后验 Q 和变分自由能 F。近似后验有时也被称为"变分分布"(variational distribution)或"识别分布"(recognition distribution)。变分自由能的负值也被称为"证据下限"(evidence lower bound,ELBO),这在机器学习领域比较常见。

最重要的是,借助变分法,贝叶斯推理问题变成了一个优化问题:我们的目标是最小化变分自由能 F。变分自由能的概念植根于统计力学，也是主动推理的基础。在式 2-5 中，变分自由能被记作 $F[Q,y]$，因为它既是近似后验 Q 的泛函（即函数的函数），也是感知观察 y 的函数。

$$F[Q,y] = \underbrace{-\mathbb{E}_{Q(x)}[\ln P(y,x)]}_{\text{能量}} - \underbrace{H[Q(x)]}_{\text{熵}}$$
$$= \underbrace{D_{KL}[Q(x)\|P(x)]}_{\text{复杂性}} - \underbrace{\mathbb{E}_{Q(x)}[\ln P(y|x)]}_{\text{准确性}} \quad (2\text{-}5)$$
$$= \underbrace{D_{KL}[Q(x)\|P(x|y)]}_{\text{散度}} - \underbrace{\ln P(y)}_{\text{证据}}$$

乍看上去，变分自由能是一个相当抽象的概念，但它的本质，以及它在主动推理架构中扮演的角色还是很清楚的，只要我们将它分解为一些认知科学中更加常见、更加直观的变量。每一种分解都是对最小化变分自由能的一种直观理解，我们且简单展示一下，因为这些理解对本书第二部分将要讨论的例子非常重要。

式 2-5 的第一行表明，最小化变分自由能意味着维持当前的生成模型（"能量"）和尽可能高的后验熵。[5]这是因为在缺乏感知观察和精确先验信念（它们只影响"能量"项）时，关于外部世界的隐藏状态，我们应该采纳不确定性最高的信念。这符合"最大熵原理"（Jaynes, 1957）。简单地说，在缺乏信息时，我们应持摇摆不定的态度（采纳高熵信念）。"能量"的概念源自统计力学。具体而言，基于 Boltzmann 分布，一个系统处于某个状态或曰"格局"的概率之对数的均值与该状态所对应的"能量"成反比——也就是说，与将系统自"基线状态"变动至该状态所需耗费的能量成反比。

式 2-5 的第二行表明，最小化变分自由能相当于寻找对感知观察的最优解释。为符合"奥卡姆剃刀原则"，这种解释必须兼顾简洁（最小化"复杂性"[6]）与准确（最大化"准确性"[7]）。在许多领域，当我们要对用于数据分析的多个模型进行比较时，就很难避免实施这种"复杂性—准确性权衡"。统计学家有时会用别的方法确保模型证据的近似，如贝叶斯信息准则或 Akaike 信息准则。当我们以结构学习和模型简化为背景，讨论基于模型的数据分析如何使用自由能进行模型比较时，"复杂性—准确性权衡"就至关重要了。从认知的角度来看，最小化复杂性也很重要，因为我们可以想象，人们要更新自己的知识背景（先验）以适应感知输入，必然需要承担认知成本（Ortega & Braun, 2013; Zénon et al., 2019）。因此能最小化 $P(x)$ 和 $Q(x)$ 间差异的解释往往更受欢迎。

以此观之，复杂性成本正是贝叶斯惊异。换句话说，我的"想法"在推理前后发生了改变，先验和后验的差异量化了这种改变的大小。这意味着特定感知状态的每一种解释都有其对应的复杂性成本，该成本衡量了贝叶斯信念更新的程度。因此变分自由能就是复杂性和准确性的差值。

方程的最后一行将自由能表述为证据之对数函数的负值的上限（见图 2-4）。由图 2-4 左可知自由能是证据的负对数函数可取的最大值，它与惊异间的差异就是 Q 和真实后验概率间的差异，真实后验是在假设主体实施准确推理，而非变分推理的基础上获得的后验。

图 2-4 右表明，随着该差异的减少，自由能将接近证据的负对数函数，也就是接近惊异——假如 Q 与真实后验 $P(x|y)$ 间不存在差异，自由能就等于惊异。这是对知觉推理宗旨的形式化描述：尽可能优化近似后验 Q，以最小化变分自由能。

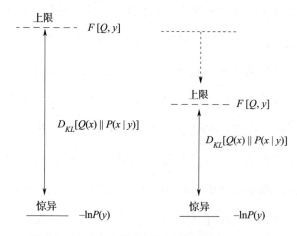

图 2-4　变分自由能是证据之负对数函数的上限

式 2-5 的最后一行还表明知觉推理并非最小化自由能的唯一途径，我们还能通过采取行动改变感知输入来改变证据的（负）对数函数。从认知科学的角度来看，这种分解很有趣，因为最小化散度和最大化证据恰好分别构成知觉与行动的两个互补的子目标（见图 2-5）。需要注意的是，如果我们将 Q 替换为 $P(x|y)$，则式 2-5 的每一种变换都可还原为证据的负对数函数，变分贝叶斯推理也将变回经典贝叶斯推理。

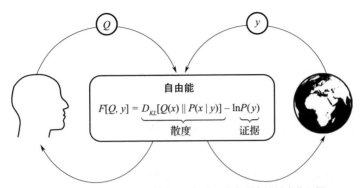

知觉：改变信念以最小化散度　　行动：改变观察以最大化证据

图 2-5　知觉与行动对变分自由能最小化的互补作用

总之，主动推理就是借助知觉与行动最小化变分自由能。有机体借此推动其生成模型与观察取样的拟合。这种拟合衡量了知觉的适恰程度（对应散度）和对外部状态的主动控制，因为它让有机体得以维持（由生成模型定义的）一系列偏好状态。将变分自由能分解为散度和证据是对主动推理的另一种描述。鉴于证据的负对数函数就是惊异，散度的最小可取值为零，显然自由能可视为惊异的上限。也就是说，自由能必然大于或等于惊异。若有机体（借助知觉）减少散度，自由能就将逼近惊异；若有机体（通过采取行动）改变观察取样令其与先验预测相符，它就将直接降低惊异。

变分自由能有反思性的一面，因为它是过去和现在的观察的函数，但并非未来的观察的函数。它有助于根据过往数据推断未来，但对基于期望（未来）数据的前瞻性推理并无直接助益，而后者对计划和决策都很重要。基于期望数据（未来的观察），我们能借助前瞻性推理选择最优的行动或行动序列（策略）。这就需要用"预期自由能"的概念来完善我们的生成模型。

2.7 预期自由能和作为推理的计划

预期自由能让主动推理架构有能力处理一种前瞻性的认知活动：计划。我们在制订关于行动序列的计划，比如走出迷宫的步骤时，必然要考虑对未来观察的期望，比如向右转可能撞进死胡同，连续三次左转则可能走到出口。每一个备择行动序列都被称为一个"策略"（policy）。需要强调的是，在主动推理架构中，策略和行动是不一样的。行动能直接影响外部状态，而策略是对某种行动方式的假设。意思是，根据主动推理架构，计划和决策就是关于"做什么"的推理。这就将计划纳入了贝叶斯推理的领域，也就能为特定策略分配先验和似然了（回顾2.2节）。不过，在这种前瞻性的推理中，我们不是要选择青蛙或苹果，而是要选择行动策略（我是更有可能看向池塘，还是更有可能看向果园？）。在这个小节，我们先简单探讨一下似然，也就是选择某个策略的结果，再去谈先验。用这种方式来呈现预期自由能。

我们通常没法立刻了解到选择某个行动策略的结果（除非待到真正实施该行动序列后）。但行动策略的结果是可以预测的，这需要我们将生成模型的两大成分串联起来：一是我们关于隐藏状态（作为行动策略的函数）将如何改变的信念。第4章将会探讨细节问题，

现在，我们以 $\tilde{x}$ 代表隐藏状态依时而变的序列或轨迹，以有机体的各种行动策略（π）作为隐藏状态各种变化序列的条件，这样就能写出模型的动态成分：$P(\tilde{x}|\pi)$。就前述青蛙—苹果的例子制订计划，行动策略可以是决定看向池塘或看向果园，它们都能改变看见（观察到）青蛙/苹果的概率。

模型的第二个成分就是似然分布，也就是在每种可能状态下期望的观察（比如青蛙对应于"跳"，而苹果对应于"不跳"）。将这两个成分结合起来，有机体就能使用生成模型，对其可能的行动或行动策略的结果（替代性地）实施"如果……那么"式的反事实模拟了——比如"我要是看向池塘会怎样？"。对状态做边缘化操作后，我们就得到了一个策略的边缘似然或曰"证据"$P(\tilde{y}|\pi)$。主动推理的目的就是求这个量的自由能近似值。换句话说，如果我们知道行动策略将如何影响（外部）状态的转换，就能计算以该策略为条件的观察序列的似然。如式 2-1 所示，我们需要将这个似然与先验概率结合起来，计算选择该行动策略的后验概率。

在主动推理语境下，计划可分解为两个步骤：第一步是为每一个策略评分，第二步是就选择哪个策略形成后验信念。前者确定了备择策略的先验信念：策略越好，对应的概率越高；越差，则对应的概率越低。在主动推理语境中，一个策略的好坏是用相应的预期自由能的负值来衡量的——正如模型的拟合水平要用对应该模型的自由能的负值来衡量。行动策略的预期自由能（G）和变分自由能（F）是不同的，因为计算预期自由能需要考虑未来的观察，而这些观察又以特定行动序列（策略）为条件，计算变分自由能则只需要考虑当前和过去的观察。因此计算预期自由能让有机体用生成模型预测（计划中的）每种策略对应的未来观察（假如真的选择该策略的话）。此外，由于一个策略可以分解为多个时间步，计算预期自由能最后还需要就该策略所有的（未来）时间步求积分。

　　每个策略的预期自由能的负值都是对该策略的质量的评分，这个量是主体在实施主动推理时直接可用的先验。因为（和物理概念"势能"）一样，预期自由能是在对数概率空间中表述的。将它转化为关于策略的信念（概率分布）其实就是要对它做对数还原（去掉log）和归一化（确保符合"加法规则"，见知识库2.1）。策略的预期自由能越低，为它分配的概率就越高，它对有机体的吸引力也就越大。最终，我们经过推理确定要选择的策略的结果表现为我们预测的感知输入。比如说，如果一个策略包括"屈肘"这个动作，若选择该策略，我们必然会预测来自二头肌和三头肌的本体觉输入。这样就在计划和行动之间建立了关联，因为与一个计划有关的预测可以被"转译"为行动，行动能消除该预测与实际接收的本体觉输入间的差异（见2.4节）。

＊　　＊　　＊

＊　　＊

＊

2.8 何谓预期自由能

至此，我们预设在计划过程中有机体将根据策略的预期自由能为各个策略评分，但尚未明确何谓预期自由能。和变分自由能一样，预期自由能有不止一种分解方式，这些分解在数学上是等价的，它们为我们提供了理解预期自由能的多个视角。

$$
\begin{aligned}
G(\pi) = &-\underbrace{\mathbb{E}_{Q(\tilde{x},\tilde{y}\mid\pi)}\{D_{KL}[Q(\tilde{x}\mid\tilde{y},\pi)\,\|\,Q(\tilde{x}\mid\pi)]\}}_{\text{(信息收益)}} \\
&-\underbrace{\mathbb{E}_{Q(\tilde{y}\mid\pi)}[\ln P(\tilde{y}\mid C)]}_{\text{(实用价值)}} \\
= &\underbrace{\mathbb{E}_{Q(\tilde{x}\mid\pi)}\{H[P(\tilde{y}\mid\tilde{x})]\}}_{\text{(预期含混)}} + \underbrace{D_{KL}[Q(\tilde{y}\mid\pi)\,\|\,P(\tilde{y}\mid C)]}_{\text{(风险(结果))}} \\
\leqslant &\underbrace{\mathbb{E}_{Q(\tilde{x}\mid\pi)}\{H[P(\tilde{y}\mid\tilde{x})]\}}_{\text{(预期含混)}} + \underbrace{D_{KL}[Q(\tilde{x}\mid\pi)\,\|\,P(\tilde{x}\mid C)]}_{\text{(风险(状态))}} \\
= &-\underbrace{\mathbb{E}_{Q(\tilde{x},\tilde{y}\mid\pi)}\{\ln[P(\tilde{y},\tilde{x}\mid C)]}_{\text{(预期能量)}} - \underbrace{H[Q(\tilde{x}\mid\pi)]}_{\text{(熵)}}
\end{aligned}
\quad (2\text{-}6)
$$

$$Q(\tilde{x},\tilde{y}\mid\pi) \triangleq Q(\tilde{x}\mid\pi)P(\tilde{y}\mid\tilde{x})$$

直观上，第一种分解是最有用的：它让我们能用同样的单位（奈特）来衡量主动推理的主体寻求新信息（即"探索"）的价值和

34　寻求符合自身偏好的观察（即"利用"）的价值，由此解决了一直困扰行为心理学研究的"探索—利用"两难问题。最小化预期自由能需要平衡这两个项，具体怎样平衡决定了主体的行为主要是"探索性"还是"利用性"的。需要注意的是，这里"实用价值"被界定为对观察的先验信念，参数 C 包括偏好。先验信念和偏好间的关系或许有些反直觉，我们将在第 7 章展开。当下，我们只需要明确这一项可以被理解成预期效用或价值，因为对不同的主体而言，有价值的结果亦不同（比如对我们人类来说，37 度是正常体温，对别的动物则未必）。

"信息收益"项对应于 2.5 节提及的"散度"，后者保证了自由能是惊异的上限。但这里有一个反转：在制订计划时，我们不追求最小化散度，而是要选择最大化"预期散度"的策略，也就是说，我们追求最大化"信息收益"。因为我们现在要求的是尚未被观察到的结果的概率之对数均值。这一点很微妙，我们可以这样理解：在计划和知觉的过程中，观察结果的作用是不同的：评估观察结果的自由能时，结果就是结果；但在评估预期自由能时，结果则成了诱因，因为它们"隐藏"在未来，但解释了当前的决策。

由"信息收益"可知，从"观察"到"状态"的一对多映射（也就是不同状态可产生相同观察结果的情况）不利于信念更新。在人工智能和机器人学领域，不同状态产生相同观察（比如一个迷宫中有两个 T 字路口，它们看上去一模一样）的情况有时被称为"混叠"（aliased），通常很难用简单的方法（如不涉及推理或记忆的刺激响应）加以处理。说到底，这是因为我们没法只根据当前观察了解自己占据的状态。主动推理架构从一开始就能避免这种情况，因为这种情况对应的信息收益通常较低。

我们可以用一个简单的例子来说明"信息收益"（或者叫"认识价值"）和"实用价值"的区别，以及为什么通常情况下我们都要同时追求认识价值与实用价值。想象某人想要喝一杯意式浓缩咖啡，而且他知道城里有两家咖啡馆口碑甚好：一家只在工作日营业，另一家只在周末开门。假如他不知道当天是周几，就得先选择一个有认识价值的行动（比如查看日历），以此消除不确定性——然后才能选择一个有实用价值的、能够带来回报的行动（比如去那家正在营业的咖啡馆）。这个例子表明，通常在面临不确定的状况时，我们都得先去"认识"，待不确定性消除后再更有把握地"实践"。如果某种策略选择法不考虑各选项的认识价值，只能用随机数生成器来选择行动策略，就很容易错过最优策略（意味着喝不到意式浓缩咖啡）。因此只有在没有不确定性的情况下，才能只考虑实用价值，比如我们已经知道今天是周几，当然就能直接出门奔那家正在营业的咖啡馆去了。

式 2-6 的第二种分解产生了"风险"和"预期含混"。这两项对应于"复杂性"与"不准确性"。"风险"即"预期复杂性"，"含混"即"预期不准确性"。在经济学领域，风险是一个常见的概念，表示行动策略与结果间可能存在一对多映射，即特定行动策略可能（碰巧）产生不止一种结果。赌博就是一种典型的有风险的场景，比如独臂强盗（又名老虎机）的结果就构成一个概率分布：玩上十次，大概有一次能够赢钱。经济学家说这种情况是"有风险的"，就是因为同样的行动（拉动手柄）可能产生两种不同的观察（"赢钱"或"输钱"）。这意味着玩家必须选择与不确定性相适应的策略或计划。类似主动推理这样对风险敏感的方案要求：行动策略产生的结果的概率分布要与玩家的先验偏好相符（即 KL 散度较小）。简而言之，制定行动策略时，风险的最小化取代了复杂性成本的最小化，且二者都是由偏离先验信念的程度衡量的。

类似地，"含混"对应"预期不准确性"，因为"状态"与"结果"的映射通常是含糊的，或者说不明确的。意思是，即便我们明确地了解产生"结果"的"状态"，预期"结果"的散布程度（熵值）依然很高。举个例子，不管是晴天还是雨天，掷硬币正反面的概率都将同为 50%，因为"状态"（天气）与"结果"（正反面）其实没有关系，因此即便硬币落下来是反面，我们也没法据此获得关于天气的信息。值得注意的是，大多数情况既不明确又有风险，也就是说，不仅"状态"到"结果"存在一对多映射，"策略"到"结果"也存在一对多映射，而我们能直接观察的变量只有"结果"（即"观察"）。鉴于预期自由能可分解为"风险"与"含混"，主动推理架构天然地适用于处理这类复杂情况。

式 2-6 的第三行给出了预期自由能的另一种表述：以"状态"界定信念与偏好，"风险"项则是重新界定的信念与偏好的散度。这种表述的好处是它可以转化为预期能量和预期熵，这就和变分自由能对应上了（见式 2-5）。但先验偏好要与"状态"关联起来，就得假设"状态"空间是已知的。这通常不成为问题，实践中我们既能以"状态"，又能以"结果"界定偏好。但后者更为常见，也就是说，我们能维持外部动机，同时对"状态"空间本身进行学习。

总而言之，预期自由能既能分解为"风险"与"含混"，又能分解为实用价值与认识价值。这两种分解足以让我们对主动推理架构能够处理的情况之丰富获得直观的印象，且有助于我们理解主动推理架构如何通过忽略预期自由能的一个或多个成分包容多种决策方案（见图 2-6）：假如不考虑先验偏好，实用价值就没有意义了，行动策略的制定只受认识价值的驱动——此时决策者只关注如何消除不确定性，（负）预期自由能或被称为预期贝叶斯惊异（expected Bayesian surprise）（在注意探索情境下），或被称为内部动机（在自主学习情境下）；假如不考虑"含混"，主动推理的决策者就将对风险高度敏感，这对应于控制理论中的 KL 控制；而假如既不考虑"含混"，又不考虑先验偏好，决策者的目的就只剩最大化"观察"（或"状态"，见式 2-6 第三行）的熵即不确定性了：此时主体在实施"不确定性取样"，对各种选项持开放态度。不同的决策方案适用于不同的情况，主动推理架构向我们展示了各种决策方案及相应情况间的形式上的关联。

图 2-6　忽略预期自由能的一个或多个成分衍生而来的多种决策方案

最上方表达式含预期自由能的全部构成项，下方各表达式为忽略先验偏好（1）、忽略"含混"（2），或只保留先验偏好时的决策方案。这些量在不同领域有不同的名称，但它们都可视为预期自由能的构成成分。

不同背景的读者会从不同的角度分解预期自由能，而且没有哪一种分解要比其他的分解更加"正确"。我们将在本书第二部分展示：特定类型的自治系统要维系自身的存在，就必须选择合适的行动——这让它们"看似"在最小化预期自由能。这表明认识（探索）与实践（利用）不分孰先孰后，"风险"与"含混"亦然。执着于这些二分法可能是有问题的，因为它们只是在以不同的方式描述同一概念（"存在"）的一体两面。

＊　　＊　　＊

＊　　＊

＊

2.9 关于主动推理的底层逻辑

通过介绍变分自由能和预期自由能这两个概念，我们了解了它们的适用范围，梳理了主动推理的底层逻辑。我们从无意识推理开始，经由贝叶斯大脑理论，探讨了知觉与行动的二分法，最后是作为推理的计划。

变分自由能是主动推理架构的核心，它衡量了内部生成模型与（当前和过去的）观察的拟合水平。通过最小化变分自由能，生物得以最大化模型的证据，由此确保生成模型成其为优秀的环境模型，并使环境与其相符。

预期自由能是为制订行动计划而对各候选策略进行的评分。归根结底，这个概念既是前瞻性的（它考虑了未来可能的观察），又是反事实的（未来可能的观察以我们选择的行动策略为条件）。预期自由能衡量了行动策略相对于我们所偏好的（未来）状态与观察的合理性。通过以负预期自由能为行动策略评分，主动推理的生物将确保自身选择的行动策略具有最小的预期自由能。相应的心理学表述是：生物对行动策略的信念直接对应于自身的意向——这些意向需借助行动加以贯彻。

在概念层面，我们可以将变分自由能和预期自由能的最小化视为两个相互嵌套的推理环路。变分自由能的最小化是主动推理架构的关键环路（外环），足以支持知觉推理，优化关于行动策略的信念。若主动推理的主体拥有关于自身行动结果的生成模型，就能评估预期自由能（内环），通过比较不同策略对应的概率值实现对行动的前瞻性规划（Friston，Samothrakis，& Montague 2012；Pezzulo，2012）。

2.10 总结

主动推理是关于有机体或自治的人工系统如何借助知觉与行动最小化惊异（或惊异的可计算近似——变分自由能），以维系自身存在的理论。在本章中，我们拓展了知觉推理的贝叶斯方法，使其能够解释行动。贝叶斯推理的基础是生成模型，即"感知观察如何生成"的模型。作为有机体关于世界的内隐知识的概率编码，生成模型构成了有机体的先验信念，是对各种"状态"或行动策略的预期结果的形式表述。

主动推理架构迫使我们重新审视贝叶斯推理中的"先验"概念。有机体偏好符合期望的状态，这些状态包含它们的生存条件（比如特定生态位的目标状态），而令有机体"惊讶"的状态则通常与生存条件不符。因此通过实现期望，主动推理的主体就确保了自身的存续。这意味着"先验"的概念与支持有机体生存的条件存在重要关联。换言之，在主动推理架构中，主体的同一性（身份）同构于其先验。关于这一点，本书后续部分还将反复提及。

需要注意的是，在主动推理架构中，惊讶（惊异）是一个基于信息理论的形式化概念，其与（大众）心理学语境下的惊讶（惊异）未必是同一回事。粗略地说，有机体占据的状态与其先验（编码了有机体偏好的状态）的偏差越大，惊异水平就越高。正因如此，主动推理架构主张有机体（或大脑）要维持生存，就必须主动实现惊异的最小化。在特定情况下，最小化惊异意味着降低模型与世界的差异。主动推理真正能够最小化的量是变分自由能。作为惊异的近似（上限），变分自由能的最小化可借助化学/神经消息传递机制，基于有机体生成模型的可用信息实现。

重要的是，知觉和行动都有助于最小化变分自由能，而且是以一种互补的方式：前者是通过更新评估（后验信念），后者则是借助行动实施选择性的（符合期望的）取样。此外，主动推理架构还能通过选择合适的行动策略，最小化预期自由能（即最小化"含混"与"风险"）。预期自由能的概念拓展了主动推理架构的适用范围，使其能够描述前瞻性的、反事实的推理。至此，主动推理的底层逻辑已梳理完毕。我们将在下一章探讨主动推理的顶层逻辑，并将在"第一原则"与自组织概念的基础上得出同样的结论。

主动推理

Active Inference

心智、大脑与行为的自由能原理

3

主动推理的顶层逻辑

与只能通过直接尝试（试误）习得经验的生存机器相比，那些有能力模拟未来的生存机器将拥有巨大的优势。试误既耗时又耗能，而且即便"试"得起，有时也"误"不起。相比之下模拟则更加安全，也更加高效。

——Richard Dawkins

3.① 介绍

上一章我们介绍了自由能的概念，以及它在一种近似贝叶斯推理方法中的应用（主动推理的底层逻辑）。接下来，我们将从另一个视角介绍自由能，这就是主动推理的顶层逻辑。顾名思义，顶层逻辑要将思路颠倒过来：从统计物理学的"第一原则"和有机体要维持生存就必须遵循的最为重要的规范（即回避"惊异"状态）出发，将自由能最小化理解为这个问题的一种在计算上可行的解决方案。本章将揭示最小化变分自由能与最大化模型证据（即近似贝叶斯推理的"自证"）在形式上的等价性，以及自由能与自适应系统的贝叶斯观点间的关联。最后，我们还将探讨主动推理架构将如何提供一个新颖的、有助于理解（最优）行为的第一原则的视角。

主动推理是关于生命有机体如何借助知觉与行动减少"惊异"（或"惊异"的可计算近似，即变分自由能），以维持自身存在的理论。基于"第一原则"，该理论提出了一套基于信念的新方案，帮助我们理解行为与认知，在经验上具有深远的意义。

主动推理的顶层逻辑有一个基本假设：任何生命有机体要想生存下去，其占据的环境都必须维持一系列合适的（为该有机体所偏好的)状态,避免转化为其他的、该有机体所排斥的状态。这些"偏好状态"首先是由特定生态位的演化适应性所界定的。但我们很快就将看到,对一些高等动物来说,后天习得的认知目标也能界定其"偏好状态"。举个例子,一条鱼想要活下去,就得停留在一个"舒适区",这个状态空间相对于它在整个宇宙间可能遭遇的所有状态而言是一个很小的子集:它得待在水里。同样,一个人必须保证自己的内部状态(比如像体温、心率之类的生理变量)始终维持在一个"可接受范围"内——否则就有性命之虞(更准确地说,否则他就会变成另一种东西,我们管它叫一具尸体)。所谓"舒适区"或"可接受范围"规定性地定义了某个事物要成其为该事物,就必须占据哪些典型状态。

生命有机体面临的基本问题是如何保证自身始终占据上述典型状态,这是通过在多个层面对自身状态(比如体温)施加主动控制实现的,包括生理层面的自动调节机制(比如出汗)、心理层面的认知机制(比如购买冷饮)以及社会科学层面的文化实践机制(比如安装分布式空调系统)。

形式上,主动推理架构将生命有机体面临的基本问题即生存问题表述为惊异的最小化。这套形式体系对"惊异"的界定沿袭了信息理论的传统——本质上,"惊异"的状态就是那些偏离了生命有机体"舒适区"的状态。自由能最小化则是有机体或自适应系统最小化感知惊异的一种具有可行性与现实性的手段。

3.2 马尔科夫毯

任何系统实现自适应的一个重要前提条件都是区别于环境并实现某种自治。若非如此，系统就将消散、分解，因此屈从于环境动力学。如果系统无法区别于环境，就没有什么能让它"惊异"，因此自适应系统原则上就不该对什么都感到理所当然。换句话说，至少得要有两个东西——系统和环境——而且它们是能够区分开来的。作为一个统计学概念，马尔科夫毯（Pearl, 1988）就是对系统与环境间的这种区别的形式化表述（详见知识库3.1）。

知识库
3.1

马尔科夫毯

本书将反复提及马尔科夫毯的概念（Friston, 2019a, Kirchhoff et al., 2018, Palacios et al., 2020）。在统计学意义上，一道（一张）马尔科夫毯（b）是这样界定的：

$$\mu \perp x \mid b \Leftrightarrow p(\mu, x \mid b) = p(\mu \mid b)p(x \mid b)$$

这种界定其实是在（用两种不同的方式）表明：以变量b已知为条件，变量μ独立于变量x，也就是说变量μ与变量x条件独立。换句话说，如果我们了解了 b，那么即便了解了 x，也没法对 μ 了解得更多。这种情况的一个常见的例子是"马尔科夫链"："过去"是"现在"的诱因，"现在"又是"未来"的诱因，而且"过去"只能通过影响"现在"去影响"未来"。这意味着假设我们了解了"现在"，则即便了解了"过去"，也没法获得关于"未来"的更多的信息。

如果我们对某个系统与环境的条件依存关系已有所了解，想要识别它的马尔科夫毯，只需要遵循一个简单的规则。给定变量的马尔科夫毯包括其亲变量（它所依赖的变量）、子变量（那些依赖它的变量），有时还包括其子变量的其他亲变量。

简单地说，马尔科夫毯就是一组变量，它们介导了一个系统与其所在环境的所有（统计学）交互作用。图3-1就描绘了动力学语境下的马尔科夫毯，其对系统与环境间条件独立性的动力学约束也参与决定了分处马尔科夫毯两侧的状态间的关联。

图3-1中的马尔科夫毯区分了自适应系统的内部状态（大脑的活动）和外部环境的状态。此外，我们还能定义两种额外的状态，分别是感知状态和主动状态，它们构成了马尔科夫毯，让内外部状态（在统计学意义上）得以区分开来。统计意义上的区分意味着如果我们了解了感知状态和主动状态，那么了解外部状态就无法为我们提供关于内部状态的额外的信息，反之亦然。在动力学语境下，我们通常可以将这种状况理解为：内部状态无法直接改变外部状态，只能通过改变主动状态替代性地做到这一点；同样外部状态也无法直接改变内部状态，只能通过改变感知状态间接地做到这一点。

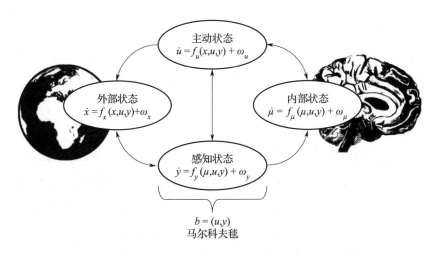

图 3-1　区分了自适应系统（大脑）与环境的动态的马尔科夫毯

各状态的动力学均取决于一个确定性流（即函数 f，决定了该状态的平均变化率）和一个额外的随机波动（即 ω）。图中的箭头表示特定变量影响其他变量之变化率的方向（相应的雅可比行列式的非零元素）。这只是马尔科夫毯的一个例子：马尔科夫毯的概念可用于区分一个完整的有机体和它所处的环境，不同的马尔科夫毯也可以是多重嵌套的，比如对大脑、有机体、成对有机体和社群都能界定相应的马尔科夫毯，一层套一层（数学细节见 Friston, 2019a；Parr, Da Costa, & Friston, 2020）。令人困惑的是，现有文献资料对特定变量的标记并不一致：有时感知状态被标记为 s，外部状态被标记为 η，主动状态被标记为 a。我们在这里使用的标记将在全书保持统一。

内外部状态的相互作用其实就是对经典的行动—知觉环路的另一种描述。也就是说，自适应系统与其所在环境只能通过行动和观察相互影响。以这种方式来描述行动—知觉环路有以下两个主要的好处。

首先，这种描述将下列事实形式化了：自适应系统的内部状态具有某种独立性，能抵御环境动力学的影响。其次，通过强调自适应系统能够访问的状态即内部状态、感知状态和主动状态，这种描述为系统最小化惊异的方式提供了一个框架。具体地说，惊异是相对于感知状态而言的，最小化感知状态的惊异需要借助内部状态与主动状态的动力学。

这里的关键是，自适应系统的内部状态与外部状态间存在一种形式上的关联，因为马尔科夫毯两侧的状态以一种对称的方式影响马尔科夫毯，并被马尔科夫毯所影响。因此只要给定马尔科夫毯的状态，我们就能写出内部状态与外部状态的条件概率分布。既然内外部状态是以同一组马尔科夫毯状态为条件的，我们就能期望在内外部状态间发现逐对的关联性。换言之，内外部状态间应该存在一种平均的（广义）同步——正如在同一根横梁的两端挂上两只钟摆，随着时间的推移，它们的摆动将趋于同步，也就是说，每一只钟摆的运动都能通过横梁间接地影响（也就是"预测"）另一只钟摆的运动（Huygens，1673）。图 3-2 直观地描绘了这种关系。意思是，如果我们能在给定马尔科夫毯状态的条件下写出内外部状态（彼此"独立"的）分布，就会发现这两个状态其实在（通过马尔科夫毯）相互传递信息。

这种同步使得内部状态看似在"表征"外部状态（为外部状态"建模"），这就与第 2 章介绍过的惊异最小化联系上了。因为"惊异"的前提是有一个关于感知数据如何生成的内部模型。我们已经知道感知观察的惊异（感知观察的概率之对数函数的负值）的最小化其实就是模型证据（边缘似然）的最大化，证据就是感知观察的概率。惊异最小化可以从两个（等价的）角度——贝叶斯方法和自由能原理——来理解，接下来就简单讨论一下。

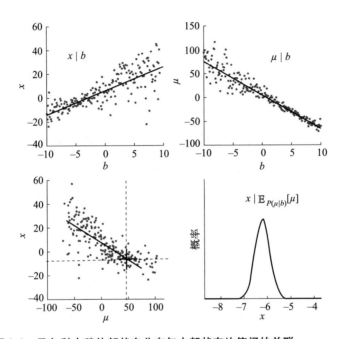

图 3-2　马尔科夫毯外部状态分布与内部状态均值间的关联

上图左右：外部状态与内部状态的条件概率（假设为线性高斯分布），即给定马尔科夫毯状态时外部状态（左）与内部状态（右）的条件分布。图中实线表示给定马尔科夫毯状态（横坐标值）时相应外部/内部状态的均值（纵坐标值）。下图左：基于同一批数据描绘的马尔科夫毯内外部状态间的（反向）同步。虚线及虚线相交处的实线十字表明，如果我们了解了内部状态的某个均值（横坐标值），就能确定相应外部状态的均值（纵坐标值）和分布。下图右：我们能够写出对应内部状态某个均值的外部状态的分布。

3.3 惊异最小化与自证

我们已经知道，马尔科夫毯将主体（系统）与其所在环境区分开来。根据贝叶斯方法，主体看似在为外部环境建模，是因为内部状态（平均而言）可视为对系统外部状态的概率表征（近似后验信念）（见图3-2），故内部状态的动力学可视为对外部状态的某种（近似）贝叶斯推理。外部状态的变动会改变相应的概率分布，后者寓于一个内隐的生成模型之中，该生成模型是关于感知（即构成马尔科夫毯的"感知状态"）是如何生成的。如果我们重新界定"主体"，将其视为内部状态与马尔科夫毯状态的集合，就能在此基础上谈论主体的生成模型了。

重要的是，主体的生成模型不能仅仅是"模仿"外部动力学（果真如此的话，主体就会与外部环境一样走向消散）。相反，模型必须指定一系列条件，作为主体存在的前提，这些条件为主体所偏好，或者说，模型要在状态空间中指定一个区域，主体必须访问该区域（占据典型状态）才能满足生存条件，因此得以存在下去。为主体所偏好的状态（观察）可被指定为模型的先验，这意味着模型隐含地假设那些满足主体生存条件的感知将为主体所偏好，且更有可能发生（惊异水平更低）。也就是说，主体有一种内隐的乐观偏向。这种乐观主义是必不可少的，因为它让主动推理超越了对外部动力学的简单复刻，使主体能够借助主动状态追求自身所偏好的典型观察。

正因如此，主体（由先验偏好界定）的最优行为就是借助知觉与行动最大化模型证据。说到底，模型证据是对模型与感知拟合水平的概括，即模型能在多大程度上解释感知。拟合水平越高，模型对感知的解释就越好（这是主动推理描述性的一面），同时感知状态为主体偏好的程度越高，相应的"惊异"也越小（这是主动推理规范性的一面）。高拟合水平保证了惊异的最小化，因为模型证据 $P(y)$ 的最大化在数学上等价于惊异的最小化：$\Im(y) = -\ln P(y)$。

对上述观点的一种更为简洁的表述是：任何自适应系统都在致力于"自证"（Hohwy，2016）。这里"自证"意味着借助行动搜集符合内部模型（可为内部模型提供证据）的感知数据，因此最大化模型证据。

3.3.1　惊异最小化与哈密顿最小作用原理

我们已经指出了惊异必须最小化，但尚不清楚为何如此。自证背后的物理学已超出了本书的范围（详见 Friston，2019b），概括地说，这是因为（拥有马尔科夫毯的）生命有机体要生存下去，就不能因环境的涨落而消散。马尔科夫毯的维系意味着感知状态与主动状态的分布在一个较长的时段内保持稳定。简而言之，感知（或主动）状态一旦偏离当前分布下的高概率区域，就会被所谓的"平均状态流"（average flow of states）纠正（平均状态流即图 3-1 中的确定性流）。用物理学家的话来说，平均而言，处于稳态的随机系统的动力学倾向于使一个能量函数（或哈密顿量）取极小值，该能量函数可解释为负对数证据或"惊异"。这就像一只皮球总倾向于从重力势能较高的山坡向势能较低的山谷滚动（见图 3-3）。

如图 3-3（左）所示，每当有涨落导致系统向一个概率更低的状态变动，都会有其他使概率梯度上升的变动将先前的状态变动纠正过来，因此系统在更多的时间里会占据一个概率密度较高的区域。通过最小化惊异，这个系统的感知状态（平均而言）会维持在一个比较有限的范围内，而不像它右侧的那个系统，后者的惊异水平会不受限制地提高。

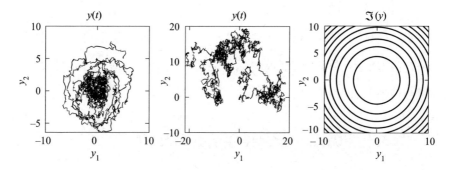

图 3-3 上图左：一个处于（非平衡¹）稳态的二维随机动力系统的状态变化路径，可解释为最小化惊异（见最右侧图示）。上图右：中心区域的惊异水平最低，距离中心越远，惊异水平越高，同心圆表示惊异水平的等高线。上图中：一个状态起始点相同（5，5）的系统，以同样的幅度随机波动，但其动力学与降低惊异水平无关。可见该系统不仅进入了惊异水平更高的区域，而且难以保持任何稳态，随着时间的推移，它会不受约束地走向消散。主动推理架构的适用范围仅限于如左图所示的系统，其状态的平均变动模式可对抗随机涨落，因此能在特定时段内保持自身的形态与功能。

惊异的最小化让生命有机体有能力（暂时地）对抗热力学第二定律，后者是说熵（系统散布状态的量度）必然增长。这是因为在一个较长的时间尺度上，熵就是惊异的均值，而"观察"的概率之对数函数的最大化平均而言也等价于（香农）熵的最小化：[2]

$$H[P(y)] = \mathbb{E}_{P(y)}[\Im(y)] = -\mathbb{E}_{P(y)}[\ln P(y)] \qquad (3\text{-}1)$$

确保系统大概率占据感知状态空间的一小块区域，等价于将熵维持在特定水平。这正是自组织系统的典型特征。控制论学者们对这一点一直有非常明确的认识。

从生理学角度来看，惊异最小化是对稳态这一观念的形式化。当一个感受器接收的刺激偏离了最优范围，负反馈机制就将介入，消除这种偏离。从控制的角度来看，我们可以用期望的稳态概率密度来理解最优行为。换言之，如果我们为系统偏好的结果定义了一个分布，最优行为就将使系统向这个分布演变，或维持这个分布。

我们在第2章就曾说过，自由能是惊异的上限。这意味着面对随机涨落，系统能通过最小化自由能确定最优行为模式。回顾一下，自由能和惊异的差值是真实后验概率（即给定马尔科夫毯状态时的外部状态分布）和近似后验概率（即给定平均内部状态时的外部状态分布）间的差异。因此内部状态的变动可以认为是在最小化上述差异，由此产生主动状态并最小化感知状态的惊异水平（平均而言）。换句话说，通过自由能最小化确定的最优行为模式能让惊异水平降至最低,循作用量最小的路径,[3] 推动系统从当前状态向偏好状态演变——这正是哈密顿最小作用原理在行为层面的应用。

图 3-3 就是一个非常简单的例子,描绘了一个拥有随机吸引子的系统的状态变化。该系统就像一只恒温器,用控制论术语来说,它有单一的设定值,不会学习,也不会计划。主动推理架构旨在用同一套逻辑解释更复杂的自适应系统,它们与简单系统的区别可归纳为吸引子的"形状"不同:复杂系统的吸引子并非状态空间中固定不变的点,因此这些系统可能具有某种复杂的巡游(巡回)动力学。以此观之,可以认为生命有机体始终都在过度稳定与过度分散间寻求某种折中,主动推理架构则旨在解释它们如何实现这种折中。

* * *
* *
*

3.4 推理、认知与随机动力学

物理学家 E. T. Jaynes 曾有过一个著名的论断,即推理、信息理论和统计物理学只反映了认识同一事物的不同的视角(Jaynes,1957)。根据前面的讨论,我们已经知道基于贝叶斯方法与统计物理学理解惊异最小化和最优行为其实是等价的,也就是说,认知科学也能作为一个视角被加到 Jaynes 的论断中去。不同视角的等价性是一个很有意思的话题,但那些不熟悉相关形式体系的学者难免为此感到困惑,因为同一个量在不同的领域对应于不同的术语。为此,我们在本节详细阐述了贝叶斯方法与统计物理学视角的主要等价关系,并逐一列出了相应的认知科学解释,详见表 3-1 和知识库 3.2。

表 3-1 统计物理学、贝叶斯推理和信息理论
——以及相应的认知科学解释

统计物理学	贝叶斯推理和信息理论	认知科学解释
最小化变分自由能	最大化模型证据(边缘似然);最小化惊异(自信息)	知觉和行动
最小化预期自由能;哈密顿最小作用原理	推断最有可能(惊异水平最低)的行动方案	作为推理的计划
实现非平衡稳态	实施近似贝叶斯推理	自证
能量函数的梯度流;自由能的梯度下降	模型证据的梯度上升;惊异的梯度下降	神经动力学

> **知识库 3.2**
>
> ### 统计物理学与主动推理架构的自由能
>
> 在统计物理学领域,自由能的概念被广泛用于描述(比如)热力学系统。虽说主动推理架构使用了完全一样的数学方程,描述的却是主体(相对生成模型)的信念状态。因此,说主动推理的主体致力于最小化(变分)自由能,指的是它信念状态的转变,而不是(比如)构成它的粒子的统计学意义上的状态变化。为避免误解,我们要使用"变分自由能"这个术语,它更常见于机器学习领域。另一点需要注意的是,自由能的概念常以热力学平衡为背景,生命有机体的状态变化及其与环境的持续双向互动则涉及开放的非平衡稳态系统,可见主动推理架构已进入了一个令人兴奋的新领域(Friston, 2019a)。

3.4.1 变分自由能、模型证据与惊异

第一组重要等价关系存在于贝叶斯推理的模型证据(或边缘似然)最大化和变分自由能最小化之间——二者都能实现惊异的最小化。当人们试图为难以计算的推理问题即变分推理问题寻求特定近似解时,这种等价关系就非常明显了。致力于最小化自由能的变分推理其实将推理转变成了一种优化,实现了自由能的最小化,也就找到了真实解的最佳近似。我们可以将惊异、模型证据和变分自由能这三个量以及它们的关系形式化地表述出来:

$$\underbrace{\Im(y\mid m)}_{\text{惊异}} = \underbrace{-\ln P(y\mid m)}_{\text{模型证据}} \leq \underbrace{D_{KL}[Q(x)\parallel P(x\mid y,m)] - \ln P(y\mid m)}_{\text{变分自由能}}$$

(3-2)

与第 2 章不同的是，在式 3-2 中，我们明确使用模型 m 作为所有量的条件，以强调这些量取决于我们拥有（或作为）（关于 y 如何生成）的模型。模型不同，相应的量也会变化。你也许会问，既然模型证据的最大化和变分自由能的最小化是等价的，我们干嘛要区分它们呢？主要原因是，和模型证据的最大化不同，变分自由能的最小化在计算上是比较方便的。

回顾第 2 章，只有在 KL 散度这一项等于零的时候，变分自由能才与（负）模型证据或惊异完全相等。主动推理当然不能保证做到这一点，但推动 KL 散度尽量接近于零还是可以的。因此在不断优化 $Q(x)$ 的过程中，变分自由能也在不断接近惊异。对这一点，我们怎么强调都不为过：可以说自由能与惊异的这层关系就是本书的基础。特别是，自由能是惊异水平的上限，它一定大于或等于惊异，KL 散度就是对二者间差异的量化。

有趣的是，任何系统（包括一些非常简单的系统，如图 3-2 所示）若能直接推动惊异水平的最小化，也必然能够实现自由能的最小化。此时 $Q(x)$ 被设定为与真实后验相等，也就是说 KL 散度被设定为零。这就引出了认知系统和非认知系统的一个重要差异：非认知系统的 KL 散度永远为零，认知系统则必须先借助一个（知觉）过程最小化 KL 散度，然后才能选择并实施那些有助于最小化

52　惊异水平的行动。请注意，知觉过程只能最小化散度。也就是说，内部状态的变动要使其参数化的分布（见图 3-2）尽可能地接近真实后验。不过，单凭知觉无法最小化变分自由能的第二个成分，即模型证据，其对应于真实惊异水平，因为知觉无法改变主体接收的感知刺激。只有通过采取行动，改变感知状态，主体才能最小化变分自由能的第二个成分，从而消除惊异或最大化模型证据。可见给定内部状态时主动状态的变动对系统的"自证"至关重要。

我们可以举一个例子。想象你的生成模型预测了不同饥饿程度下血糖水平的分布：饥肠辘辘时血糖水平较低，吃饱喝足后血糖水平较高。再想象这个模型为"吃饱喝足"，也就是说高血糖水平分配了一个高先验概率。这样一来，低血糖水平就将对应高惊异水平。想象你一开始不确定自己有多饿，但感受到自己的血糖水平很低。你根据这种知觉做出了推理，断定自己饿了，于是你"经验到了饥饿"——也消除了 KL 散度。但知觉的作用也就到此为止了，它没法降低你的惊异水平，也就是说，单凭知觉无法消除你先验预期的高血糖水平和你实际感受的低血糖水平间的差异。这是因为知觉没法作用于你的感知（低血糖水平）和这些感知的诱因（生理状况）。你只能借助行动改变感知刺激（的隐藏诱因），以此最小化惊异——比如吃一些点心。

总而言之，知觉能通过减少近似后验与真实后验间的差异降低预期自由能，但无法更进一步直接最小化惊异。要最小化惊异，下一步需要通过采取行动改变主体接收的感知刺激，正因如此，推理才不仅仅是知觉的，而且是主动的。

3.4.2 预期自由能与最有可能的行动方案（轨迹）

另一组重要等价关系存在于最小化预期自由能与推断最有可能（惊异水平最低）的行动方案或行动策略之间。主体不仅要确定状态空间中惊异水平最低的区域，还要确定抵达该区域的不同路径的惊异水平。不同的备择路径可表述为不同的行动策略，本质上，它们就是不同的状态变动轨迹。重要的是，在主动推理架构中，特定行动策略的概率的对数函数与主体选定该策略时的预期自由能成比例，这意味着根据定义，最有可能（惊异水平最低）的路径对应的预期自由能必取极小值。在物理学领域，"作用量"也是用类似的方式界定的：以能量密度的积分（加和）表示特定轨迹的概率，一个物理系统的状态可能循一系列不同的轨迹变动，但它真实的状态变动轨迹对应的作用量必取极小值。这就是哈密顿最小作用原理。主动推理架构与哈密顿最小作用原理间的对应关系将在下一节更详细地展开。

*　*　*
*　*
*

3.5 主动推理架构：理解行为与认知的新基础

在最优控制、强化学习和经济学等领域，行为都是根据状态的价值函数实现优化的，遵循贝尔曼方程（Sutton & Barto, 1998）。具体而言，我们会为主体可能占据的每一种状态（或每一对"状态—行动"）分配一个数值（价值），该数值表示该状态对主体有多理想。特定状态（或"状态—行动"对）的价值一般是通过试误习得的，衡量主体占据该状态后有多少次——及经过多长时间后——获得奖励。行为的要义就在于通过占据高价值状态获取奖励，因此需要充分利用学习的历史。

相比之下，在主动推理架构中，行为是推理的结果，行为的优化是根据信念函数实现的。这就将（先验）信念与偏好挂钩了。如前所述，预期自由能的概念赋予了主体一种内隐的先验信念，即自身将占据偏好的状态。这样一来，主体对某个行动方案的偏好就成了一种信念，关乎未来要做些什么，以及这些行为会产生什么结果——简而言之，该信念关乎主体未来的状态变动轨迹。这就以（先验）信念的概念取代了价值的概念。这一步看似有些奇怪，因为强化学习对价值与信念分别加以定义，贝叶斯统计学也不认为信念蕴含什么价值。但将信念与偏好挂钩恰恰是主动推理架构非常重要的一个特点，理由至少有以下三点。

首先，这一步自然引出了一个关于有目的行为的自洽的过程模型（即目的论模型），其基本逻辑类似控制论。如果我们赋予主动推理的主体某个先验偏好，该主体就将采取行动以实现该偏好，因为只有这些行动才与主体的先验信念——它将致力于实现期望——相符。需要注意的是，主体选择的（偏好的）行动方案或策略是可直接测量的，而相应的价值函数或先验信念则需要加以推理，对它们的描述即便不属于同义反复，也很难说有多么直接。

其次，根据主动推理架构，行为是信念的泛函，而信念可以写成概率分布，这自然就意味着信念有程度之分，也就引入了不确定性的概念。适应性的行动必然涉及信念的不同程度或曰不确定性，但贝尔曼方程无法直接表示这些概念。出于同样的原因，用主动推理的形式体系可更灵活地为顺序动力学和巡游行为建模，用状态的价值函数则要困难得多（Friston, Daunizeau, & Kiebel, 2009）。

最后，根据主动推理架构，行为的优化遵循统计物理学的哈密顿最小作用原理。事实上，主动推理架构更进一步，将行为视为信念的函数，这样我们就有了一个能量函数——主动推理的主体最有可能选择的，是能够最小化自由能的行动方案。由此而来的一个重要结果是，生命有机体的行为将遵循哈密顿最小作用原理：它们的状态将循"阻力"最小的路径变动，直至占据某个"稳态"（或一系列"稳态"构成的轨迹),其行为模式类似一个随机动力系统(见图3-3)。这个基本假设将主动推理架构与基于贝尔曼方程的其他行为与认知理论区别开来。

我们可以简要介绍一下哈密顿原理和主动推理架构的关联性,这种关联性存在于三个层面。首先,主动推理架构对行为与生命科学的意义可类比于拉格朗日方程[4]与哈密顿原理为牛顿力学带来的进步。牛顿力学原本是用微分方程表述的,著名的牛顿第三定律就描述了加速度与力的比例关系,主动推理架构则揭示了动力系统的守恒定律,提供了一个与牛顿力学互补的视角。事实上,牛顿力学可以从这些守恒定律衍生出来,这些守恒定律还能作为未来理论发展的基础,推动随机物理学、相对论物理学和量子物理学的进步。类似地,主动推理架构通过定义自由能,重新描绘了原本建立在一系列微分方程基础上的神经动力学与行为动力学,后者可以从主动推理架构衍生出来。正如不同的哈密顿量可引出不同的物理学,基于不同的生成模型的自由能可引出不同的神经动力学与行为动力学。

哈密顿原理和自由能架构的联系还表现为:哈密顿量与概率化的度量直接相关。这里的基本理念是,哈密顿量和系统的能量一样,都是守恒的。如前所述,我们用于代表"能量"的量(见本章与第2章)在形式上都是概率的负对数函数。这反映了对能量的一种解释:能量只是对一个系统任意给定"格局"之不可能性的一种度量。根据这种见解,能量守恒定律与概率守恒定律是等价的。由于(经马尔科夫毯介导与外部状态耦合的)耗散系统倾向于保持低能量、高概率的状态，我们可以在能量或哈密顿量与惊异之间建立起直接的关联。由此可见，主动推理架构就是对特定类型的系统（拥有马尔科夫毯的系统）应用哈密顿原理。

最后，哈密顿原理和主动推理架构的关联性还体现在变分法的应用上，正是变分法为能量与动力学架起了桥梁。最明显的是，根据哈密顿最小作用原理，作用量是一个拉格朗日量的路径积分，也就是说，作用量是路径的一个泛函。在这里，路径是一个时间函数，其输出是循该路径运动的粒子特定时点的位置和速度。粒子的（决定论的）运动路径必然最小化作用量。同样，根据主动推理架构，信念是隐藏状态的函数，其更新必将最小化相应的自由能泛函。可见哈密顿原理和主动推理架构的基本逻辑都是根据泛函（分别为"作用量"和"自由能"）优化函数（分别为"路径"和"信念"），这种优化涉及变分法。变分法是用于寻找泛函极值的数学方法，物理学领域的变分法涉及欧拉—拉格朗日方程，主动推理架构中的变分法则将我们引向了变分（近似）推理。

* * *
* *
*

3.6 模型、策略与轨迹

在 3.2 节中，我们曾强调主动推理架构适用于那些能与其所在环境区分开来的系统，这种区分意味着我们可以界定这些系统的马尔科夫毯。在 3.3 节中，我们指出马尔科夫毯的维系要求系统的动力学（平均而言）能够最小化（感知）状态的惊异水平，也就是说，系统要能实现"自证"。于是，我们得出了这样的结论：系统的行为模式是由一个稳态分布决定的，该分布可被理解为关于系统的（感知）刺激如何生成的模型，即生成模型。

这揭示了一些非常重要的事实。每种行为模式都有其对应的生成模型，因此，我们可以通过指定不同的生成模型来解释不同的行为模式（生成模型隐含地概括了系统的惊异水平的影响因子）。此外，不同的生成模型对应的自适应系统或认知系统的复杂程度也各不相同（Corcoran et al., 2020）。那些最简单的生成模型只支持决定如图 3-3 所示的动力学，对应最低水平的认知，相应系统无法设想可能有哪些备择运动轨迹，也就是说，它们无法实施反事实推理。此外，这些简单模型深度不足，意思是它们只支持单一时间尺度的推理。相比之下，基于多层生成模型的推理可在多个时间尺度上展开。多层（深度）模型的高层动力学通常编码了那些变化比较缓慢的事物（比如我正在阅读的句子），为系统认识那些变化更加迅速的事物（比如我正在阅读的句子中的单词，由模型的低层动力学编码）提供了情境（Kiebel et al., 2008；Friston, Parr, & de Vries, 2017）。

那些更加复杂的行为模式又当如何？人们常将它们与能动性或意识关联起来，模型需要包含哪些元素才能支持这些行为模式？对此，一种回答是系统要能模拟各种可能的未来，也就是事态的各种展开方式，从中做出选择。这就要求生成模型具有某种"时间深度"，能明确表征不同行动的结果。这种模型将确保系统的行为将其导向"最有可能的"未来。正是上述（权衡不同选项的）反事实能力将复杂智能系统（比如我们自己）的稳态与简单生物的稳态区分开来。有时候，我们能选择合适的策略或计划，即控制一些事物，将自身引向可能的未来。回顾第 2 章，要对不同的策略或计划进行权衡，就要将一个先验信念引入模型，使预期自由能最低的策略成为"最有可能"的策略。这样，我们就有了一种刻画特定类型的系统的方法：这类系统倾向于维系马尔科夫毯并保持稳态——正如像我们这样的复杂系统。

* * *
* *
*

3.7 在主动推理架构下协调生成论、控制论和预测理论

通过强调自由能最小化,主动推理架构得以整合并拓展三种看似互不相关的理论视角。

首先,主动推理的基本逻辑符合生命与认知的生成主义取向,生成主义取向关注行为的自组织及生命与环境的自创生的互动,主张生命有机体正因如此才得以停留在"可接受的范围"以内(Maturana & Varela, 1980)。主动推理架构则提供了一个形式框架,解释生命有机体何以借助一个统计学结构(马尔科夫毯)的自组织防止自身走向消散——该结构一方面介导了有机体与环境的双向互动,另一方面又将有机体的状态与外部环境动力学区分开来,以维系有机体自身的完整。

其次,主动推理的基本逻辑符合控制论理论,控制论理论主张行为是有目的(目的论)的,意思是行为受内在机制的调控,关注特定目标是否已被达成,若没有,就将介入调整行动(Rosenblueth et al., 1943; Wiener, 1948; Ashby, 1952; G. Miller et al., 1960; Powers, 1973)。类似地,主动推理的主体会借助知觉和行动最小化偏好的感知状态和实际感知状态间的差异。借助一个可计算的统计量——变分自由能(其在特定条件下对应于预测误差,即预期感知和实际感知的差异),主动推理架构为生命有机体的控制论提供了一套可行的规范架构,将控制描述为一个前瞻性的过程——这又将我

们引向了预测理论。

预测理论将控制描述为一个基于环境模型的前瞻性过程,对生命有机体而言,该模型可能是由大脑实例化的(Craik, 1943)。主动推理架构预设了(生成)模型,主体使用该模型做出预测,指导知觉与行动,评估未来的(反事实)行动可能性。该预设符合"优秀调节者定理"(Conant & Ashby, 1970),即任何控制者都应该拥有(或成为)其所在环境的优秀的模型。主动推理架构以严格而缜密的(近似)贝叶斯推理和(变分及预期)自由能最小化原则协调了这些基于模型的大脑和行为理论。此外,主动推理的基本逻辑也符合观念运动理论(Herbart, 1825;James, 1890;Hoffmann, 1993;Hommel et al., 2001),后者主张行动始于想象的过程,产生自(对行动结果的)预测性的表征(而非刺激),这就与刺激—反应理论(Skinner, 1938)区分开来了。主动推理架构将观念运动理论纳入一个推理性的框架之中,根据这个框架,行动产生自(关于未来的)信念。这意味着要产生行动,就得暂时性地抑制感知证据的影响(否则感知证据就将证伪那些诱发行动的信念)(H. Brown et al., 2013)。

这些看似互不一致的理论视角能相互协调,这本身就很有趣。举个例子,生物学家通常认为自组织和目的论是互不兼容的。此外,生成论轻视表征与控制的概念,而对多数基于模型的推理理论来说,这两个概念都是关键与核心。主动推理架构从一个很不寻常的角度将自适应主体的自创生动力学形式化了,将自组织和预测同时纳入考量。通过协调不同的理论视角,主动推理架构或将有助于我们更好地理解它们间的关联。

3.8 主动推理：从生命的涌现到能动性的产生

主动推理架构从"第一原则"出发，可解释（从最简单的到最复杂的）各类自适应生命系统的认知与行为。在由上述生命系统构成的连续谱系上，主动推理架构对那些最小化变分自由能和那些最小化预期自由能的种类做出了区分。

任何自适应系统对感知刺激进行主动取样以最小化变分自由能的操作都相当于在为自己的生成模型主动搜集证据，因此，它们都属于自证的主体（Hohwy, 2016）。通过围绕基本的稳态过程的一系列设定值进行自我调节，这些系统能避免自身的消散，产生复杂的、多样化的行为模式，也能拥有相当高的适应性水平（病毒就是很好的例子）。还有些系统拥有多层生成模型，能对其经验的不同时间尺度的事态变化——既包括那些（由模型的低层编码的）迅速的变化，也包括那些（由模型的高层编码的）缓慢的变化——进行推理，由此做出复杂的应对。不过，这些系统仍有其局限性，因为它们的生成模型缺少时间深度，这使它们没有能力制订计划或有意识地展望未来（它们确有前瞻性，但这种前瞻性是无意识的，比如借助遗传变异适应自然选择以实现演化）。因此，它们永远"活在当下"。

一个有时间深度的生成模型让系统有能力最小化预期自由能——

用心理学术语来说，也就是制订计划。在主动推理架构中，这蕴含了比提高适应性更伟大的意义：让某种最初的能动性得以产生。一个最小化预期自由能的自适应系统拥有（内隐的）先验信念，该信念依然是要最小化自由能，但要最小化的是未来的自由能。一旦自适应系统将上述先验信念纳入其生成模型，它就将形成这样一些信念，即自身在未来应循哪条轨迹采取什么行动。换言之，它将有能力在一系列可能的未来中做出选择，而不是像前述最简单的生物那样只能决定如何应对当前的感知刺激。生成模型的这种时间深度由此转化成了某种"心理深度"。至于生命的连续谱系如何区分简单的与复杂的自适应系统，以及这些系统分别能实施何种主动推理，则主要是一个经验性的问题。

3.9 总结

本章的主题可总结如下：生命有机体必须保证自身占据典型偏好状态。如果我们将这些偏好状态界定为期望状态，就可以说生命有机体必须最小化自身感知观察的惊异水平（并维持住最优的熵，见知识库3.3）。

知识库
3.3

熵的最小化与开放的行为

主动推理架构基于一个前提假设，即生命有机体将致力于维持相对有序（或负熵）、可控和可预测，尽管它们置身于自然环境之中，而环境天然的涨落构成了持续的熵增的压力。这种对有序的主动追求的最基本的表现就是生理意义上的稳态，也就是关键的生理参数要维持在特定的（符合生存需要的）范围内。但生物（特别是高级生物）不会以一套固定的反应（稳态自主反应）维持熵的最小化，而是会以开放的、新颖的行为模式达到这个基本目标，比如酿造好酒或购买饮料来解渴，以及满足其他需求。这有时被称为"稳态应变"（allostasis）（Sterling, 2012）。

推而广之，我们主动追求某种有序性和可控性本身，未必考虑特定的稳态需求，也许是因为维持有序与可控将有助于满足诸多此类需求。我们主动创建自己的生态位，令其更可预见、更少意外。这正是我们创建物理空间（城市与居所让我们无需直面大自然的喜怒无常）和文化空间（道德、法律与秩序让我们无需直面人性的黑暗与无政府的混乱）时遵循的原则。在所有这些情况下，我们通常都要容忍熵或惊异的暂时增加（不论是为了建造一座新房子还是推动社会立场的变化），换取它们的长期最小化。意识到了这一点，我们就能了解为什么惊异最小化的基本要求与追求认识价值和探索未知事物不相冲突了：事实上，包括我们在内的许多动物充满好奇、热衷探索这一重要特质背后，正是对惊异长期最小化的孜孜追求。

对认识价值的追求体现在最小化变分自由能的过程中。我们可以将自由能分解为近似后验下预期的吉布斯能量减去该近似后验的熵。换句话说，主体将致力于推动熵增。听上去有些不合理，但只要我们意识到熵代表主体的（近似后验）信念的确定性，一切就说得通了。可以这样理解：主体一方面试图对事态做出尽可能准确的解释，一方面对各选项持开放态度，在没有必要的情况下不执著于任何特定的解释——这就是"最大熵原理"（Jaynes, 1957）。

对认识价值的追求还体现在最小化预期自由能的过程中，有趣的是，通过分解预期自由能，我们发现了两个熵，符号还相反！其一是后验的（预测）熵（给定选项或行动策略下主体对其将要遭遇的隐藏状态有多不确定），它需要最大化——正如参与构成变分自由能的（近似后验）信念。其二是给定（隐藏）状态下（感知）结果的（条件）熵（特定策略下的含混），它需要最小化。尽管最小化变分自由能需要最大化（当前）信念的熵，最大化预期自由能则意味着选择合适的行动策略，以最小化（未来）信念的含混。主动推理的主体因此产生了对认识价值的追求、好奇、求新和信息搜集行为，这些行为有助于消除不确定性，改进生成模型，而生成模型的改进又有助于惊异的长期最小化（Seth, 2013; Friston, Rigoli et al., 2015; Seth & Friston, 2016; Schwartenbeck, Passecker et al., 2019）。

要做到这些，主动推理的主体就要在环境的涨落中维持某种自治并维系马尔科夫毯，后者将其内部状态与外部环境状态区分开来（可表述为内外部状态彼此条件独立）。马尔科夫毯内部的主体能与外部环境实现双向互动，主动推理就是对上述互动过程的形式化。主体与环境的互动可表现为知觉和行动，二者都可最小化惊异。这是因为主体拥有一个关于感知观察如何生成的概率模型，即生成模型。该模型界定了惊异——或不如说做得更好：它界定了惊异的一个近似即变分自由能，后者可方便地进行计算并实现最小化。

主动推理的主体看似在基于生成模型实施（近似）贝叶斯推理，以最大化模型的证据。这让它成了一个自证的主体。主动推理的前瞻性体现为对行动方案（即策略）的选择，目的是最小化未来的自由能。这也让我们开始意识到：主体的（最优的）行为模式符合哈密顿最小作用原理——该原理正是将主动推理架构与统计物理学、热力学和非平衡稳态关联起来的"第一原则"。

主动推理

Active Inference

心智、大脑与行为的自由能原理

4

主动推理的生成模型

事物应力求简洁,但不可过于简单。

——Albert Einstein

4.❶ 介绍

本章将在前几章的基础上进一步讨论主动推理,但要更侧重形式化的一面。特别是,我们将重点探讨自由能原理和贝叶斯推理间的关系、主动推理的系统使用的生成模型的形式,以及这些模型借以最小化自由能的具体动力学。我们将特别关注生成模型如何表征时间,包括解决连续时间问题的生成模型与解决离散时间问题(事件序列)的生成模型间的区别。最后,我们将探讨推理性的消息传递,后者构成了神经生物学领域一些重要理论——包括预测编码理论——的基础。

* * *
* *
*

4.2 从贝叶斯推理到自由能

在前两章里,我们点出了主动推理架构和神经科学领域其他成熟范式间的一些关联。第 2 章提及了贝叶斯大脑(Knill & Pouget,2004;Doya,2007)的概念,其与主动推理的关系相当密切,可用于从更加形式化的角度思考主动推理的一系列结果。特别是,其有助于我们看清一个主动推理的主体都要解决哪些问题。宽泛地说,这些问题包括推断外部世界的状态(知觉)和行动的方针(计划)。求贝叶斯最优和真正意义上的贝叶斯推理不是同一回事(虽说将二者等同起来的想法很是诱人),因为真正意义上的贝叶斯推理在计算上常常相当困难,甚至根本就不可行。认知心理学和人工智能应用中常见的推理和理性是有限制的。我们已在第 3 章给出了一些例子,体现为贝叶斯框架下的近似推理。这些方法包括取样法与变分法,后者正是主动推理的根基。本小节且回顾一下贝叶斯推理的基本要素及其变分表现形式(Beal,2003;Wainwright & Jordan,2008),这将使我们对自由能扮演的角色形成更加直观的印象,并有助于突出生成模型对我们推断外部世界的重要性。

本章的"技术色彩"要比前几章更强一些,涉及一些关于线性代数、微分,以及泰勒级数展开方面的知识。建议对数学细节感兴趣，或需要回顾必要背景知识的读者参考本书附录。那些无意深入研究理论基础的读者则可跳过本章。当然在整个过程中，我们对每一个公式的基本含义都做出了解释，因此即使不去做形式上的细究，也应该能把握住其中的关键概念。

贝叶斯定理是一个理想的出发点。回顾第 2 章，贝叶斯定理说的其实就是"先验"与"似然"的乘积和"后验"与"边缘似然"的乘积相等，见式 4-1：

$$P(x)P(y|x) = P(x|y)P(y)$$
$$P(y) = \sum_x P(y,x) = \sum_x P(y|x)P(x) \tag{4-1}$$

式 4-1 的第一行就是贝叶斯定理。第二行则显示边缘似然（模型证据）$P(y)$ 可直接用先验和似然算出来。[1]可见，只要有先验和似然（它们共同构成了生成模型），我们就能算出模型证据和后验概率。话虽如此，实际操作起来却未必容易。方程中的求和（涉及连续变量时则是积分）对计算或解析而言可能非常棘手。要解决这个问题，就要将计算上不可行的求和或求积分转化为计算上可行的优化——这正是变分推理的出发点。要理解其中的原理，我们要先了解 Jensen 不等式，也就是"均值的对数[2]必然大于等于对数的均值"。对此，图 4-1 给出了比较直观的解释。

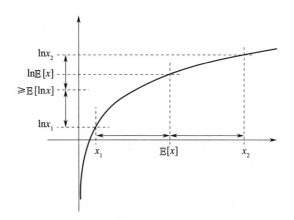

图 4-1　对 Jensen 不等式的直观描述

如果我们的数据点集只有两个元素（x_1 和 x_2），就既可以先求它们的均值（$\mathbb{E}[x]$）再求该均值的对数，又可以先求各个数据点的对数再求它们的均值（$\mathbb{E}[\ln x]$）。在纵坐标上，后者（$\mathbb{E}[\ln x]$）必然低于前者（$\ln \mathbb{E}[x]$），除非两个数据点重合（此时均值的对数等于对数的均值）。这是因为对数函数是凹函数。Jensen 不等式对任意个元素的数据点集均成立。

借助 Jensen 不等式，我们可以改写式 4-1，在第二行的求和项内部乘以一个任意的函数（Q）与它自己相除（相当于乘 1，方程依然成立），再对等号两边取对数。这一步操作在数学上不会产生任何影响，但我们能将改写后的方程解释为两个概率之比的期望（$\mathbb{E}$）[3]，并对其应用 Jensen 不等式：

$$\begin{aligned}
\ln P(y) &= \ln \sum_x P(y,x) \frac{Q(x)}{Q(x)} \\
&= \ln \mathbb{E}_{Q(x)}\left[\frac{P(y,x)}{Q(x)}\right] \geq \mathbb{E}_{Q(x)}\left[\ln \frac{P(y,x)}{Q(x)}\right] \triangleq -F[Q,y]
\end{aligned} \quad (4\text{-}2)$$

以上方程的第二行其实就是说：我们有一个期望的对数，根据 Jensen 不等式，它必然大于或等于对数的期望。这一步有时也被称为重要性取样（importance sampling）。不等号的右侧部分即（负）变分自由能：[4] 它的值越小，就越接近模型证据的对数的负值。记住这一点，我们就能以对数形式改写贝叶斯定理（式 4-1），取后验分布下的均值并揭示其与式 4-2 中各项的关系：

$$\ln P(x, y) = \ln P(y) + \ln P(x \mid y) \Rightarrow$$
$$\mathbb{E}_{P(x \mid y)}[\ln P(x, y)] = \ln P(y) + \mathbb{E}_{P(x \mid y)}[\ln P(x \mid y)] \quad (4\text{-}3)$$
$$\mathbb{E}_{Q(x)}[\ln P(x, y)] = -F[Q, y] + \mathbb{E}_{Q(x)}[\ln Q(x)]$$

将贝叶斯定理的对数形式变换为式 4-3 的第二行是基于这样一个事实：y 的概率之对数并非 x 的函数，因此取其在后验分布下的期望不会改变这个项。式 4-3 直观地呈现了自由能与 Q 分布扮演的角色——若不使用变分近似，这两个量都很难计算。前者就是模型证据之对数的负值，后者则可视为后验概率。更形式化的表述就是第 2 章对自由能和模型证据间关系的量化：

$$F[Q, y] = \underbrace{D_{KL}[Q(x) \parallel P(x \mid y)]}_{\text{散度}} - \underbrace{\ln P(y)}_{\text{对数模型证据}} \quad (4\text{-}4)$$
$$D_{KL}[Q(x) \parallel P(x \mid y)] = \mathbb{E}_{Q(x)}[\ln Q(x) - \ln P(x \mid y)]$$

式 4-4 的第一行将自由能表述为 KL 散度与证据之负对数的和。第二行定义了 KL 散度：两个对数概率之差的期望。KL 散度常被用于衡量两个概率分布间的差异程度。

有时，KL 散度反映了使用自由能这一概念的直接动机：如果我们的目的是实施近似贝叶斯推理，就要找到最接近真实后验的近似后验。也就是说，我们可以选定一种衡量二者间差异的方式（比如式 4-4 中的 KL 散度）并将其最小化。既然此时真实后验依然未知，KL 散度当然没法直接使用。对此，我们的解决方案是加上证据的（负）对数，其可与（真实）后验的对数构成联合概率（对联合概率我们是了解的，因为它正是生成模型）。KL 散度与证据的（负）对数之和就是自由能。

67　　如果这样理解，就会产生一个有趣的问题：到底该选择什么方式来衡量真实后验和近似后验的差异？如果我们的意图是让二者尽可能地接近，完全可以换一个 KL 散度（将 Q 和 P 替换掉），或从一大堆 KL 散度中去选（这些备择散度分别强调分布间差异的不同方面）。然而，第 3 章已强调过，对从事主动推理的系统而言，最重要的是"自证"。因此我们首先要以一种计算上可行的方式最大化证据，其次才去追求分布间差异的最小化。这就将我们带回了 Jensen 不等式，而无需考虑分布间差异应以何种方式衡量的问题了。

*　　*　　*
*　　*
*

4.3 生成模型

要计算自由能，我们需要三样东西：数据、一套变分分布，以及一个生成模型（由特定先验和似然构成）。在这一节，我们将展示主动推理所涉的两大类生成模型，以及相应的自由能的形式。第一类生成模型适用于对分类变量（比如对象标识）的推理，可表述为一系列事件；第二类生成模型适用于对连续变量（比如亮度对比度）的推理，可用随机微分方程表述为连续时间问题。在深入这些模型的细节以前，我们先来回顾一种形式图示，它可用于描绘生成模型所蕴含的依存关系。

图 4-2 展示了几个生成模型的因子图，意在以直观的方式让读者认识到这种方式可用于描述哪些情况。在这些图示中，生成模型的因子（即"先验"和"似然"）用方块来表示，变量（"隐藏状态"或"数据"）用圆圈来表示，箭头则表示变量间因果关系的方向。左上图是最简单的生成模型：一个隐藏状态（x）诱发了数据（y）。该模型中先验为因子 1，似然为因子 2。其他三幅因子图引入了额外的变量。右上图中 z 是第二个隐藏状态，因此 y 同时取决于 x 和 z 这两个状态。

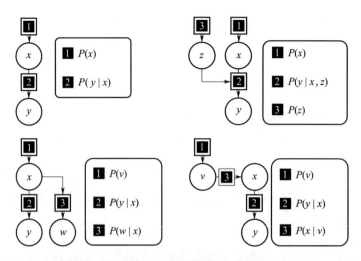

图 4-2 概率模型（形式图示）中的变量间依存关系

圆圈代表随机变量（我们持有关于这些事物的信念），方块代表概率分布，描述变量间的关系。始于一个圆圈，经由一个方块指向另一个圆圈的箭头表明第二个圆圈所代表的变量依存于第一个圆圈所代表的变量，该依存关系由方块所代表的概率分布所反映。

以某种疾病的检测为例，最简单的因子图可以这样理解：x 即身体状况（患病或健康），y 即检测结果（阳性或阴性）。因此先验就是疾病的发生率，似然则反映了检测的效力，包括特异性（健康时检测结果为阴性的概率）和敏感性（患病时检测结果为阳性的概率）。我们可以将这个模型理解为一套获取检测结果的机制，从上到下解读因子图：首先，我们从一个已知疾病发生率的人群中采集一个样本，如果他们患病了，检测就将以一定的概率（反映了检测的敏感性）给出正确的（阳）或错误的结果（阴）；反之如果他们没有患病，检测也将以一定的概率（反映了检测的特异性）给出正确的（阴）或错误的结果（阳）。

类似这样的例子还能用来理解其他因子图：右上图中 x 和 z 表示样本可能罹患的两种不同的疾病，任意一种都将导致检测结果为阳性。左下图中 w 和 y 同属于数据，二者都由 x 生成，可代表（比如说）对同一疾病的两种不同的检测。最后，右下图中 x 和 v 均为隐藏状态，变量间的层级结构表明 v 导致 x，x 进而导致 y。我们可以认为 v 是某种情境或疾病的诱发因素（比如遗传多态性），可借助检测反映为结果 y。原则上，我们可以往这个层级结构中加入任意数量的变量。

类似这样的生成模型常用于静态知觉任务，比如识别物品或整合提示。主动推理所使用的生成模型有一点关键的区别：它们能够演化，会依时而变。当然，演化的前提是获取新的观察（实施新的取样），而新的观察取决于对模型中变量的信念，且必须通过行动实现。这意味着：(1)变量间的条件依存关系包括隐藏变量在某一时点的状态如何决定其在下一时点的状态；(2)模型的隐藏变量有时也包括一些假设，涉及"我将如何行动"。

图 4-3 以因子图的形式展示了用于主动推理的两种基本的动态生成模型（Friston, Parr, & de Vries, 2017）。上半部分为部分可观察的马尔科夫决策过程（POMDP），该模型中一系列状态（s）依时而变，对应各个时间步的当前状态与正被采用的策略（π）一同决定下一时间步的状态（被采用的策略规定了相应的轨迹或动作序列）。每个时间步都有一个对应的观察值（o），后者仅依赖于该时刻的状态（s）。这种模型十分适用于顺序规划任务［如走迷宫（Kaplan & Friston, 2018）］或涉及不同选项的决策过程［如场景分类（Mirza et al., 2016）］。

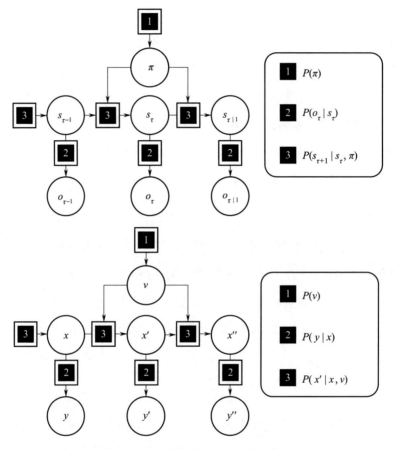

图 4-3 两种动态生成模型（对比图 4-2），我们将在本书剩余部分加以深入探讨

上图：部分可观察的马尔科夫决策过程（POMDP），含一系列依时而变的状态（对应各时间步的演化由下标注明）；下图：连续时间模型，可写成随机微分方程（角分符 ′ 表示时间导数）。

图 4-3 的下半部分与 POMDP 十分相似，但适用于连续时间任务。该模型不以状态序列表征轨迹，而是表征状态 x 的当前位置、速度和加速度（以及更高阶时间导数）。借助泰勒级数展开，这些数

值（即广义运动坐标）可用于重建轨迹（对泰勒级数近似的介绍参见附录 A）。在这个模型中，状态及其时间导数的关系取决于（缓慢变化的）诱因 (v)，后者与 POMDP 中的策略 (π) 作用类似。同样，状态 (x) 会生成观察 (y)。我们借助不同的符号 (s, π, o vs. x, v, y) 来强调两类模型的差异：一类适用于对离散变量的推理，这类变量分时间步演变；另一类适用于对连续变量的推理，这类变量随时间流逝而持续演变。往后，我们也将使用小写 p 和 q 表示连续变量的概率密度，使用大写 P 和 Q 表示分类变量的概率分布。4.4 节和 4.5 节将更详细地介绍这两类模型，并分别展示对应每种情况的方程组，它们所描绘的动态推理过程将满足最小化自由能的要求。

*　　*　　*

*　　*

*

4.4 对应离散时间任务的主动推理

本节将重点介绍离散时间模型,这对理解一系列认知活动,包括涉及分类变量的推理和涉及多个选项的决策而言很重要。形式地认识离散时间模型还有助于澄清主动推理将如何解决经典的"探索—利用"两难问题。

4.4.1 部分可观察的马尔科夫决策过程

如图4-3所示,POMDP表述了隐藏状态序列的依时演变,这种演变依赖特定策略。要对这个过程进行数学描述,就需要确定图中每个方块即因子节点的具体形式。我们先要描述每个因子,再将它们组合起来得到一个联合分布,该联合分布就构成了生成模型。

回顾第2章曾经提到的贝叶斯定理,我们可以将因子分为两类,一类代表"似然",另一类(的组合)则构成先验。如前所述,似然即给定(隐藏)状态时获得某个(可观察)结果的概率。如果结果和状态都是分类变量,似然就是一个分类分布,可由矩阵 A 参数化:

4 主动推理的生成模型

$$P(o_\tau \mid s_\tau) = Cat(\mathbf{A})$$
$$A_{ij} = P(o_\tau = i \mid s_\tau = j) \tag{4-5}$$

式 4-5 的第二行具体说明了符号 Cat 的含义（特指分类分布）。这个式子对应图 4-3 中标记为 "2" 的节点。隐藏状态序列（用符号 "~" 表示）的先验取决于两方面：初始状态的先验（即向量 **D**），关于状态从一个时点到下一时点如何转换的信念（即矩阵 **B**）：

$$P(\tilde{s} \mid \pi) = P(s_1) \prod_{t=1} P(s_{\tau+1} \mid s_\tau, \pi)$$
$$P(s_1) = Cat(\mathbf{D}) \tag{4-6}$$
$$P(s_{\tau+1} \mid s_\tau, \pi) = Cat(\mathbf{B}_\pi)$$

以上这些一同构成了图 4-3 中的节点 "3"。需要注意的是，状态的转换与选定的策略间存在条件依存关系。因此我们可以认为式 4-6 的先验与式 4-5 的似然一同表述了一个行为序列的模型 π。要在不同的模型间进行选择（即制订一个计划），我们就要对应该采纳什么策略有一个先验的信念。对致力于最小化自由能的生物而言，一个自洽的先验就是：最可能采纳的策略是那些将使得未来预期自由能（G）最小的策略：

$$P(\pi) = Cat(\pi_0)$$
$$\pi_0 = \sigma(-\mathbf{G})$$
$$\mathbf{G}_\pi = G(\pi) = -\mathbb{E}_{\tilde{Q}}\{D_{KL}[Q(\tilde{s} \mid \tilde{o}, \pi) \| Q(\tilde{s} \mid \pi)]\} - \mathbb{E}_{\tilde{Q}}[\ln P(\tilde{o} \mid C)]$$
$$\tilde{Q}(o_\tau, s_\tau \mid \pi) \triangleq P(o_\tau \mid s_\tau) Q(s_\tau \mid \pi) \tag{4-7}$$

作为主动推理架构的基础，上面这个方程值得更加深入地解析一下。前两行表明每一种策略（由 π_0 参数化）的先验概率都与该策略对应的负预期自由能相关联。Softmax 函数（σ）是强制归一化的手段（以确保不同策略的概率加和为 1）。式 4-7 最后两行就是我们已然熟知的预期自由能。

请注意，预期自由能与自由能的数学表达式（式 4-4）很相似——都含有结果的对数概率和 KL 散度。关键的区别在于，期望要根据（式 4-7 最后一行定义的）后验预测密度计算，该分布表示未来状态和观察的联合概率。至关重要的是，这意味着我们可以计算未来的预期自由能——用变分自由能就没法做到这一点，因为变分自由能依赖（现在和过去的）观察。此外还应注意，结果的分布取决于参数 C，KL 散度的符号也发生了反转（这是根据后验预测概率计算期望的结果）。最后这一点可能会导致一些混淆，有必要加以解释。在计算变分自由能时，KL 散度是近似后验之对数概率与真实后验之对数概率间差异的期望（见式 4-4）。预期自由能表达式的对应项则是近似后验和真实后验间差异的期望，要根据结果的完整轨迹，并以当前的后验信念为先验计算。将期望的计算按顺序拆分开来，我们得到以下内容：

$$\mathbb{E}_{\tilde{Q}}[\ln Q(\tilde{s}\mid\pi) - \ln Q(\tilde{s}\mid\tilde{o},\pi)]$$
$$= \mathbb{E}_{\tilde{Q}(\tilde{o}\mid\pi)}\{\mathbb{E}_{Q(\tilde{s}\mid\tilde{o},\pi)}[\ln Q(\tilde{s}\mid\pi) - \ln Q(\tilde{s}\mid\tilde{o},\pi)]\}$$
$$= -\mathbb{E}_{Q(\tilde{o}\mid\pi)}\{\mathbb{E}_{Q(\tilde{s}\mid\tilde{o},\pi)}[\ln Q(\tilde{s}\mid\tilde{o},\pi) - \ln Q(\tilde{s}\mid\pi)]\}$$
$$= -\mathbb{E}_{Q(\tilde{o}\mid\pi)}\{D_{KL}[Q(\tilde{s}\mid\tilde{o},\pi)\|Q(\tilde{s}\mid\pi)]\}$$

(4-8)

可见期望的计算顺序很重要，它促成了变分自由能的 KL 散度在预期自由能中对应项的符号反转，将变分/预期自由能的重要差别呈现了出来。最小化预期自由能意味着选择的观察要能导致信念发生巨大的变化，而最小化变分自由能则意味着观察要符合当前的信念。换言之，最小化变分自由能要求我们参照已搜集的数据更新信念，而最小化预期自由能则要求我们有选择性地搜集数据以最有效地促成信念更新。

我们已重申了主动推理的两大核心概念，变分自由能 F 和预期自由能 G，它们在数学上固然相关，但作用截然不同且彼此互补。变分自由能是依时而变的，主动推理追求变分自由能的最小化，这意味着优化生成模型。生成模型可能包含策略（行动序列），主体要为策略分配一个先验概率，就像对其他所有隐藏状态一样——因为策略只是构成生成模型的另一个随机变量。主动推理的主体拥有一个宽泛意义上的先验（等价于信念）：未来的自由能（即预期自由能）要被最小化。换言之，预期自由能会影响关于策略的先验，因此最小化预期自由能是最小化变分自由能的先决条件。

回顾第 2 章，和变分自由能一样，预期自由能的表达式也能以多种方式分解，不同的分解有不同的含义。这里我们要重点关注一种分解，也就是将预期自由能分解为一个策略的"风险"和"含混"，这种分解与式 4-7 等价：

$$G(\pi) = \underbrace{-\mathbb{E}_{\tilde{Q}}\{D_{KL}[Q(\tilde{s}\mid\tilde{o},\pi)\|Q(\tilde{s}\mid\pi)]\}}_{\text{信息收益}} \underbrace{-\mathbb{E}_{\tilde{Q}}[\ln P(\tilde{o}\mid C)]}_{\text{实用价值}}$$

$$= \underbrace{\mathbb{E}_{\tilde{Q}}\{H[P(\tilde{o}\mid\tilde{s})]\}}_{\text{预期含混}} + \underbrace{D_{KL}\{Q(\tilde{o}\mid\pi)\|P(\tilde{o}\mid C)\}}_{\text{风险}}$$

(4-9)

式4-9的第一行反映了一种权衡：一方面是搜索新异信息（探索），一方面是让观察结果符合偏好（利用）。在预期自由能最小化的过程中，对这两项的权衡决定了主体的行为主要是探索性的，还是利用性的。需要注意的是，实用价值其实可视为主体对观察的先验信念，参数C的选择反映了我们希望刻画的系统（该参数代表系统的典型状态或我们偏好的观察结果）。根据式4-9的第二行，我们可以用线性代数的形式重写式4-7：

$$\begin{aligned}
\boldsymbol{\pi}_0 &= \sigma(-\mathbf{G}) \\
\mathbf{G}_\pi &= \mathbf{H}\cdot\mathbf{s}_{\pi\tau} + \mathbf{o}_{\pi\tau}\cdot\boldsymbol{\varsigma}_{\pi\tau} \\
\boldsymbol{\varsigma}_{\pi\tau} &= \ln\mathbf{o}_{\pi\tau} - \ln\mathbf{C}_\tau \\
\mathbf{H} &= -diag(\mathbf{A}\cdot\ln\mathbf{A}) \\
P(o_\tau\mid C) &= Cat(\mathbf{C}_\tau) \\
Q(o_\tau\mid\pi) &= Cat(\mathbf{o}_{\pi\tau}), \mathbf{o}_{\pi\tau} = \mathbf{A}\mathbf{s}_{\pi\tau} \\
Q(s_\tau\mid\pi) &= Cat(\mathbf{s}_{\pi\tau}) \\
Q(s_\tau) &= Cat(\mathbf{s}_\tau), \mathbf{s}_\tau = \sum_\pi \boldsymbol{\pi}_\pi \mathbf{s}_{\pi\tau}
\end{aligned}$$

(4-10)

式4-10的第一行使用softmax（归一化指数）算子，基于预期自由能向量构造了一个概率分布（由充分统计量$\boldsymbol{\pi}_0$参数化），该分布各项之和为1；第二到第四行以线性代数符号表示预期自由能的各成分；第五行表示对观察的先验信念为分类分布（充分统计量为向量 $\mathbf{C}$）；第六至第八行则以线性代数的形式表述了各相关概率分布间的关系。指定生成模型后，我们现在能用上述变量来表述自由能：

$$\begin{aligned} F &= \boldsymbol{\pi} \cdot \mathbf{F} \\ \mathbf{F}_\pi &= \sum_\tau \mathbf{F}_{\pi\tau} \\ \mathbf{F}_{\pi\tau} &= \mathbf{s}_{\pi\tau} \cdot (\ln \mathbf{s}_{\pi\tau} - \ln \mathbf{A} \cdot o_\tau - \ln \mathbf{B}_{\pi\tau} \mathbf{s}_{\pi\tau-1}) \end{aligned} \quad (4\text{-}11)$$

接下来我们通过隐式平均场近似将自由能分解为各时间步自由能之和，隐式平均场近似假设我们能将近似后验转化为一系列因子的乘积：

$$Q(\tilde{s} \mid \pi) = \prod_\tau Q(s_\tau \mid \pi) \quad (4\text{-}12)$$

若写成对数形式，式4-12 就会变成一个加和，就像式4-11 中一样。变分推理中可能的因式分解不止这一种手段，但这种最为简单。实际操作常有细微差别，详见附录 B。

4.4.2　POMDP 中的主动推理

至此，我们已经定义了离散时间生成模型的四个关键要素，分别是似然（$\mathbf{A}$）、转移概率（$\mathbf{B}$）、对观察的先验信念（$\mathbf{C}$）和关于初始状态的先验信念（$\mathbf{D}$）。一旦指定了这些概率分布，就可以借助通用消息传递方案来最小化自由能并解决 POMDP 的问题。为推断给定策略下的隐藏状态，我们将代表对数后验（**s**）的辅助变量（**v**）的变化率设置为等于负自由能梯度，然后借助 softmax（归一化指数）函数，用 **v** 来计算 **s**。

$$\mathbf{s}_{\pi\tau} = \sigma(\mathbf{v}_{\pi\tau})$$
$$\dot{\mathbf{v}}_{\pi\tau} = \boldsymbol{\varepsilon}_{\pi\tau} \triangleq -\nabla_s F_{\pi\tau} \qquad (4\text{-}13)$$
$$= \ln\mathbf{A} \cdot o_\tau + \ln\mathbf{B}_{\pi\tau-1} + \ln\mathbf{B}_{\pi\tau+1} \cdot \mathbf{s}_{\pi\tau+1} - \ln\mathbf{s}_{\pi\tau}$$

式 4-13 可视为变分消息传递的一个实例（见知识库 4.1）。为更新关于策略的先验，我们找到的后验能够最小化自由能：

$$\nabla_\pi F = 0 \Leftrightarrow$$
$$\boldsymbol{\pi} = \sigma(-\mathbf{G} - \mathbf{F}) \qquad (4\text{-}14)$$

对最简单的 POMDP 而言，式 4-13 和式 4-14 可用于解决任何概率矩阵集的主动推理问题：我们可以认为它们分别对应知觉和计划。本书的第二部分将提供更多细节，以及用于知觉和计划（以及其他认知功能）的主动推理的实例。

图 4-4 作为式 4-10、式 4-13 和式 4-14 的图示，暗示了自由能最小化在大脑中可能的神经实现方式——我们可以将节点理解为神经元集群，将连线（edge）理解为突触，将消息理解为突触间的信息交换。后续章节还会将讨论延伸到分解状态空间、深度时间模型以及生成模型本身的参数优化（学习）。

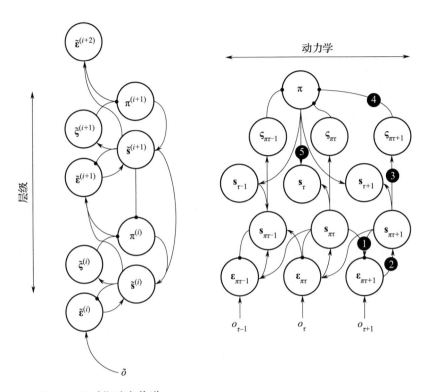

图 4-4 贝叶斯消息传递

右图：正文概述的信念更新方案中不同变量间的依存关系。直观地看，对比（每种策略下）关于每个时点之状态的当前信念与（给定关于其他时点之状态的信念时）预测的状态（1）和当前的观察结果，以计算预测误差。而后，这些误差会推动这些信念的更新（2）；给定每种策略下的状态信念，而后我们可以计算预期自由能的梯度（3）。这些可与每个策略下预测的观察结果（图中未呈现）相结合，计算对策略的信念（4）。而后，使用贝叶斯模型均值，我们可以计算关于状态的（策略平均的）后验信念（5）。这种对消息传递的总括省略了一些中间环节，比如连接（4）就可包括预期自由能的计算。左图：该方案可分层扩展（为简单起见，已对时间步和策略做折叠处理）。关键理念是：更高层级的网络可能会预测较低层级的状态和策略，以此推断这些情况发生的情境。我们将在第 7 章进一步展开。

4.5 连续时间的主动推理

上一节谈到的主动推理涉及一种特殊类型的生成模型。虽说 POMDP 相关的推理是诸如计划和决策等认知活动的基础,但在我们与现实世界的互动中,处理分类变量的离散时间模型就不够用了。这是因为感知输入和运动输出都属于连续时间变量。要处理这类变量,我们就要引入另一种生成模型,对其应用完全相同的一套逻辑,即变分自由能的梯度下降,以实现与 POMDP 类似的消息传递。

> **知识库 4.1**
>
> **消息传递与推理**
>
> **马尔科夫毯**
>
> 我们在第 3 章接触过马尔科夫毯的概念,不过这里有必要稍微回顾一下。在一个多变量彼此交互的系统中,构成给定变量(目标变量)之马尔科夫毯的是与它互有影响的一个变量子集:若你对该变量子集的一切了如指掌,则关于其外部任何事物的任何知识都不会增加你对目标变量的了解。因此我们可以在一个概率图模型中根据特定变量之马尔科夫毯的局部信息对该变量做出

推理。变量 x 的马尔科夫毯包括 x 所依赖的变量 [亲变量 $\rho(x)$]、依赖 x 的变量 [子变量 $\kappa(x)$],以及 x 之子变量的其他亲变量。基于此,可定义用于近似推理的两种最为常见的贝叶斯消息传递方案:

变分消息传递

$$\ln Q(x) = \mathbb{E}_{Q(\rho(x))}\{\ln P[x\,|\,\rho(x)]\} + \underset{Q(x)}{\mathbb{E}_{Q[\kappa(x)]Q[\rho[\kappa(x)]]}}(\ln P\{\kappa(x)\,|\,\rho[\kappa(x)]\})$$

变分消息传递方案传递的消息来自 x 之马尔科夫毯的所有构成成分,包括其亲变量(以给定亲变量时 x 的条件概率表示)和子变量。后者以给定 x 子变量之所有亲变量(包括 x)时 x 子变量的条件概率表示。需要注意的是,期望包括子变量和子变量的亲变量。由于子变量的亲变量包括 x,我们除以 $Q(x)$ 以确保期望仅包括构成 x 之马尔科夫毯的各个变量(毯变量)。

信念更新

$$\ln Q(x) = \ln \mu_\kappa(x) + \ln \mu_\rho(x)$$
$$\mu_\kappa(x) = \frac{\mathbb{E}_{\mu_\kappa[\kappa(x)]\mu_\rho[\kappa(x)]}}{\mu_x(\kappa(x))}(P\{\kappa(x)\,\|\,\rho[\kappa(x)]\})$$
$$\mu_\rho(x) = \frac{\mathbb{E}_{\mu_\rho[\rho(x)]\mu_\kappa[\rho(x)]}}{\mu_x(\rho(x))}\{P[x\,|\,\rho(x)]\}$$

信念更新与变分消息传递具有大致相同的结构,但以一种递归的方式定义消息,也就是说,每条消息 [$\mu_a(b)$ 表示从 a 传递到 b 的消息] 都依赖于其他的消息(传递到 a 的消息)。这里涉及方向性：从 a 传递到 b 的消息取决于传递到 a 的所有消息，但其中不包括来自 b 的（因此计算期望时要将它除去）。注意：此处对期望算子的使用稍微有些不规范，但这让我们能够（1）涵盖离散变量和连续变量，以及（2）强调变分消息传递与信念更新之间形式上的相似性。

4.5.1 预测编码的生成模型

要构造用于连续状态的生成模型，我们从以下表达式开始：

$$\dot{x} = f(x, v) + \omega_x$$
$$y = g(x, v) + \omega_y \qquad (4\text{-}15)$$

式 4-15 的第一行表示隐藏状态的依时演变，包括确定性函数 $f(x, v)$ 和随机波动 ω。第二行表示从隐藏状态生成数据的方式。每种情况均假设波动呈正态分布，以下为状态之动力学及似然的概率密度：

$$p(\dot{x} \mid x, v) = \mathcal{N}[f(x, v), \Pi_x]$$
$$p(y \mid x, v) = \mathcal{N}[g(x, v), \Pi_y] \qquad (4\text{-}16)$$

精度（Π）项是波动的逆协方差。这两个表达式构成了工程实践中支持 Kalman-Bucy 滤波器的生成模型。然而此类方案受限于非相关时间波动假设（即 Wiener 假设），后者不适用于生物系统的推理，因为生物系统中的波动本身是动力系统产生的，具有某种平滑性。要加以解释，我们就不仅要考虑隐藏状态的变化率和数据的当前值，还要考虑它们的速度、加速度及更高阶时间导数——此即广义运动坐标（Friston，Stephan，et al.，2010；见知识库4.2）。

知识库 4.2

广义运动坐标

广义运动坐标提供了一种表征连续时间轨迹的简单的参数化方法。我们能基于围绕当前时间的多项式展开（泰勒级数展开），用一个函数来推断最近的过去和不远的未来。图4-5中的实线代表某个空间（x）中的时间（τ）轨迹。左图、中图、右图中虚线分别代表含一个、两个和三个坐标的广义运动坐标所表征的轨迹（含几个坐标，就表示展开式包含x的连续几阶时间导数）。在这里我们是围绕初始时点展开的。借助这些连续的广义坐标，我们的近似轨迹能更准确地拟合到不远的未来。一般约六个广义坐标即可满足大多数应用场景。

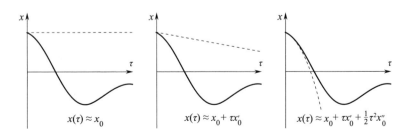

图4-5 广义运动坐标

$$\begin{aligned}
\dot{x} &= f(x, v) + \omega_x & y &= g(x, v) + \omega_y \\
\dot{x}' &= f'(x', v') + \omega'_x & y' &= g'(x', v') + \omega'_y \\
\dot{x}'' &= f''(x'', v'') + \omega''_x & y'' &= g''(x'', v'') + \omega''_y \\
&\vdots & &\vdots \\
\dot{x}^{[i]} &= f^{[i]}(x^{[i]}, v^{[i]}) + \omega_x^{[i]} & y^{[i]} &= g^{[i]}(x^{[i]}, v^{[i]}) + \omega_y^{[i]} \\
&\vdots & &\vdots
\end{aligned}$$

(4-17)

我们还能以更简练的形式概括这些广义坐标：将轨迹（还是用符号"～"来注明）表示为一个向量，其各个元素分别对应上述连续各阶导数。

$$\left.\begin{aligned} D\tilde{x} &= \tilde{f}(\tilde{x}, \tilde{v}) + \tilde{\omega}_x \\ \tilde{y} &= \tilde{g}(\tilde{x}, \tilde{v}) + \tilde{\omega}_y \end{aligned}\right\} \Rightarrow \begin{aligned} p(\tilde{x} \mid \tilde{v}) &= \mathcal{N}(D \cdot \tilde{f}, \tilde{\Pi}_x) \\ p(\tilde{y} \mid \tilde{x}, \tilde{v}) &= \mathcal{N}(\tilde{g}, \tilde{\Pi}_y) \end{aligned} \quad (4\text{-}18)$$

在式 4-18 中，D 是一个矩阵，其主对角线上方各元素均为 1，其余元素均为 0，可理解为一个导数算子，作用是将向量的所有元素上移。广义精度矩阵可基于我们为波动设定的平滑度来构建，详见附录 B。有了关于隐藏诱因（v）的先验（后面将谈到隐藏诱因的关联性），我们就能写下这个生成模型的自由能：

$$F[\mu, y] = -\ln p(\tilde{y}, \tilde{\mu}, \tilde{\mu}_v)$$

$$= \frac{1}{2}\tilde{\varepsilon} \cdot \tilde{\Pi}\tilde{\varepsilon}$$

$$= \frac{1}{2}(\tilde{\varepsilon}_y \cdot \tilde{\Pi}_y \tilde{\varepsilon}_y + \tilde{\varepsilon}_x \cdot \tilde{\Pi}_x \tilde{\varepsilon}_x + \tilde{\varepsilon}_v \cdot \tilde{\Pi}_v \tilde{\varepsilon}_v)$$

$$\tilde{\varepsilon} = \begin{bmatrix} \tilde{\varepsilon}_y \\ \tilde{\varepsilon}_x \\ \tilde{\varepsilon}_v \end{bmatrix} = \begin{bmatrix} \tilde{y} - \tilde{g}(\tilde{\mu}_x, \tilde{\mu}_v) \\ D\tilde{\mu}_x - \tilde{f}(\tilde{\mu}_x, \tilde{\mu}_v) \\ \tilde{\mu}_v - \tilde{\eta} \end{bmatrix} \quad (4\text{-}19)$$

$$\tilde{\Pi} = \begin{bmatrix} \tilde{\Pi}_y & & \\ & \tilde{\Pi}_x & \\ & & \tilde{\Pi}_v \end{bmatrix}$$

在式 4-19 中，μ 表示 x 和 v 的近似后验密度的众数（mode），自由能的形式之所以如第一行所显示的这么简单，是因为我们使用了拉普拉斯近似（详见知识库 4.3）。简而言之，拉普拉斯近似将所有概率密度视为正态的，（通过泰勒级数展开）这相当于假设我们正在分布的众数附近操作。方程的第二行用精度加权的预测误差之平方来表示对数概率项，这里省略了所有不依赖后验众数的恒定项。第三行则以对数似然、给定 v 时 x 的对数概率和 v 的对数先验来进一步展开。

4.5.2 主动推理：作为有运动反射的预测编码

由于近似后验的方差是众数的解析函数，在拉普拉斯近似下，我们可根据众数最小化自由能。一个简单的思路是，我们只需要找到每个状态的最大后验概率（MAP）估计，[5] 它们是后验分布的均值，带有精度，无需通过拉普拉斯近似做进一步推理（见知识库4.3）。

知识库 4.3

拉普拉斯近似

拉普拉斯近似依赖的原理类似于广义运动坐标（见知识库4.2），也就是自由能可以通过围绕后验众数（μ）的二次展开来近似。在一维条件下：

$$F[y, q] = \mathbb{E}_{q(x)}[\ln q(x) - \ln p(y, x)]$$

$$\approx \mathbb{E}_{q(x)}\left[\ln q(\mu) + (x-\mu)\underbrace{\partial_x \ln q(x)\Big|_{x=\mu}}_{=0}\right.$$

$$+ \frac{1}{2}(x-\mu)^2 \partial_x^2 \ln q(x)\Big|_{x=\mu}$$

$$- \ln p(y, \mu) - (x-\mu)\partial_x \ln p(y, x)\Big|_{x=\mu}$$

$$\left. - \frac{1}{2}(x-\mu)^2 \partial_x^2 \ln p(y, x)\Big|_{x=\mu}\right]$$

二次展开就足够的假设等同于说我们可以将概率视为高斯分布（因为高斯密度的对数是二次的）。我们可以通过简化以上方程来明确这一点：

$$q(x) = \mathcal{N}(\mu, \Sigma^{-1})$$

$$F[y, \mu] = -\ln 2\pi \sum - \ln p(y, \mu) - \frac{1}{2} tr\left[\sum \partial_x^2 \ln p(y, x)\Big|_{x=\mu}\right]$$

在二次假设下，唯一依赖众数的项是第二项。省略其他项可得到式4-19中的表达式。只要有众数，我们就能通过以下扩展直接找到近似后验的精度：

$$\ln q(x) \approx \ln p(x \mid y)$$

$$= \ln p(x, y) - \ln p(y)$$

$$\approx \ln p(\mu, y) + \underbrace{(x-\mu) \cdot \partial_x \ln p(x, y)\Big|_{x=\mu}}_{=0}$$

$$+ \frac{1}{2}(x-\mu) \cdot \partial_x^2 \ln p(x, y)\Big|_{x=\mu}(x-\mu) - \ln p(y)$$

$$\Rightarrow q(x) \propto e^{-\frac{1}{2}(x-\mu) \cdot \Sigma^{-1}(x-\mu)}, \quad \Sigma^{-1} = -\partial_x^2 \ln p(x, y)\Big|_{x=\mu}$$

这告诉我们，后验精度其实就是在后验众数处估测的后验概率的二阶导数。

$$\dot{\tilde{\mu}} - D\tilde{\mu} = -\nabla_{\tilde{\mu}} F$$
$$= \nabla_{\tilde{\mu}} \ln p(\tilde{y}, \tilde{\mu})$$
$$= -\nabla_{\tilde{\mu}} \tilde{\varepsilon} \cdot \tilde{\Pi} \tilde{\varepsilon} \quad (4\text{-}20)$$

$$\begin{bmatrix} \dot{\tilde{\mu}}_x - D\tilde{\mu}_x \\ \dot{\tilde{\mu}}_v - D\tilde{\mu}_v \end{bmatrix} = \begin{bmatrix} \nabla_{\tilde{\mu}_x} \tilde{g} \cdot \tilde{\Pi}_y \tilde{\varepsilon}_y - D \cdot \tilde{\Pi}_x \tilde{\varepsilon}_x + \nabla_{\tilde{\mu}_x} \tilde{f} \cdot \tilde{\Pi}_x \tilde{\varepsilon}_x \\ \nabla_{\tilde{\mu}_v} \tilde{g} \cdot \tilde{\Pi}_y \tilde{\varepsilon}_y + \nabla_{\tilde{\mu}_v} \tilde{f} \cdot \tilde{\Pi}_x \tilde{\varepsilon}_x - \tilde{\Pi}_v \tilde{\varepsilon}_v \end{bmatrix}$$

对比离散时间方案的梯度下降，式 4-20 的左侧是 μ 的变化率与对其求导所得的结果间的差异。这是因为在自由能最小化时，若与变化率有关的后验众数非零，则后验众数的变化率为零没有意义。换句话说，在自由能最小化时，"众数的运动应该是运动的众数"。这保证了在自由能最小化时 $\dot{\mu}^{[i]} = \mu^{[i+1]}$。

我们可以在式 4-20 的基础上更进一步，将隐藏诱因 v 视为更高层级生成的数据，其变化更加缓慢（因此在较低的层级上看，它似乎不发生变动）。如此，我们就能将对应不同层级的方程链接起来：

$$\begin{bmatrix} \vdots \\ \dot{\tilde{\mu}}_x^{(i)} - D\tilde{\mu}_x^{(i)} \\ \dot{\tilde{\mu}}_v^{(i)} - D\tilde{\mu}_v^{(i)} \\ \vdots \end{bmatrix} = \begin{bmatrix} \vdots \\ \nabla_{\tilde{\mu}_x^{(i)}} \tilde{g}^{(i)} \cdot \tilde{\Pi}_v^{(i-1)} \tilde{\varepsilon}_v^{(i-1)} - D \cdot \tilde{\Pi}_x^{(i)} \tilde{\varepsilon}_x^{(i)} + \nabla_{\tilde{\mu}_x^{(i)}} \tilde{f}^{(i)} \cdot \tilde{\Pi}_x^{(i)} \tilde{\varepsilon}_x^{(i)} \\ \nabla_{\tilde{\mu}_v^{(i)}} \tilde{g}^{(i)} \cdot \tilde{\Pi}_v^{(i-1)} \tilde{\varepsilon}_v^{(i-1)} + \nabla_{\tilde{\mu}_v^{(i)}} \tilde{f}^{(i)} \cdot \tilde{\Pi}_x^{(i)} \tilde{\varepsilon}_x^{(i)} - \tilde{\Pi}_v^{(i)} \tilde{\varepsilon}_v^{(i)} \\ \vdots \end{bmatrix}$$

$$\begin{bmatrix} \tilde{\varepsilon}_x^{(i)} \\ \tilde{\varepsilon}_v^{(i)} \end{bmatrix} = \begin{bmatrix} D\tilde{\mu}_x^{(i)} - f^{(i)}(\tilde{\mu}_x^{(i)}, \tilde{\mu}_v^{(i)}) \\ \tilde{\mu}_v^{(i)} - g^{(i+1)}(\tilde{\mu}_x^{(i+1)}, \tilde{\mu}_v^{(i+1)}) \end{bmatrix}$$

$$\tilde{\varepsilon}_v^{(0)} \triangleq \tilde{\varepsilon}_y$$

$$(4\text{-}21)$$

图 4-6 强调了隐藏状态 x 如何链接单一层级内部的各阶时间导数，以及隐藏诱因 v 如何链接不同的层级。在这个预测编码方案（Rao & Ballard，1999；Friston & Kiebel，2009）中，高层向低层传递预测，低层则计算这些预测的误差，将其沿层级结构回传以更新信念。

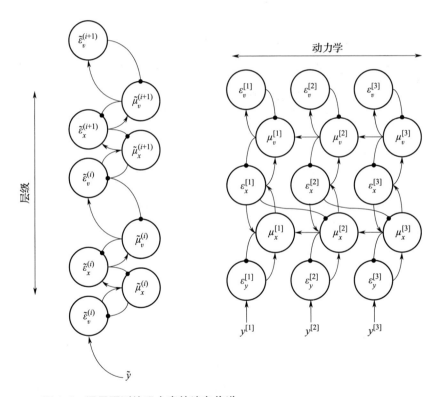

图 4-6 通用预测编码方案的消息传递

左图：根据感知数据计算与猜测误差，这些误差沿多层架构上行传播。架构的高层向低层传递预测，低层将对比这些预测和感知数据以计算误差。右图：多层架构中的一层，表征不同阶广义运动的神经集群间的相互作用。

要完善主动推理语境下的预测编码方案，我们还需要将行动纳入进来。既然我们的目标是最小化自由能，而行动的结果又是改变感知数据，则我们有：

$$\dot{u} = -\nabla_u F \\ = -\nabla_u \tilde{y}(u) \cdot \tilde{\Pi}_y \tilde{\varepsilon}_y \tag{4-22}$$

这个方程对应我们借助行动最小化自由能，而自由能中唯一直接依赖行动的部分是最低层的预测误差。换言之，通过最小化对（行动产生的）感知结果的预测和实际观察间的误差，行动让关于数据的下行预测得以实现。我们可以设想这样一套预测编码方案：为多层架构的最低层配备一套经典反射弧（Adams，Shipp，& Friston，2013）。在这种情况下，主动推理无非就是预测编码加上反射弧。从神经生物学的角度来看，感知输入传入脑干或脊髓，再作用于运动神经元的突触，同时对感知输入的下行预测从皮质传播到运动神经元，皮质输入和感知输入间的差异决定了运动神经元的输出。

以计算的视角来看，反射弧属于最简单的控制器，可用于校正预测的和实际接收到的本体觉信号的偏差。相比之下，更复杂的运动需要生成一系列预测，并以反射弧依次实现之。这套机制将主动推理与其他生物运动控制方案，如最优控制区分开来，后者不同于预测编码，使用比反射弧更加复杂的反向模型和控制器（Friston，2011）。主动推理的另一个独特特征是它无需使用最优控制（和强化学习）方案的"价值"或"成本"的概念：它们都被（含义更加丰富的）"先验"概念充分地吸收了（详见第10章）。

4.6 总结

本章初步展示了主动推理的形式体系。我们想要传达的关键信息是：（近似）贝叶斯推理可表述为最小化变分自由能。这套机制依赖生成模型，后者可视为我们关于感知数据如何生成的信念。我们考察了两种形式的生成模型，具体选择哪一种取决于有待解决的推理问题——其涉及离散变量，还是连续变量。相应的自由能最小化方案都可理解为神经元集群间的消息传递，包括基于连续模型的通用预测编码方案。最后，我们指出，自由能最小化不仅能通过改变信念，使其与数据相一致来实现，也能通过改变世界，借助行动使数据与信念相一致来实现。在后续章节中，我们将选择更加具体的任务情境应用主动推理的形式体系，以进一步探索其涉及的一系列含义宽泛的概念。

主动推理

心智、大脑与行为的自由能原理

Active Inference

5

消息传递和神经生物学

这个世界上的生物基本可分为两种：动物，以及没有脑的动物——后者又称植物。植物不需要神经系统，因为它们不会自主运动：即便遇到森林大火，它们也没法拔腿（拔根）就跑！只有那些自主运动的家伙需要一个神经系统，否则它们就活不长。

——Rodolfo Llinas

5.① 介绍

在第 4 章，我们介绍了对应两种生成模型的变分推理。本章介绍基于这些推理动力学的过程理论，以解释大脑如何实施变分推理。对实现贝叶斯信念更新最重要的概念就是贝叶斯消息传递，其中就包括置信传播（belief propagation）和变分消息传递。其背后的理念是：并非一切事物均直接依赖于其他事物。相反，生成模型中每一个变量都只依赖于有限数量的其他变量。类似地，大脑中的连接结构是比较稀疏的，任一神经元的激活都只依赖与其存在突触连接的那些神经元。本章的重点就是我们如何将与变分推理有关的稀疏消息传递映射到生物计算的稀疏连接结构。

我们先从第 4 章的技术细节中抽身出来，将关注点投向主动推理的过程理论。区分原则（即自由能最小化）和关于特定系统（比如大脑）如何贯彻该原则的过程理论是很重要的。后者让我们得以提出假设，并以经验数据加以验证。为解决大脑如何实施主动推理的问题，我们将第 4 章末讨论过的消息传递等同于突触间的信息交换，将梯度下降的动力学等同于神经元的活动。这一章有两个目标，一是为读者介绍主动推理的神经生物学技术背景，二是向生物学家强调理论和实用神经科学的关联性。我们要强调，本章并非意在为主动推理的过程理论盖棺定论（Pezzulo, Rigoli, & Friston, 2015, 2018; Friston & Buzsaki, 2016; Friston & Herreros, 2016; Friston, FitzGerald et al., 2017; Friston, Parr et al., 2017; Parr & Friston, 2018b; Parr, Markovic et al., 2019），只是一种似乎与目前可用的证据最为一致的解释；我们也并非试图支持某个特定的过程理论，而是希望说明如何应用第 1 章至第 4 章提出的想法，构建可为神经生物学测量所验证的假设。

本章内容组织如下：5.2 节将探讨皮质微观回路的作用，皮质微观回路是构造几个彼此相连的神经集群的功能单元。大脑多个皮质区域的连接模式都是一致的，我们强调了这种模式化的回路与图 4-4 和图 4-6 描述的消息传递架构间的关系——后者是对层级关系的概括。5.3 节将探讨效应器系统及主动推理的运动控制，其关乎运动皮质如何调控脊髓与脑干反射弧以支持目的性行为。5.4 节将深入皮质下，探讨丘脑和基底神经节等结构如何对计划和决策发挥重要作用。5.5 节将探讨突触效能调节，包括神经递质在精度优化中的作用，以及可塑性的变化对学习的影响。最后，5.6 节将回归层级结构，探讨决策与动作的关联关系。

5.❷ 微观回路与消息

我们在第 4 章曾谈及变分推理的信念更新如何在神经网络中实现。对应连续模型和离散模型的推理会产生相应的模式化回路，其结构在多层生成模型中不断重复。类似地，大脑皮质的结构也是模式化的（Shipp, 2007）。新皮质共分六层（layers 或 laminae），由浅（接近大脑表面）至深（接近皮质下的白质），各层均含相应类型的神经元并对应特定连接模式（Zeki & Shipp, 1988; Felleman & Van Essen, 1991; Callaway & Wiser, 2009），构成了如图 5-1 所示的"皮质柱"。

大脑中特定区域的皮质柱会与其他区域的皮质柱，以及一系列皮质下结构相连。大脑皮质的各个区域常被认为有层级（hierarchy）之分，粗略地说，越接近感知输入区或运动输出区，皮质的层级水平就越低。相反距离这些区域越远，皮质的层级水平就越高（比如次级视皮质的层级水平就要高于初级视皮质）。这种设想得到了如图 5-1 所示的特定于层（laminae）的连接结构的支持。来自低层级皮质区域，或感知（初级）丘脑核的上行投射（连接）倾向于投向 Ⅳ 层的棘星细胞，这些上行投射源自低层级皮质区域的浅层（Ⅱ 层和 Ⅲ 层）锥体细胞。而源自高层级皮质区域深层（Ⅵ 层）锥体细胞的下行投射则既投向低层级皮质区域的浅层，又投向其深层。此外，深层（Ⅴ层）锥体细胞向不同目标投射，包括基底神经节和次级丘脑核等皮质下核，以及脊髓运动神经元。

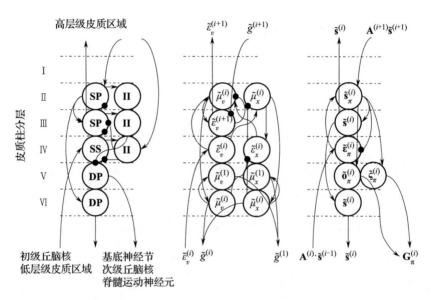

图 5-1 典型的皮质微观回路，展示了推理性的消息传递与大脑皮质分层架构间的关系

左图：在 Miller, 2003；Haeusler & Maass, 2007；Shipp, 2007, 2016；Bastos et al., 2012 的基础上综合而来的简化示意图（建议参考这些论文中的神经解剖学观察）。圆箭头表示抑制性连接；正常箭头表示兴奋性连接。神经元大致分为浅层锥体细胞（superficial pyramidal, SP）、深层锥体细胞（deep pyramidal, DP）、棘星细胞（spiny stellate, SS）和抑制性中间神经元（inhibitory interneurons, II）。中图：支持多层预测编码的消息传递。右图：解决部分可观察的马尔科夫决策过程（POMDP）所需的消息传递。

图 5-1（中）展示了预测编码网络（图 4-4）与皮质解剖结构间一种可能的对应关系（Friston, Parr, & de Vries, 2017）。要解释清楚有点困难，但其要点如下：投向Ⅳ层脊髓棘星细胞的上行输入对应

隐藏诱因的预测误差（$\tilde{\varepsilon}_v^{(i)}$），源自Ⅲ层浅层锥体细胞的上行输出表征了投向下一层级皮质区域的预测误差（$\tilde{\varepsilon}_v^{(i+1)}$）。下行输入（$\tilde{g}_v^{(i+1)}$）表征了来自高层级皮质区域的预测，下行输出则表征了投向低层级皮质区域的预测（$\tilde{g}^{(i)}$）。在最低层级的皮质区域，可见源自Ⅴ层的下行预测，如（左图）投向脊髓运动神经元的输出。我们将在 5.3 节重新讨论这些细节。回顾第 4 章，某些隐藏诱因能将一个模型对应不同时间尺度的多个层级关联起来，另一些则仅仅反映特定时间尺度的动力学，体现为图 5-1 所示的皮质柱的内部连接。

对消息传递而言，不对称性非常重要，因其提供了关于上行/下行活动间差异的经验预测，其中就包括神经活动传递的消息应该具有不同的时频，这是因为根据期望求预测误差的运算是非线性的（Friston, 2019b），这种非线性源于计算预测时使用的、会导致信号频率增加的非线性函数（g），比如通过平方运算实现正弦波的倍频。由此可以预测，较之源自期望单元的下行消息，源自误差单元的上行消息应属于更高的频段（见图 5-2）。这与人们实际观测到的脑波的谱系不对称性也是吻合的：上行连接通常与 gamma 波有关，而下行连接通常与 alpha 波和 beta 波有关（Arnal & Giraud, 2012；Bastos, Litvak et al., 2015）。

图 5-1（右）展示了作为皮质微观回路的 POMDP 模型的消息传递，其结构与预测编码架构类似，其中浅层与深层锥体细胞表征的期望（$\mathbf{s}$）在皮质各层级间上下传递。此外，Ⅳ层的误差单元（$\boldsymbol{\varepsilon}$）

会接收上行信号。相比预测编码架构,皮质区域间传递的消息应视为期望的,而非误差的混合(Friston, Rosch et al., 2017; Parr, Markovic et al., 2019)。但通过更新期望最小化误差(即自由能梯度)的整体结构保留下来了。这种消息传递区分了特定行动策略下的期望(下标 π)和各策略下平均的期望。要将前者转化为后者,我们还需要关于行动策略的后验信念(π)。这个话题将在 5.4 节中继续,目前只需要强调:这种信息传递是从(计算信念的)皮质下结构投向皮层浅层的。

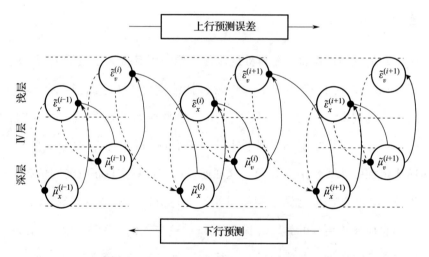

图 5-2 本图为图 5-1(中)所示预测编码方案的简化版,意在展示三个皮质区域间的消息传递

我们要强调消息传递的不对称性:虚线表示上行传递的消息(预测误差),而实线表示下行传递的消息(预测)。图 5-1 是对这个过程的更加精细的描绘,包含本图多突触连接内含的中间神经元。本图对单一皮质柱分层结构的粗粒度描绘区别了浅层、深层和Ⅳ层,形成了许多读者熟悉的预测编码架构。

需要注意的是，在图 5-1 中，左图的架构与中、右图的消息传递方案并非一一对应的。比如中图与左图就有差别：下行输入在左图投向Ⅱ层和Ⅳ层，在中图则投向Ⅲ层。这表明消息传递方案中的连接未必体现为单一突触。下行投向Ⅲ层的抑制性输入可由投向Ⅳ层抑制性中间神经元的兴奋性连接和这些中间神经元向Ⅲ层的投射所介导，该双突触通路消除了这两种架构间（表面上）的差别。

在 5.3 节和 5.4 节中，我们将探讨Ⅴ层神经元在运动和计划中的作用——分别对应它们向脊髓（或脑干）及皮质下结构的投射。在 5.5 节与 5.6 节中，我们将探讨神经消息传递怎样在时间的流逝中得到调节，以及涉及分类变量和连续变量的推理分别对应的微观回路间的关系。

*　　*　　*
　*　　*
　　*

5.3 运动指令

图 5-1（左）描绘的皮质 V 层向脊髓锥体神经元的投射可视为某种预测（Adams, Shipp, & Friston, 2013）。图 5-3 展示了脊髓在这个回路中扮演的角色：初级运动皮质 V 层中的巨大锥体细胞（Betz 细胞）编码了一系列期望，基于这些期望做出的预测在被传递至脊髓后，会从脊髓背角接收的本体觉输入中被"减去"，得到本体觉预测误差。该误差信号驱动肌肉使其收缩，本体觉信号得以发生变化，并进而与预测相符。换言之，预测扮演了运动指令的角色，这一点对主动推理架构而言至关重要，因为它强调了行动与知觉的一体两面：行动即通过改变感知数据实现预测与感知数据间差异的最小化，这意味着我们要做出任何动作，只需要对该动作可能导致的感知结果做出预测即可。鉴于本体觉预测误差总是可以通过运动反射（而非信念更新）来消除，这也为初级运动皮质 Ⅳ 层缺乏颗粒细胞的事实提供了可能的解释（Shipp, Adams & Friston, 2013）。

这种运动控制的重要特点之一是所谓感知抑制（Brown et al., 2013）。要做出一个动作其实并不容易，首先，我们要能预测自己的动作。不过，直到我们真正做出动作以前，肢体接收的本体觉数据

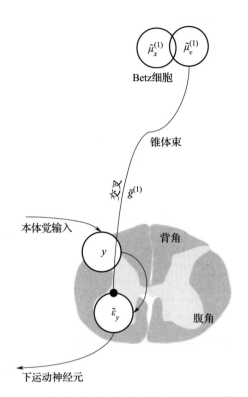

图 5-3　主动推理的神经解剖学，与脊髓运动反射的调节有关

发自运动皮质 V 层巨大锥体细胞（上运动神经元）的锥体束携带了关于（运动皮质的特定期望所蕴含的）动作可能产生之本体觉输入的预测。该神经束经交叉后，与脊髓腹角的下运动神经元形成突触连接（有时为多突触连接）。预测与抵至脊髓背角的本体觉输入信号的差值作为误差，决定了要产生符合预测的本体觉输入，肌肉需要以何种幅度收缩。下运动神经元进而诱发肌肉收缩（或松弛），确保实际的本体觉输入与预测相符。

都会与这个预测相悖，而这会促使我们修正原先的假设（预测）。在这种情况下，我们要设法预防感知数据促成期望的更新，才能让原本错误的信念（也就是对自身动作的预测）在行动中得以贯彻（此即"观念运动现象"）。意思是，我们要通过调低增益（gain）减少本体觉数据占用的注意资源。技术上，增益就是对这些数据的预测之精度（逆方差）。要调低增益，下行运动神经束就不仅要能预测这些数据，还要能预测这些数据的精度（也就是对这些数据的确信度），调低精度就意味着做出动作。所谓感知抑制可视为对感知注意的补充，让我们能忽略某些预测误差，比如扫视性眼动产生的预测误差（这种感知抑制被称为扫视抑制）。而感知抑制机制的失效被认为与一系列神经/精神病综合征密切相关，包括被动体验（Pareés et al., 2014）以及（更为极端的）精神分裂症患者的紧张状态和帕金森病导致的运动障碍等。

* * *
* *
*

5.4 皮质下结构

皮质 V 层不仅投向脊髓，还会投向一些其他的结构，包括纹状体（striatum）（Shipp，2007；Wall et al.，2013），这是一个位于大脑深部的结构，由尾状核（caudate nucleus）和壳核（putamen）构成。纹状体是被称为基底神经节的复杂结构网络的入口。中型多棘神经元是纹状体的功能单元，接收来自皮质的输入并投射至基底神经节的其他核团。中型多棘神经元分两类，分别表达 D1 多巴胺受体和 D2 多巴胺受体——多巴胺会提高前者，同时降低后者的激活水平。D1 神经元是基底神经节"直接通路"的起源，通过单个抑制性突触连接到输出核团，即苍白球内侧部（internal globus pallidus）与黑质网状部（substantia nigra pars reticulata）。源自 D2 神经元的"间接通路"要更复杂些，包括两个抑制性突触和一个兴奋性突触。纹状体抑制苍白球外侧部（external globus pallidus），后者本身又抑制底丘脑核（subthalamic nucleus，STN）。STN 投射至基底神经节的输出核团，这意味着输出核团被直接通路抑制，而被间接途径去抑制。由于这些核团本身是抑制性的，激活纹状体 D1 神经元的最终结果就是对行为的去抑制，而这种效果又会被 D2 神经元所抑制（Freeze et al.，2013）。

既然我们已经假定向脊髓的投射承载了本体觉预测，从皮质 V 层向纹状体的投射又承载了什么？一种可能的答案如图 5-1 所示：预测的结果（o）以及偏好的结果和预测的结果间的差异（ς）呈现于 V 层，基于此二者可计算特定行动策略的预期自由能（G）。由纹状体计算预期自由能的观点符合基底神经节参与制订计划（即评价各备择行动）的假设。图 5-4 描绘了一种可能性，即策略评价的消息传递如何与基底神经节的解剖学构造对应起来。

图 5-4 的关键结论是，正如第 4 章所描绘的那样，行动策略（π）的后验概率——图中位于苍白球内侧部——是在其预期自由能的基础上计算出来的。这个过程循"直接通路"，由皮质 V 层经纹状体投向基底神经节的输出核团。但这里要额外补充一些细节。如图 4-4（左）所示，关于高层状态的期望会影响关于低层行动策略的信念，这体现在图 5-4 左侧，关于高层状态的预期的观察会被用于构造经验先验（E），并以一种独立于预期自由能的方式影响行动策略的选择。第 7 章还将讨论这个话题，但这里的要点是我们对自己在特定情境中如何行动持有信念。当我们发现自己身处熟悉的情境，这些先验期望通常会让我们对策略的评价产生偏向，就像形成了某种习惯。在这个意义上，E 和 G 的作用可分别视为"习惯性驱力"和"目标导向性驱力"。在强化学习（Lee et al., 2014）的语境中，它们分别对应"无模型"的和"基于模型"的系统。[1]将二者关联于基底神经节的直接和间接通路，将得出一个有趣的结论：多巴胺会协调这两种驱力间的平衡。具体而言，多巴

胺常作用于直接通路，促进特定策略的执行（Moss & Bolam，2008）——通常是那些有助于最小化预期自由能的策略。相反，低多巴胺会影响间接通路，让情境敏感的先验更受青睐，从而在给定情境中抑制不合理的策略。在某种意义上，可以认为纹状体的多巴胺水平能帮助我们通过推理在"做些什么"和"不做什么"间维持某种平衡（Parr，2020）。

以上推测与对多巴胺能系统的扰动产生的影响相符：重度帕金森病患者会因多巴胺分泌不足而导致不能运动，也就是说他们无法执行特定行动策略，而使用外源性多巴胺激动剂则可能促发冲动行为（Frank，2005；Galea et al.，2012；Friston，Schwartenbeck et al.，2014）。这些推测同样符合基底神经节功能的概念模型，比如Nambu（2004）认为直接通路介导了苍白球内侧部的快速、集中的抑制，而后是广泛、缓慢的兴奋，分别导致基底神经节靶点的兴奋和抑制。这被认为保证了执行高特异性动作所必需的"中心—外围"模式，涉及为选定行动策略快速计算预期自由能，以及更加从容、周全地考虑任务情境与经验先验。

从图5-4还能看出，皮质共有两个层级（见上标），与同一基底神经节形成了回路。这意味着表征大时间尺度事件动力学的区域投向间接通路神经元，而直接通路则既受大时间尺度事件又受小时间尺度事件的影响。一般而言，层级水平越高的皮质神经元表征的事件动力学时间尺度也越大，比如我们会认为前额叶皮质区域要比顶叶区域对应的时间尺度更大。这与投向基底神经节通路的皮质输入的解剖学分布是一致的（Wall et al., 2013）。对间接通路而言，时间与空间上的粗粒度是匹配的，而直接通路的中型多棘神经元拥有更大的树突棘（Gertler et al., 2008），支持更精细的微调。因此，图5-4所示的神经解剖学结构得到了临床病理学（如帕金森病）和细胞形态学等多方面证据的支持。

除基底神经节外，许多其他的皮质下结构对神经消息传递也很重要。我们将在下一节探讨这些结构，它们是神经调节系统的发端。这里只简单谈谈丘脑——虽然无法深入解析这个高度复杂的结构，但可以描绘一些基本原则。丘脑常被分为初级核（primary nuclei）与次级核（secondary nuclei）。如图5-1所示，初级丘脑核扮演了一些与皮质低层级区域相似的角色，因为它们投向皮质Ⅳ层，从深层（Ⅵ层）锥体细胞接收输入（Thomson, 2010; Olsen et al., 2012）。视觉系统中的外侧膝状体就是一个例子，它常被认为是眼睛与视皮质的"中继站"。正如那些表征预测误差的神经元，外侧膝状体同时接收来自眼睛的感知信息和来自皮质的反向投射（后者可视为预测）。次级丘脑核包括背内侧核（mediodorsal nucleus）与丘脑枕（pulvinar），分别与前额叶皮质和后部皮质相连。它们或许能够预测感知输入或更高阶输入的二阶统计量（比如精度和方差），被认为与图形—背景分辨任务的表现有关（Kanai et al., 2015）。简而言之，将丘脑分为初级核与次级核或许正对应于区分一阶统计量与二阶统计量。

5.5 神经调节与学习

神经解剖结构很重要,但也只是一个研究神经信息加工的角度,因为即便我们观察到了连接,也很难判断它发挥了什么作用。以图5-4中的黑质为例,它对纹状体连接的调节作用会导致基底神经节产生非常不同的输出,这取决于多巴胺的释放量。这种对突触效能的快速调节不同于伴随学习过程的更为缓慢但更为持久的变化。在本节中,我们将关注这两种改变突触效能的方式。

精度对理解神经调节作用非常重要(Feldman & Friston, 2010)。我们在第4章讨论感知抑制时接触过这个概念,将其视为预测误差的权值。更宽泛地说,精度衡量的是我们对一个概率分布的信心水平,二者的关系很简单:如果我们关于隐藏状态如何生成感知数据的信念非常精确,则必然更有把握根据对感知数据的观察更新关于隐藏状态的信念。当信念更新表现为神经激活模式的变化,更精确的似然分布将表现为给定感知刺激导致的神经反应增加。这对从注意(Parr & Friston, 2019a)到多感觉整合(Limanowski & Friston, 2019)的一系列认知功能都十分关键。

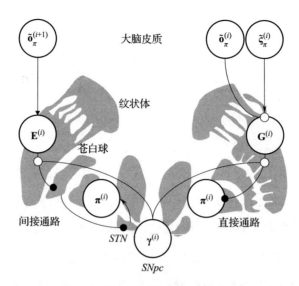

图 5-4 服务于策略选择的消息传递的直接和间接通路构成了基底神经节的主动推理（使用 POMDP 生成模型）

这两条通路均始于大脑皮质，最终形成对行动策略的评估。直接通路（右侧）自皮质经纹状体投向苍白球内侧部；间接通路（左侧）自皮质经纹状体、苍白球外侧部和底丘脑核（STN）投向苍白球内侧部。直接通路与间接通路并行，此外黑质致密部（substantia nigra pars compacta，SNpc）参与调节两条通路的平衡。（注意：本图只是对基底神经节连接的简化。）

这种对突触增益控制的见解揭示了一些简单但重要的事实。如果精度是生成模型中某个分布的属性，那么不同的分布就应该有不同的精度。这很符合我们的直觉，因为我们对感知数据是否可靠、事物如何动态演变，甚至自己该如何行动（Parr & Friston, 2017b）通常有不同的信心水平，比如对行动策略的信心水平就体现在基底神经节的多巴胺能信号之中：某行动策略精度越高，我们对其能够最小化预期自由能的信心就越强。

如果（中脑黑质致密部和腹侧被盖区的）多巴胺能系统的一大功能是标记行动策略的信心水平（也就是我们在多大程度上确信自己该如何行动），那是否存在其他神经调节系统也具有类似的功能？表 5-1 汇总了一些证据，将不同的精度（各有其专属符号）与相应的神经调节系统关联起来了。特别是，梅纳特基底核（basal nucleus of Meynert）的胆碱能系统似乎标记了某些似然分布的精度；蓝斑核（locus coeruleus）的去甲肾上腺素能系统似乎在标记依时转换的精度方面发挥了作用；5-羟色胺能系统的功能仍不太清楚，但可能与先验偏好的精度有关。

将这些精度与神经调节系统关联起来有什么意义呢？可以从三方面回应：这样做有助于解释实际观察到的生物学现象、形成特定假设并发展无创的精度测量方法。我们各举一例说明。首先，关于特定生物学现象的观察，众所周知的是，实验测量的多巴胺信号看起来很像某种"奖励预测误差"（Schultz, 1997）——当动物被试意外地喝到果汁，或接收到表明自己将要喝到果汁的线索，它们多巴胺分泌水平就会提高。主动推理架构为这些发现提供了另一种解释（Schwartenbeck, FitzGerald, Mathys, Dolan, & Friston, 2015）。获得奖励（或满足偏好）或接收到指向未来奖励的线索会提高我们对当前行动策略能最小化预期自由能的信心水平，信心水平的提升就表现为多巴胺的大量分泌。

其次，关于特定假设的形成，路易体痴呆症（Lewy body dementia）会导致复杂的视幻觉，有案例表明这种疾病与胆碱能信号的缺乏有关（Parr，Benrimoh et al., 2018）。对此一个合理的解释是，高级视皮质累积的病变会导致这些区域的预测与初级视皮质活动失匹配。这种失匹配降低了对相关似然分布的信心水平，进而导致胆碱能信号的缺乏。精度下降的结果是患者无法再根据感知数据更新信念，也就是说感觉失去了对知觉的约束作用——这恰好能解释患者为何会产生幻觉。

表 5-1 各类神经递质在主动推理中的推定作用

神经递质	精度	证据
乙酰胆碱	似然 (ζ)	• 在丘脑皮质的传入纤维上存在突触前受体（Sahin et al., 1992；Lavine et al., 1997） • 视觉诱发反应的增益调节（Gil et al., 1997；Disney et al., 2007） • 在药物操纵下有效连接的变化（Moran et al., 2013） • 在药物操纵下为行为反应建模（Vossel et al., 2014；Marshall et al., 2016）
去甲肾上腺素	转换 (ω)	• 前额叶持续活动（延迟期）的维系（需要精确的转移概率）取决于去甲肾上腺素（Arnsten & Li, 2005；Zhang et al., 2013） • 瞳孔对意外的（即不精确的）刺激序列的反应（Nassar et al., 2012；Lavín et al., 2013；Liao et al., 2016；Krishnamurthy et al., 2017；Vincent et al., 2019） • 在药物操纵下对为行为反应建模（Marshall et al., 2016）

(续)

神经递质	精度	证据
多巴胺	行动策略 (γ)	• 由纹状体的中型多棘神经元表达（突触后）（Freund et al., 1984；Yager et al., 2015） • 计算 fMRI 揭示了中脑活动与精度变化的关系（Schwartenbeck, FitzGerald, Mathys, Dolan, & Friston, 2015） • 在药物操纵下对行为反应建模（Marshall et al., 2016）
5-羟色胺	偏好或内感觉似然 (χ)	• 受体由内侧前额叶皮质 V 层的锥体细胞表达（Aghajanian & Marek, 1999；Lambe et al., 2000；Elliott et al., 2018） • 内侧前额叶皮质区域与内感觉加工和自主神经调节密切相关（Marek et al., 2013；Mukherjee et al., 2016）

资料来源：Parr & Friston, 2018。

最后，关于精度参数的无创测量，以计算表型（computational phenotypes）的识别为例：中枢神经化学活动有许多外周表现，包括自发性眨眼率与多巴胺之间的关系（Karson, 1983）以及瞳孔大小与去甲肾上腺素之间的关系（Koss, 1986）。对后一种关系，近期已有研究（Vincentetal., 2019）证明了预期由贝叶斯理想观察者推断的转换精度与瞳孔收缩和扩张的动力学之间的关系。这意味着我们能通过测量诸如此类的外周表现来探索研究对象的内隐的生成模型（即经验先验信念）。

虽然精度的快速调节很重要，但它仍是一种比较粗糙的优化有效连接的方法：除去导致信号增益的改变，就没有什么更微妙的了。

如果我们想要改变对信号的解释，就只能依赖学习。第 7 章将深入探讨相关细节，但其基本理念是：我们所持有的一些信念与世界的状态有关，另一些信念则与决定变量间依存关系的固定的（或变化缓慢的）参数有关（Friston，FitzGerald et al., 2016）。这些信念的"基底"是表征时变变量（如隐藏状态或结果）的神经集群间的突触连接的效能。当我们观察到一个结果，并且相信该结果是特定状态生成的，对于连接二者的参数的信念就能得到更新，从而提高二者在未来一同发生的概率。换言之，我们能增强两个神经集群间的突触连接，这正是著名的"Hebb 学习规则"，其可意译为"一同激活的神经元将彼此相连"（Cells that fire together, wire together）。

图 5-1 的一个重要特征是，在预测编码和边缘消息传递方案中，出入一个皮质柱的连接都与似然分布有关。相比之下，转移概率和连续动力学则取决于微观回路的内部连接。这意味着学习动力学会导致内部连接的改变，而学习观察模型会调整外部连接。我们有可能使用类似动态因果建模（可根据神经成像数据评估有效连接度量）的技术检验这些假设（Tsvetanov et al., 2016; Zhou et al., 2018）。这突出了此类过程理论的作用：它们能让我们超越抽象理论，形成具体的、可检验的假设。

* * *
* *
*

5.6 表征离散变量与连续变量的层级

最后，有必要提一下多层神经架构中低层级表征的连续变量如何与高层级表征的离散变量相协调。前文谈及的离散与连续的消息传递方案很可能在大脑中共存，因为我们既能持有分类的信念（比如识别一个物品是什么或一个人是谁），又能驾驭感受器与效应器处理连续变量（比如视觉亮度对比或肌肉牵张程度）。这在神经生理学层面表现为某些神经元有选择性地对特定刺激做出反应，另一些神经元的激活水平则成比例地取决于刺激的强度。

有趣的是，我们会发现自己与周围世界的互动通常是连续的，这意味着多层神经架构的最低层级处理的必然是连续变量。尽管如此，图 5-4 仍表明基底神经节的策略选择可界定为一个离散的过程，涉及在不同的动作间做出选择。这告诉我们，离散的轨迹组成动作，进而构成有目的的行动。对控制肌肉牵张程度的最低层级而言，下行输入的基础是关于自身要做什么动作的决策。从生成模型的角度来说，就是要在关于周围世界的各备择（离散）假设与这些假设蕴含的（连续）动力学之间建立关联。我们将在第 8 章深入探讨如何从计算的角度解决这个问题。这里只需要指出：我们在神经系统中离感受器越远，就越容易发现离散化的表征。事实上，神经生理学中的经典感受野可视为(对应知觉状态空间中特定区域的)世界的概率表征。知觉状态空间由许多感受野拼接而成,因此能被划分为许多小类。图 5-5 作为对本章主要观点的总结,汇集了不同的消息传递方案。

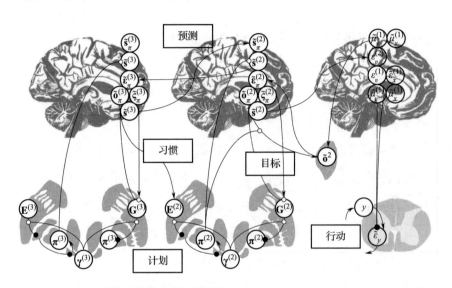

图 5-5 主动推理的解剖学(基于 Friston, Parr, & de Vries, 2017),汇集了图 5-1 至图 5-4 描绘的回路,总结了本章的主要观点

与皮质和基底神经节有关的两个多层回路区别了(基于高层输入的)习惯和对情境更加敏感也更具目标导向性的(探索和利用)行为,后者源于预期自由能的最小化。请注意,关于行动策略的推理对 s 的影响实施了基于(正文提及的)各行动策略的贝叶斯模型平均。这种从基底神经节到皮质的投射可能由中间结构(如丘脑)介导。在右侧,基于 POMDP 的离散的消息被中继到一个(与行动生成有关的)连续的预测编码网络之中,每种离散状态都与一个关于连续变量的备择预测有关,并参与了预测误差的计算。反向传递的消息参与了相关离散结果(**o**)后验概率的计算,后者取决于基于(策略相关的)结果($\mathbf{o}_\pi$)的先验、关于策略的信念($\boldsymbol{\pi}$),以及可根据(连续的)后验期望和方差(未列出)计算的连续轨迹的似然($\boldsymbol{\mu}$)。我们还能添加更多的连接,比如除习惯(**E**)外,目标选择(**C**,见第 4 章)本身或许也取决于较高的层级,这意味着对动机的多层控制(详见 Pezzulo, Rigoli, & Friston, 2018)。

5.7 总结

本章致力于将生成模型隐含的消息传递方案（见第 4 章）与推理的神经生物学关联起来。将消息传递与神经元的交流建立联系的做法有什么好处呢？这将允许我们基于对大脑致力于反演的生成模型的假设做出经验预测：或许表现为某种诱发反应，即向大脑呈现感觉刺激时可用头皮电极测量的电位变化，其时程取决于该刺激将在多大程度上导致信念的更新。又或许计算神经成像方法可用于将模拟推理与表现出类似时间动力学的大脑区域相关联（Schwartenbeck, FitzGerald, Mathys, Dolan, & Friston, 2015）。建立这种关联对从计算角度理解（神经和精神）病理现象及其治疗十分重要，有助于探索功能性病理现象的生物学原理。

最后，我们应该承认，本章只涉及大脑的一小部分，部分原因是要控制篇幅，同时也是因为神经科学仍在发展之中，有得是机会延伸（甚至是替代）本章的解释。在某种程度上，我们可以在本章基础上做一些外推。比如杏仁核的某些部分在细胞结构上与基底神经节的核团很类似，这是否意味着杏仁核会参与某一类策略的评估？这种结构对自主神经策略的作用是否与基底神经节对骨骼运动策略的作用相当？是否还有其他结构（如丘脑枕）对评估其他类型的策略（比如心理策略）发挥类似的作用？我们该如何理解不同于图 5-1 所示的六层结构的皮质架构？小脑和海马结构也分别具有各自模式化的微观回路（Wesson & Wilson，2011），它们是同一套贝叶斯消息传递方案在解剖学意义上的重新布置，还是反映了生成模型的某些其他的方面（Pezzulo, Kemere, & van der Meer, 2017；Stoianov et al., 2020）？我们尚无法给出这些问题的答案，但它们为理论神经生物学的未来研究指明了一些令人兴奋的方向。主动推理及相应过程理论为解决这些问题提供了严格而缜密的形式与概念框架。

* * *
* *
*

PART TWO

第二部分

主动推理

Active Inference

心智、大脑与行为的自由能原理

6

主动推理模型的设计指南

给我六个小时砍倒一棵树,我会用前四个小时来磨快斧头。

——Abraham Lincoln

6.1 介绍

本章提供了创建主动推理模型的四步指南，讨论了实现设计意图所必须做出的一些最为重要的选择，并为这些选择提供了一些指导。本章可视为本书第二部分的导读，我们将在这后半本书中展示几个应用主动推理架构的计算模型及其在相应认知领域中的应用。

主动推理作为一种规范性的方法，试图从"第一原则"出发，尽可能充分地解释行为、认知与神经过程。这意味着主动推理架构的设计原则是自上而下的。与计算神经科学领域许多其他的方法不同，主动推理面临的挑战不是（逐个部分地）做大脑的仿真，而是用一个生成模型来描述大脑试图解决的问题。只要能用这个模型将问题适当地"形式化"，主动推理架构自然就能产生解决方案——还能对大脑与心智产生一系列附带的预测。换句话说，生成模型完整地描述了我们所关注的系统，系统的行为、推理和神经动力学都能借助自由能最小化从这样一个模型中导出。

许多领域的研究都关注生成模型的创建，如认知建模、统计建模、实验数据分析和机器学习（Hinton, 2007b; Lee & Wagenmakers, 2014; Pezzulo, Rigoli, & Friston, 2015; Allen et al., 2019; Foster, 2019）。我们在这里主要讨论如何设计支持特定认知过程的生成模型。前几章已经提供了一些设计的方法论，比如使用生成模型做预测编码时，知觉被视为对最可能产生感知刺激的诱因的推理；使用针对离散时间问题的生成模型时，计划被视为对最有可能的行动方案的推理。我们可以根据感兴趣的问题（空间导航或扫视搜索的计划）调整生成模型的形式，包括结构（简单模型或多层深度模型）与变量（关于非自我中心的或自我中心的空间位置的信念）。重要的是，在关于拟优化的生成模型之形式的不同假设下，主动推理可能有许多不同的呈现方式。比如说，假设模型依离散时间或连续时间而演变，势必影响消息传递的具体形式（见第4章）。这意味着生成模型的选择是与关于行为与神经生物学的特定预测相对应的。

这种灵活性是有益的，我们因此得以用同样的语言来描述多个领域的过程。不过，从实践的角度来看它也可能产生混淆，因为要确定一个系统的适当的描述水平，需要做出一系列主观选择。在接下来的几章中，我们将尝试借助一些主动推理计算模拟的例证来消除这些混淆。本章将提供一份设计主动推理模型的通用指南，突出设计中一些关键的选择、区别与二分法——这些内容将在后续章节关于计算模型数值分析的描述中得到进一步印证。

* * *
* *
*

6.❷ 主动推理模型：四步设计指南

主动推理模型的设计共分四个步骤，每一步都要解决一个特定的设计问题：

1. 我们在为什么系统建模？ 我们要做的第一个选择永远是确定感兴趣的系统。这一步未必像它看上去那样简单：我们需要识别系统的边界（即马尔科夫毯）。什么是主动推理的主体（生成模型）？什么是外部环境（生成过程）？二者的交互界面（感知数据与行动）又是什么？

2. 生成模型最恰当的形式是怎样的？ 确定了感兴趣的系统后，我们就要决定是要将主动推理的过程视为分类（离散）推理，还是连续推理，进而选择是以离散时间模型或连续时间模型（亦或混合模型）实现之。而后，我们要确定一个合适的（层级）深度，即选择简单模型或深度模型。最后，我们还要考虑模型是否应该具有时间深度，以预测行动可能导致的观察并据此制订计划。

3. 如何创建生成模型？ 模型的变量和先验都有哪些？哪些是固定的，哪些必须习得？选择合适的变量和先验信念很重要，区别在推理过程中（快速）更新的状态变量和在学习过程中（缓慢）更新的模型参数也很重要。

4. 怎样理解生成过程？生成过程含哪些元素（以及它们与生成模型有何不同）？

（在大多数情况下）这四步足以支持主动推理模型的创建。一旦模型创建完成，系统的行为就由主动推理的标准方案决定了：主动状态与内部状态的变化将取决于模型的自由能泛函。从更实际的角度来看，一旦指定了生成模型与生成过程，就能使用标准的主动推理软件例程获得数值解，并执行数据的可视化、分析与拟合了（即基于模型的数据分析）。接下来我们将依序展开主动推理模型的四个设计步骤。

* * *
* *
*

6.3 我们在为什么系统建模？

应用主动推理架构的第一步是确定我们感兴趣的系统，描绘它的边界，我们要很清楚系统的内部状态是怎样经由感受器（比如感官）和效应器（比如肌肉和腺体）与外部世界互动的。第 3 章探讨过以"马尔科夫毯"（Pearl, 1988）区别内外部状态（并刻画介导二者互动的中介变量）的形式化的方法，在此重申其中要点：马尔科夫毯由两类变量构成（Friston, 2013），其中一类（感知状态）介导了外部世界对系统内部状态的影响，另一类（主动状态）则介导了系统的内部状态对外部世界的影响（见图 6-1）。

重要的是，确定内外部边界的方法有许多种。本书第二部分将要讨论的大多数情况都涉及（以马尔科夫毯）区分主体（通常是一个生命有机体）及其环境。这符合认知模型常见的设定，也就是智能主体基于内部（即大脑）状态，凭借感受器与效应器执行诸如知觉和行动选择等认知过程。

但这并非唯一一种可能性。从神经生物学角度来看，我们能为单一神经元、为大脑或为整个身体绘制相应的马尔科夫毯。对单个神经元而言，感知状态体现为突触后受体占有率（postsynaptic receptor occupancies），主动状态则体现为含神经递质的囊泡与突触

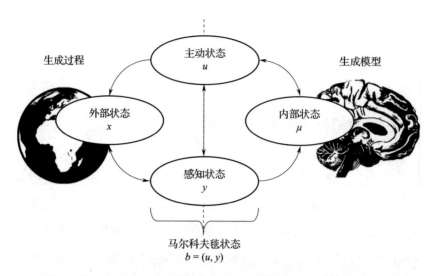

图 6-1 自适应系统（这里指大脑）与环境间的行动—知觉环路，二者的互动由马尔科夫毯（含主动状态与感知状态）介导

由此可知，自适应系统只能借助行动（经由主动状态）影响环境，环境也只能通过产生观察（经由感知状态）影响自适应系统。图中展示了自适应系统的生成模型和产生其观察结果的（外部）生成过程之间的区别。

前膜的融合率。神经元的内部状态（如膜电位与钙浓度）可视为根据某个（内隐的）生成模型对其感知状态的推理（Palacios, Isomura et al. 2019）。根据这种设定，神经元的外部状态包括该神经元所属的整个神经网络。这与我们通常的假设，即神经网络完全位于马尔科夫毯以内十分不同。举个例子，假如我们将视网膜感光细胞视为一个系统的感知状态，将眼动肌群视为主动状态，则内部状态实施的推理就是关于大脑外部事物的了。可见确定尺度是非常重要的，马尔科夫毯的内部状态只有在某种设定下才等同于单个神经元的内部状态：此时内部状态可视为对脑内事件的推理，马尔科夫毯区分的是单个神经元而非整个神经系统的内外部状态。

这一切都与具身认知或延展认知密切相关（Clark & Chalmers，1998；Barsalou，2008；Pezzulo，Lw et al.，2011）。举个例子，如果我们围绕神经系统绘制马尔科夫毯，身体的其余部分就成了外部状态，是我们要根据内感觉感知状态实施推理的对象（Allen et al., 2019）。又或者，我们可以围绕整个有机体绘制马尔科夫毯，这样一来，不仅大脑，我们的其他器官似乎也要对其环境实施推理了。比如皮肤受按压时的形变就可以视为对外部状态（压力源）实施的推理。延展认知观在此基础上更进一步，主张外物也可纳入马尔科夫毯的边界（用计算器辅助计算时，计算器就可视为推理系统内部状态空间的一部分）。最终，我们可以绘制出多重嵌套的马尔科夫毯（比如大脑、有机体和社区）。

总之，通过界定马尔科夫毯，我们得以了解什么（内部状态）在推理什么（外部状态）。事实上，就特定生成模型而言，最小化自由能仅涉及调整系统的内部状态与主动状态；鉴于此二者都无法直接了解外部状态，系统只能根据感知状态替代性地对外部状态实施推理。

* * *
* *
*

6.4 生成模型最恰当的形式是怎样的?

我们一旦确定了系统的内部状态,以及介导这些内部状态与外界互动的那些状态,就需要指定一个生成模型,以解释外部状态如何影响感知状态了。

如前所述,不同类型的生成模型都可实施主动推理。因此我们要为手头的问题指定生成模型最恰当的形式。这意味着我们要做出以下选择:(1)模型包含连续变量还是离散变量(抑或同时包含二者);(2)选择简单模型(只在单一时间尺度上实施推理,即模型处理的所有变量都以同一时间尺度演变)还是多层深度模型(在多个时间尺度上实施推理,即模型处理以不同时间尺度演变的多个变量);(3)模型是只考虑当前的观察还是有某种时间深度,即能够处理行动序列或制订计划。

6.4.1 离散变量?连续变量?或二者都有?

我们首先要考虑的是生成模型要处理哪种变量。离散变量包括事物的不同种类、不同的行动计划,也包括对连续变量的离散化表征,可以用特定变量(在每个时间步)转换为另一类型的概率来表达。连续变量包括位置、速度、肌肉牵张程度和亮度等,生成模型要能表达这类因素的变化率。

在计算上，离散变量和连续变量也许很难明确地区分，因为连续变量可以离散化，离散变量也可以用连续变量来表示。但二者在概念上的区别依然是重要的，因为这是为我们所关注的认知过程之（离散或连续的）时程提出特定假设的基础。[1]在主动推理架构的新近应用中，高层决策，比如在不同行动方案间做出选择的过程是用离散变量来建模的，而更加细粒度的知觉和行动动力学则要用连续变量来建模。我们将在第7和第8章分别举例说明。

此外，离散/连续变量模型的选择与神经生物学有关。虽然都围绕自由能最小化，但两种模型对应的消息传递却有着不同的形式。若考虑与特定过程理论有关的消息传递（见第5章），则不同类型的模型最小化自由能的神经动力学也不相同。连续变量方案指向预测编码，这个神经信息加工理论依赖自上而下的预测和自下而上的校正性预测误差。但对离散变量实施类似推理的过程理论可传递不同形式的消息。最后，如果将两类模型结合起来，就能为离散状态与连续变量建立关联了。这意味着我们能用一个生成模型来描述离散的状态（比如不同的物品）如何生成连续的模式（比如不同的亮度）。我们将在第8章探讨一个能同时处理离散变量与连续变量的混合模型的例子。

6.4.2　推理的时间尺度：简单模型与深度模型

接下来要确定的是主动推理的时间尺度。我们可以选择简单模型，这种模型处理的所有变量都以同一时间尺度演变，也可以选择（多层）深度模型，它们能处理不同时间尺度的变量：层级越高，处理的变量演变速度就越慢。

虽然很多简单的认知模型不需要设置过多的层级，但如果我们关注的认知过程涉及各个时间尺度的明确区分，情况就不同了。语言加工就是一个例子，音素的短序列以单词为语境，单词的短序列又以当前句子为语境。重要的是，单词的持续时长超过序列中的任一音素，句子的持续时长又超过其中的任一单词。因此要为语言加工建模，可以考虑使用一个多层模型，其不同层级分别对应句子、单词和音素（由高到低），以不同时间尺度演变（由慢到快），彼此近似独立。当然不同层级不可能完全区隔，它们必然相互影响（比如句子会影响序列中的下一个单词，单词会影响序列中的下一个音素）。

不过，假如我们要模拟认知过程的特定层级，也不是非得为整个大脑建模。比如我们关注的是单词的加工，模型就不用处理音素的加工。意思是，来自负责音素推理的脑区的输入可被视为负责单词加工的脑区的观察，如此，模型较低层级的推理就可被视为马尔科夫毯感知状态的一部分。这意味着我们可以总结特定时间尺度的推理，不必关心较低层级（更快）的推理过程的细节——这种层级分解对计算意义重大。

另一个例子是有意的行动选择。达到一个目标（如进入卧室）

有时需要一个过程，该过程又是一系列子目标和行动（找钥匙、开门、进门……）的情境，而这些子目标的达成通常要快得多。不论任务领域是连续的还是离散的，像这样区分不同的时间尺度都对多层（深度）生成模型提出了要求。在神经科学研究中，我们可以假设皮质的不同层级区分了不同的时间尺度，高层皮质处理变化缓慢的状态，低层皮质处理变化迅速的状态，因此能概括（比如听讲座、阅读等知觉任务中的）同样以不同时间尺度演变的环境动力学。在心理学研究中，这类深度模型常用于再现依赖延迟期活动（Funahashi et al., 1989）的多层目标加工（Pezzulo, Rigoli, & Friston, 2018）和工作记忆任务（Parr & Friston, 2017c）。

6.4.3　推理的时间深度与计划

最后，我们要确定推理的时间深度。区分以下两种生成模型是很重要的：一种有时间深度，可明确表征行动或行动序列（策略或计划）的结果；另一种则没有时间深度，只能处理当前而非未来的观察。这两种模型如图 4-3 所示：上为动态 POMDP，下为连续时间模型。[2]它们最重要的区别并不是一个处理离散变量、一个处理连续变量，而是唯有前者（有时间深度的模型）让有机体有能力提前制订计划，对各种可能的未来做出选择。

想象一只老鼠在走迷宫，它知道食物在迷宫中的位置，但要选择一条通向食物的路线。如果它拥有一个有时间深度的模型，就相当于拥有了一份"认知地图"（Tolman, 1948），这份地图编码了当前位置与特定行动下未来位置（比如在左转或右转后会到达什么位置）的权变关系。如此，它就能以一种反事实的方式权衡不同的行动方案（比如左转—左转—左转—左转后将回到原点），并选择预期能带它找到食物的路线。

为什么制订计划需要一个有时间深度的模型？在主动推理架构中，计划的制订需要计算不同行动或策略下的预期自由能，并选择能实现预期自由能最小化的策略。和变分自由能不同，预期自由能不是当前观察的函数，它还是未来观察的泛函。根据定义，未来的观察只能用一个有时间深度的模型来预测，该模型描述了行动将如何产生未来的观察。

在设计主动推理的主体时，考虑它是否能面向未来制订计划是很有必要的，如果答案是肯定的，就应该为它选择一个有时间深度的模型。此外，我们还应该考虑计划的时间深度，也就是说它在计划中能"看得多远"。最后，我们的生成模型可以既分层级，又有时间深度，这样，计划就能顾及多个时间尺度——高层更慢而低层更快。[3]是否根据行动策略为不同的未来建模在很大程度上关乎我们选择的是离散模型还是连续模型，因为离散时间模型更容易刻画对（不同的行动序列定义的）不同未来的选择。

* * *
* *
*

6.5 如何创建生成模型？

在确定了感兴趣的系统和生成模型的恰当形式（连续表征或离散表征，简单模型或多层模型）后，我们的下一个挑战是指定生成模型中需要有些什么变量：哪些变量保持不变，哪些又会因学习而变化。

6.5.1 指定生成模型中的变量

生成模型中的变量可以预定义，也可以从数据中习得。为便于说明，本书讨论的大多数模型都使用预定义变量。在实践中，设计这些模型的主要挑战是确定哪些隐藏状态、观察和行动与当前问题相关度最高。举个例子，第 2 章能区分青蛙和苹果的模型只含有两种隐藏状态（"青蛙"和"苹果"）和两种观察（"跳"和"不跳"）。一个更复杂的模型可以有更多种观察（比如"红"和"绿"）及诸如"触碰"等行动，而"触碰"青蛙或苹果又将产生不同的感知结果（"跳"或"不跳"）。

图 6-2 展示了"青蛙"这一概念的生成模型。这是一个多层模型，单一的（多模态或超模态）隐藏状态位于中心，对应各模态知觉（外感觉、本体觉和内感觉；见知识库 6.1）的一系列（单

模态）隐藏状态呈级联展开，最终产生相应模态的感受。这相当于将"青蛙"的概念视为一系列感知结果（包括眼前的物体是绿色的，会跳来跳去，还会发出呱呱声）的共同的诱因，这其中有些感知结果受特定行动的影响（比如触碰会增加该物体跳动的可能性）。生成模型的反演相当于借助感知观察（比如看见该物体为绿色，而且会跳）实施知觉推理（推出它是一只青蛙），这需要整合多模态的信息。

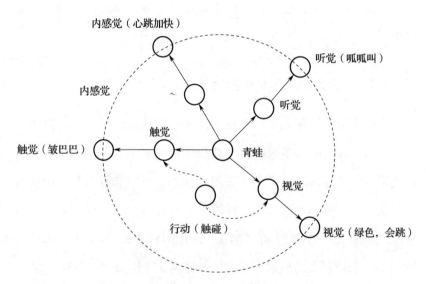

图 6-2 "青蛙"这一概念的（多层）生成模型

较第 4 章的图示更为简化：虚线圈内部的节点对应隐藏状态，虚线上的节点对应感知观察。随着模型的反演，关于隐藏状态的信念就是知觉，其要么对应某个感知模态（比如视觉），要么是无模态的（比如"青蛙"）。曲线表示感知与行动的权变关系。为方便说明，图中省略了对应各模态的隐藏状态间横向的依存关系，也省略了隐藏状态间的时间依存关系（见第 4 章的动态生成模型）。

> **知识库 6.1**
>
> **各感知模态：外感觉、本体觉和内感觉**
>
> 主动推理架构经常要区分三种感知模态：外感觉（比如视觉和听觉）、本体觉（与关节姿态和肢体位置有关）以及内感觉（对内部脏器，比如心脏和胃的感受）。对多模态生成模型而言，经常可以将不同的模态分解为不同的部分，这意味着（比如说）扫视的动作会产生视觉结果，但不会产生听觉结果。
>
> 重要的是，主动推理的原则对所有模态都有效。举个例子，正如视觉加工可以被描述成关于知觉场景（之隐藏变量）的推理，内感觉加工也能被描述成关于（反映）身体内部状态（之隐藏变量）的推理。此外，改变知觉场景或内感觉状态的行动/动作也可以这样描述，前者涉及实现本体觉预测的脊柱反射，后者则涉及实现内感觉预测的自主反射。类似这样的内感觉加工支持稳态应变和适应性调节，其功能障碍会产生一系列精神病理后果（Pezzulo, 2013; Seth, 2013; Pezzulo & Levin, 2015; Seth & Friston, 2016; Allen et al., 2019）。

确定了关心的变量之后，我们要将生成模型完整地写出来。以关于青蛙和苹果的简单的生成模型（见图 2-1）为例，该模型包括关于隐藏状态的先验信念以及从隐藏状态到感知观察的映射即似然，这些变量的值既可以是人工指定的，也可以是从数据中习得的（见 6.5.2）。

无需拘泥于这个简单的例子，我们选定的生成模型的形式决定了需要为其指定哪些元素。如图4-3（上）所示的离散时间POMDP模型就要指定矩阵 **A**、**B**、**C**、**D** 和 **E**。连续时间模型也使用类似元素（尽管不太按字母顺序排列），相关讨论见第8章。但即便在这些更复杂的情况下，我们要做的也没什么不同，包括为感兴趣的变量（比如离散时间条件下对应第一时间步的隐藏状态即向量 **D** 和感知观察即矩阵 **C**）指定先验信念，以及确定它们的概率映射（即从隐藏状态到观察的似然即矩阵 **A**）。不过，在某些情况下，也可以对生成模型的状态空间进行分解，以免无益地考虑各变量每一种可能的组合。在第7章，我们就将讨论一个有生物学可行性的案例，将知觉加工分解为"what"流和"where"流（Ungerleider & Haxby, 1994）——也就是区分表征身份与位置的变量，并在模型中分别加以处理，这有助于简化问题，因为二者通常相互独立。

在模型的创建中，确定哪些变量值得关注，它们在模型中有何关系以及如何进行分解通常是最为困难，也是最有创造性的。这些操作其实是要将我们的认知假设翻译为主动推理的数学形式。我们该如何选择"正确"的变量？到头来，还是需要确定哪些方案有可行性，其中又有哪些对应的自由能水平最低（这就是贝叶斯模型比较）。但是，大多数研究都应该遵循一个实用的原则，那就是生成模型应该尽可能反映我们关于数据生成方式的信念。意思是，在将主动推理架构应用于认知心理学研究时，通常要设身处地地思考实验心理学家们会如何生成呈现给被试的刺激。通过以必要的概率分布将这些过程形式化，生成模型最小化自由能的过程自然会推动我们所关注的任务的执行。

在这里，我们可以与大多数贝叶斯（或理想观察者）知觉模型做一个类比，这些模型的设计（在很大程度上）模拟了手头任务的结构，比如识别青蛙或苹果（见第 2 章），体现了"优秀调节者定理"（Conant & Ashby，1970）的精神，即：要实现对环境的有效调节，生命有机体（或人造主体）必须成为该系统的优秀的模型。从生态位建构的角度而言，这种有效的调节反映了生物的模型对其所在环境的（统计）适应性，反之亦然（Bruineberg et al., 2018）。不过，这并不意味着主体的生成模型就一定要等同于数据的真实生成过程。在大多数实际应用中，简化或差异都是可以接受的。我们稍后还将回过头来讨论这个问题（见 6.6 节）。

知识库 6.2

先验与经验行为

关于先验的选择，另一种观点来自所谓"完全类定理"（Wald，1947；Daunizau et al., 2010），其指出，任何统计决策过程（即行为）都可视为特定先验信念集合下的贝叶斯最优。这意味着，如果我们试图解释经验行为，就要面临识别能尽可能简单地再现该行为的生成模型（即先验信念）的挑战。简而言之，先验是对关于系统的某个假设的陈述。如果还有其他的先验信念具有可行性，我们就能通过贝叶斯模型比较将当前假设应用于经验数据。在临床人群的计算表型分析中，这一点也有其意义。既然总有一组先验信念使特定行为成为贝叶斯最优，就要理解导致精神或神经综合征的计算缺陷，关键就是要确定这些先验到底是什么。乍看上去这或许有些反直觉，但根据完全类定理，询问特定行为是否（贝叶斯）最优没有意义，真正重要的问题是什么先验信念能使该行为成为最优。我们将在第 9 章探讨科学家应如何基于自己的信念，应用自由能最小化为这个问题寻找有效的解决方法。

6.5.2 生成模型的哪些部分是固定的，哪些是习得的？

我们还要决定生成模型的哪些部分是固定的，哪些部分能因学习而不断更新。根据主动推理架构，模型的每个部分（甚至其结构本身）原则上都能依时更新（习得）。也就是说，我们要在设计模型时将学习考虑进去，但又不应作为一个必选项。接下来，我们将展示一些主动推理模型的案例，有些模型完全是人工设计的，有些则既包括固定的部分（比如转移概率），又包括依时更新的部分（比如似然）。

在主动推理架构中，学习被视为推理的一个方面，一个最小化自由能的过程。到目前为止，我们都将推理视为（关于生成模型的状态的）信念的更新。同样地，我们也可以将学习视为（关于生成模型的参数的）信念的更新。为此，生成模型要同时包含关于待习得分布的参数的先验信念，这些参数是就对应各变量的概率分布而言的（比如高斯分布的均值和方差）。只要收集到新数据，这些参数的先验值就会得到更新，形成后验信念。我们将在第 7 章展示参数更新的算法，其形式与状态变量的更新没有什么区别。

在模型的设计中，推理和学习背后同为贝叶斯信念更新的事实会有些令人困惑——部分原因是我们有时很难直截了当地区分状态和参数。但对认知模型而言，推理和学习显然是有差异的。推理是我们关于模型状态的信念的（快速的）改变，比如看到一抹红色后，我们也许会改变自己先前的（不论什么）信念，认为眼前的东西是个苹果。学习则是我们关于模型参数的信念的（缓慢的）改变，比如要是我们连着看了好几个红苹果，就会更新自己的似然分布，提高"苹果—红"这一映射对应的数值。关于参数的信念改变起来通常要比关于状态的信念慢得多，而且这种这种信念更新只会发生在我们推出了相应的状态之后。从神经生物学的角度来看，大可以将推理对应于神经动力学，而将学习对应于突触可塑性。此外，持有关于模型参数的概率信念能让有机体主动求新，通过选择感知数据习得自身所在世界的因果结构（见第 7 章）。这意味着假如我们想要研究主动学习和（基于好奇的）探索行为的动力学，一种有效的方法是让主动推理模型有能力习得自身的参数（甚至是自身的结构，见第 7 章）。

在结束这一节以前还要声明：本书所举的例子都是些相当简单的生成模型，它们能用表格法来定义（也就是能用矩阵来明确地界定先验和似然），在很小的状态空间中运行。相比之下，在机器学习、深度学习和机器人学等领域，研究者正在开发一些复杂得多的生成模型（及配套的学习方案），比如变分自编码器（Kingma & Welling, 2014）、生成对抗网络（Goodfellow et al., 2014）、递归皮层网络（George et al., 2017）和世界模型（Ha & Schmidhuber, 2018）。原则上，主动推理模型（比如似然或转移模型）能用上述任意一种模型来实现（当然备择模型还有许多）。借助最时髦的机器学习方法，我们有望拓展主动推理架构，使其能应对更具挑战性的领域和应用场景。相关的实例可见 Ueltzhöffer（2018）和 Millidge（2019）。

不过，在使用复杂的机器学习模型设计主动推理模型时务必慎重，特别是在面对认知科学和神经生物学问题时。主动推理架构的一大优势是有能力整合一系列认知功能，它假设（比如说）知觉推理、行动计划和学习都是同一过程（即自由能最小化）的产物。但如果我们并置多个生成模型，让它们彼此独立地运行或学习，主动推理架构的整合优势就会丧失殆尽。除此以外，对应前述机器学习方法的过程模型有不同于主动推理架构的认知科学或神经生物学解释。最后，应用机器学习方法意味着不必考虑前述某些问题（如模型变量的选择），因为它们是在学习的过程中涌现的，但却要考虑另外一些（如深度神经网络的层数、参数数量和学习率），而对模型这些特性的认知科学和神经生物学解释将超出我们在这里讨论的范围。

*　*　*
*　*
*

6.6 怎样理解生成过程？

在主动推理架构中，生成过程描述了推理的主体所在环境（外部世界）的动力学，该过程决定了主体的观察（见图6-1）。我们在描绘了主体的生成模型后才界定生成过程，感觉是有点怪，毕竟我们在开始建模的时候，脑子里就要对任务（和生成过程）有个概念，所以假如把整个过程反转过来，先设计生成过程，似乎就合理得多了——特别是某些类游戏的或涉及机器人的任务场景（Ueltzhöffer, 2018；Millidge, 2019；Sancaktar et al., 2020）会需要生成模型在情境化的互动中学习。

之所以直到现在才关注生成过程，是因为在本书谈及的许多实践应用中，我们直接假设生成过程与生成模型的动力学是一致的，或至少十分接近。换句话说，我们通常假设主体的生成模型是对生成其观察的过程的近似模拟。这并不是说主体拥有关于环境的方方面面的知识。事实上，即便主体了解生成其观察的过程，其对（比如）该过程的初始状态可能也并不确定，就像苹果—青蛙一例所展现的那样。在离散时间模型中，这意味着生成模型和生成过程能用同一个 **A** 矩阵来刻画，但主体对初始状态的信念（**D** 向量）虽然是生成模型的一部分，却可能不同于生成过程真正的初始状态，甚至与其完全矛盾。而且我们要特别留意，即便生成模型和生成过程可以用相同的矩阵 **A** 和 **B** 来刻画，它们的含义也是不同的：对应生成过程的矩阵表示环境的客观特征（在贝叶斯模型中有时称为"测量分布"），对应生成模型的矩阵则编码了主体的主观信念（在贝叶斯模型中称为"似然函数"）。

当然，排除最简单的情况，生成模型和生成过程的矩阵不必非得是一致的。在主动推理架构的实际应用中，我们总能分别指定生成过程和生成模型——要么用不同的方程，要么用不同的方法。就比如以行动为输入，以观察为输出的游戏模拟器（Cullen et al., 2018），其内在逻辑同行动—知觉环路十分相符，而正是后者界定了推理主体的马尔科夫毯（图6-1）。

生成模型与生成过程的相似或相异有其哲学内涵（Hohwy, 2013; Clark, 2015; Pezzulo, Donnarumma et al., 2017; Nave et al., 2020, Tschantz et al., 2020）。根据前述"优秀调节者定理"（Conant & Ashby 1970），适应性的生物体必须"拥有"或"成为"其参与调解的系统的模型，不过达成这一目的可以有多种方法。其一，正如我们已经看到的那样，生物体的生成模型可以（至少在相当程度上）是生成过程的模拟，鉴于内部状态与环境状态高度相似，像这种模型就被称为"外显模型"或"环境模型"。其二，生物体的生成模型可以比生成过程简练得多（甚至可能与后者截然不同），只要它正确地捕捉到了环境的某些方面，能让生物体足够理想地适应环境并达成自身的目标即可。像这种模型就称为"感知运动模型"或"行动导向的生成模型",因为它们编码了行动与观察的权变关系(即"感知运动权变"),其主要功能是支持目标导向的行动,而非准确地描绘环境。

我们只需要再次设想一下(比如)那只走迷宫的老鼠,就能理解外显模型与行动导向的模型间的差异。对这只老鼠来说,面前总有些岔路,一些能走通,一些是死胡同。一个外显模型就像一份关于迷宫的认知地图,细致地刻画了外部实体,包括特定位置、岔路和死胡同。有了这个模型,老鼠就能找到食物或逃出迷宫——它只要比对大脑中的"地图"就行了!相比之下,一个行动导向的模型编码的可能仅仅是一种权变关系,存在于胡须的运动和外物的触感之间。有了这个模型,老鼠就能根据当下的情境选择合适的行动策略,比如前进(在它没有经验或预期任何触感时)或转弯(在其余情况下)。最终,老鼠还是能找到食物或逃离迷宫,而不需要外显地表征什么位置、岔路和死胡同。这两种模型分别对应两种关于主动推理架构的哲学描述:要么将生成模型视为对外部环境的"重建"(外显模型),要么将其视为行动的精确控制系统(行动导向的模型)。

最后,正如形态计算领域的研究(Pfeifer & Bongard,2006)所揭示的那样,对生物(比如老鼠)的一些控制可以被"外包"或"下放"给身体来实施,因此无需生成模型编码。基于被动动力学的行走机器人就是一个例子,这些机器人的结构和人体很像,它们有两条"腿"和两只"手",而且无需传感器、电机和控制器就能在

122　　斜坡上行走（Collins et al., 2016）。可见运动（或其他能力）的至少某些方面是可以由身体机制实现的，当然身体机制要能巧妙利用环境中的各种权变关系（比如体重和体型要恰到好处以免滑倒），如此，就不用将这些权变关系编码在生成模型中了。这就为设计主动推理主体（及其身体）提供了另一套方案——它们不用必须是所在环境的优秀模型了。不过，以上这些设计主动推理模型的方法并不是互斥的，在实践中，这些设计思路能合理地结合，而这取决于我们关注的具体问题。

* * *
* *
*

6.7 基于主动推理架构执行数据的模拟、可视化、分析和拟合

在大多数实际应用中，一旦定义了生成模型和生成过程，就能使用主动推理的标准程序——根据自由能泛函，借助梯度下降算法调整主动状态和内部状态——获取数值解。按理说建模者的目标包括数据的模拟、可视化、分析和拟合（也就是基于模型的数据分析），支持这种数据分析的主动推理标准例程可见 https://www.fil.ion.ucl.ac.uk/spm/，附录 C 则为使用这些例程提供了附带注释的实例。

虽说在大多数情况下主动推理程序都是现成的，但依然有一些实际应用可能涉及有针对性的微调。比如我们能通过改变计划的时间深度，指定在预期自由能的计算中要考虑多少种未来状态。当要在较大的状态空间中应用主动推理架构时，就可以设定有限的时间深度，辅以其他对穷举搜索的近似，比如取样（Fountas et al., 2020）。

调整主动推理标准程序的另一种手段是选择性地去除预期自由能方程的一些成分。这种操作可能有助于对比（基于预期自由能的）标准主动推理架构与其"简化版本"。去除预期自由能的一些成分后，这些简化版本在形式上就更类似于（比如说）KL 控制或效用最大化系统（Friston, Rigoli et al., 2015）了。不仅如此，我们还能用

一些额外的机制，比如习惯的形成（Friston，FitzGerald et al., 2016）或学习率的调整（Sales et al., 2019）来补充主动推理架构，但要用自由能最小化来理解这些额外机制，以保持主动推理架构的规范色彩。

最后，对主动推理程序的其他微调或更改可能有助于理解推理失调及某些精神病理状况。比如说，我们能通过调高（或调低）神经调质的水平，强化（或抑制）生物所拥有的生成模型的先验，考察行为和神经层面的相应后果。第 9 章将展示一些与精神病理现象有关的主动推理模型的实例。

* * *
* *
*

6.8 总结

我们在这一章展示了设计主动推理模型最为重要的原则和必然依循的步骤，为应对建模过程中常见的挑战提供了一些指导。当然这并不是说实际的建模工作就必须按部就班，一些步骤可以变更顺序（比如可以在设计生成模型前确定生成过程）或并行实施，但通常而言，这些步骤都是必不可少的。本书的剩余部分将借助一系列旨在展示本书前半部分提出的理论原则的例证，将这些理念付诸实践，不同例证仅在本章强调的设计原则上相互区别。我们将展示具有不同边界的系统在不同时间尺度上的离散或连续的动力学，对于这些系统，先验信念的选择是在许多不同的领域再现特定行为的基础——这一切都是主动推理基本逻辑的体现。

*　*　*
*　*

主动推理

Active Inference

心智、大脑与行为的自由能原理

7

离散时间的主动推理

那些我没法创造的,我没法理解。

——Richard Feynman

7.1 介绍

到目前为止,我们一直在相对抽象的水平上探讨主动推理的各项原则。这一章将引入具体的例子,包括如何在实际环境中确定我们要解决的问题。我们将关注的模型要处理离散时间的分类变量。借助一系列实例,我们将展示复杂程度各异的模型,涉及知觉推理、决策、信息搜集、学习和多层推理。选择这些例子是为了尽可能简单直白地突出主动推理方案的一系列涌现特性,包括可测量的生理学和行为表现。

7.2 知觉推理

我们先考虑知觉推理，以及第 4 章介绍过的离散时间模型的反演。我们将在本章中构建一个完整的部分可观察的马尔科夫决策过程（POMDP），但要从 POMDP 的一个特殊情况开始，也就是说，我们可以先不考虑决策和行为：构建一个隐马尔科夫模型（hidden Markov model，HMM），以实现对序列事件和分类变量的知觉推理（见图 7-1）。举一个简单的例子。想象你在听一段音乐，对应的那些写在谱子上的音符就属于隐藏（未被观察的）状态，你实际听见的音符的序列就是知觉的（观察到的）结果。如果演奏者足够专业，隐藏状态和知觉结果间就存在很强的对应关系；但如果演奏者只是

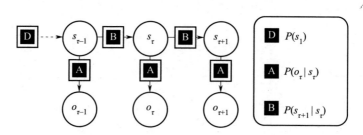

图 7-1 这个隐马尔科夫模型使用第 4 章介绍过的同样的符号来表示依时而变的状态序列（s）

每一时点都会产生一个可观察的结果（o），每一时点的状态只取决于上一时点的状态（这种依存关系用 **B** 来表示）。序列中的首个状态具有先验概率 **D**，从状态生成结果的逻辑满足似然分布 **A**。这种对 HMM 的规范是通用的，选择不同的 **A**、**B** 和 **D**，就能界定不同的生成模型。

个半吊子，从应该演奏的音符到实际听到的音符的（似然）映射中就可能存在额外的随机性。在上述场景中，如果你拥有音符间序列关系的概率性先验知识，就依然有可能推出哪个调子对应于哪个音符。

听半吊子演奏音乐的过程可以像这样形式化：首先我们要决定演奏者的可靠性，也就是他能在多大程度上准确地按下琴键（结果），奏出他打算演奏的音符（隐藏状态）。我们用 **A** 矩阵表达这种可靠性，该矩阵的元素即给定状态（列）下生成特定结果（行）的概率。比如这样设定：

$$\mathbf{A} = \frac{1}{10} \begin{bmatrix} 7 & 1 & 1 & 1 \\ 1 & 7 & 1 & 1 \\ 1 & 1 & 7 & 1 \\ 1 & 1 & 1 & 7 \end{bmatrix} \tag{7-1}$$

意思是，在 70% 的情况下，演奏者都能弹准。接下来，我们要决定 **B** 矩阵中的转换概率，也就是给定当前状态（列）时下一状态（行）的概率：

$$\mathbf{B} = \frac{1}{100} \begin{bmatrix} 1 & 1 & 1 & 97 \\ 97 & 1 & 1 & 1 \\ 1 & 97 & 1 & 1 \\ 1 & 1 & 97 & 1 \end{bmatrix} \tag{7-2}$$

意思是，第一个音符有97%的概率后接第二个音符，第二个音符有97%的概率后接第三个音符，以此类推。如果我们知道演奏的曲子一定是第一个音符打头，就能设定先验概率：

$$\mathbf{D} = \begin{bmatrix} 1 \\ 0 \\ 0 \\ 0 \end{bmatrix} \quad (7\text{-}3)$$

式7-1到式7-3加在一起就界定了如图7-1所示的HMM生成模型。换句话说，它们描述了关于某个半吊子如何演奏一段音乐的信念。使用式4-12并代入我们的生成模型，就能模拟由一系列结果引起的贝叶斯信念更新的动力学（见图7-2）。请注意，数据在依时累积，信息水平（左上图）也在不断增长，除了在第三时间步，因为一个意料之外的结果就产生在这个时点。对此可以做两种解释：也许演奏者想要演奏的音符确实出乎我们的意料（见式7-2），但这种解释不太可能，因为根据模型的矩阵 $\mathbf{B}$，意料之外的转换概率极低。另一种更可能的解释是我们的半吊子演奏者弹错了键。右上图第三列表明，这正是我们模拟的聆听者采纳的解释。不过，他也为第一种解释赋予了一个非零的概率。像这种报告不确定性的能力恰恰体现了主动推理架构的"贝叶斯属性"。

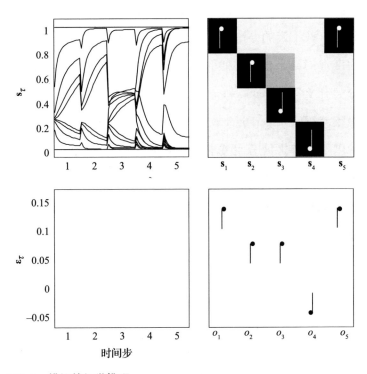

图 7-2 模拟的知觉推理

图片展示了基于正文中生成模型的信念更新的过程。左上图：关于序列中各时间步的各个音符的信念（后验概率）。右上图：由于这些信念对应的数值难以追踪，本图描绘了在听到每个音符后该序列结束时的信念（回顾性信念）。不同列代表不同时间步对隐藏状态的（回顾性）信念，不同行代表该隐藏状态的不同假设。阴影越深，其对应的音符越可能出现（黑色表示概率为1，白色表示概率为0）。左下图：依时而变的（负）自由能梯度（即预测误差）。左上图信念的变化率由各时间步的误差值决定。右下图：呈现给聆听主体的音符序列（聆听者在第一至第五时间步实际接收的观察）。注意：聆听者在第三时间步（o_3）听见了音符2（右下图第三列），但推测演奏者可能更想演奏音符3（右上图第三列）。

我们可以用各种方式将这个模型复杂化，对状态空间做因子分解就是最直截了当的办法（Mirza et al., 2016），比如区分音符的音高和力度（对结果也做类似的区分）。在视觉推理任务中，我们可以区分"什么"（what）和"哪里"（where），这种区分在神经生物学中很流行（Ungerleider & Haxby, 1994）。接下来，我们就将利用这种因子分解来区分可受相关生物影响的状态和无法受此影响的状态。关于这种模型（不涉及行动）以及可借助最小化自由能反演模型的神经消息传递方案可见 Parr 和 Markovic 等人（2019）的研究。

* * *
* *
*

7.3 作为推理的决策与计划

上述 HMM 展示了一种非常简单的，基于结果序列的分类（离散）推理。然而这种推理只能支持非常乏味的生活，一些简单的生物（比如固着底栖生物）就过着这样的生活。有自主性的生物显然不仅仅是感官数据的被动接收者。相反，它们会积极主动地改变自己身处的环境，并与自己感知到的事物（"感知圈"）进行双向交流。这凸显了将 HMM 转换为 POMDP 的重要性，因为我们不仅要推测环境如何变化，还要推测自己选择的行动方案将如何改变环境，以及据此应如何选择行动方案。

图 7-3 就展示了一个 POMDP 生成模型。它和第 4 章介绍过的模型一样，我们已梳理过基于这类模型的推理的细节。注意该模型与图 7-1 所示的 HMM 在结构上很像，只是多出了一个额外变量（π），转换概率（**B**）就以它为条件。这意味着我们可以接受关于状态动力学的一系列备择假设，这些假设可以看作是计划，供生命有机体做出自己的选择。根据这种见解，行动策略的评估等同于模型的比较，策略只是生物观察到的（也是它自己生成的）感知序列的解释变量。

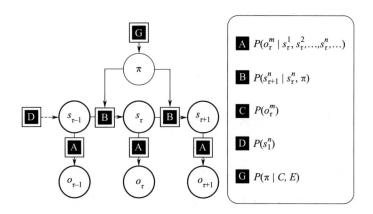

图 7-3　图 4-3 所示的 POMDP

根据隐藏状态因子和感知结果对概率分布做了展开。（图 7-1 是该结构的特殊情况。）有三点需要注意：第一，对隐藏状态的因子分解意味着在 **A** 所代表的分布的条件集中（潜在地）存在许多状态因子，无法再用矩阵来编码——这个分布已变成了一个张量对象，其中每个索引都对应一个状态因子。第二，区分感知结果的不同模态意味着每个模态都将对应一个 **A** 张量。第三，虽然在右侧"面板"上有 **C** 和 **E**，但在左侧因子图中并未显示，因为它们只能经由关于行动策略的先验信念进入生成模型。另见 Parr & Friston（2018d）和 van de Laar & de Vries（2019）。

图 7-3 中的模型与第 4 章介绍的略有不同：它允许对状态和结果做因子分解（分别以上标 n 和 m 体现）。这样做的好处显而易见：我们一直都在对视觉世界做因子分解，比如区分一个物品"是什么"（身份）和"在哪里"（位置）。显然，要表征身份与位置的每一种可能的组合是极不经济的（会产生很高的复杂性成本），因为身份通常不因位置而异，反之亦然。从身份和位置出发对时间做因子分解（Friston & Buzsaki, 2016）也是这种考量的反映：在这个阶段引入这种因子分解的好处是，我们可以将生物能控制的与不能控制的世界状态区分开来：对前者而言转换概率因策略而异，对后者则不然。

有了这些准备，我们就能引入一个简单的任务了（Friston, FitzGerald et al., 2017）。该任务涉及计划，可展示应用 POMDP 的主动推理的一些重要特征。我们假设一只老鼠身处 T 字形迷宫中间，在它眼前有两条岔路，左岔路尽头设置有厌恶性刺激（惩罚），右岔路尽头设置有吸引性刺激（奖励），身后的通道尽头则设置有线索，提示了两种刺激的具体位置。这意味着老鼠（大体上）可以有两套行动方案：它可以直接选择一条岔路，这样有可能获得奖励，当然也有遭受惩罚的风险；当然它也可以选择返回去寻找线索，再根据提示选择走进那条最有可能获得奖励的岔路。

老鼠面对的是心理学研究中经典的"探索—利用"两难问题，它能借助主动推理化解这种困境，具体办法是最小化预期自由能，这取决于它对行动策略的先验信念。简单地说（具体细节见第 4 章），（对致力于最小化变分自由能的生物而言）最有可能被采纳的行动策略是那些能使预期自由能最小化的策略。预期自由能的数学表达式如下：

$$G(\pi) = \underbrace{\mathbb{E}_{Q(\tilde{s} \mid \pi)}\{H[P(\tilde{o} \mid \tilde{s})]\} - H[Q(\tilde{o} \mid \pi)]}_{\text{（负）认识价值}} - \underbrace{\mathbb{E}_{Q(\tilde{o} \mid \pi)}[\ln P(\tilde{o} \mid C)]}_{\text{实用价值}} \quad (7\text{-}4)$$

将预期自由能分解为认识价值与实用价值的这一步操作表明，旨在最小化预期自由能的生命有机体既有搜集信息的（认识）动机，又有实现先验信念（图7-3中的 **C**）的（实践）动机。我们将在下一小节更加深入地探讨认识价值，但直观上，它可以被简单地理解为我们在采用特定策略时能够获得的信息量。实用价值（形式上）将所有策略下感知结果的平均概率作为先验处理，这样一来，如有某个策略会产生与该先验相符的感知结果，它就更有可能被采纳，因为这种策略通常意味着更低的预期自由能。更直观地说，如果我们相信特定观察有极高的概率，就会采取行动让这种信念成真。因此，感知结果的概率之对数可视同为其他形式体系——如最优控制理论和强化学习——中的效用函数。效用和信息价值作为两大成分，构成了预期自由能，这一事实表明我们无需操心如何平衡探索与利用——二者都在服务于同一函数的优化。

要将这套逻辑应用于老鼠走迷宫的任务背景，我们就要像先前探讨 HMM 时一样形式化生成模型。图7-4 到 7-6 展示了构成当前生成模型的似然和转换概率。我们最好将这个实例仔细梳理一遍，因为它虽然简单，却能让读者了解创建一个生成模型所需的基本元素。首先我们要决定感知结果有多少模态，这反映了模型需要解释的（感知）数据，也就是我们需要指定的 **A** 矩阵的数量。当前任务涉及两种模态，模态 1 即代表外感觉数据、与老鼠在迷宫中的位置有关的"哪里"即 A^1，模态 2 即代表内感觉数据、与老鼠在找到吸引性刺激（即食物）时的体验有关的"什么"即 A^2。模态的各个水平（也就是对应各模态的可能的观察）决定了相应 **A** 矩阵的各行。决定了模态数量后，我们要决定用于解释感知数据的隐藏状态因子的数量，也就是 **B** 矩阵的数量。这里要考虑两个因素：老鼠在迷宫中的位置（4个水平），以及情境（2个水平，即吸引性刺激位于左岔路或右岔路）。现在，我们需要对应隐藏状态的每一种组合确定各感知结果的概率。情境1如图7-4所示，情境2如图7-5所示。对模态1，A^1将每个位置与概率为1的感知结果关联了起来。线索可以是"向左"也可以是"向右"，取决于情境。对模态2，A^2将老鼠

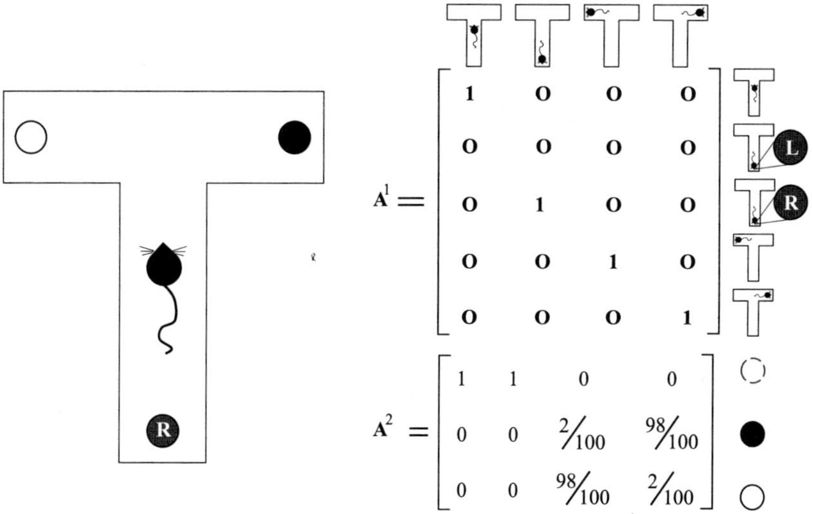

$$A^1 = \begin{bmatrix} 1 & 0 & 0 & 0 \\ 0 & 0 & 0 & 0 \\ 0 & 1 & 0 & 0 \\ 0 & 0 & 1 & 0 \\ 0 & 0 & 0 & 1 \end{bmatrix}$$

$$A^2 = \begin{bmatrix} 1 & 1 & 0 & 0 \\ 0 & 0 & 2/100 & 98/100 \\ 0 & 0 & 98/100 & 2/100 \end{bmatrix}$$

图7-4 情境1下的似然

左图：T字形迷宫及线索和刺激的布置。吸引性刺激位于右岔路，厌恶性刺激位于左岔路。右图：似然或观察模型，包括从位置到外感觉线索（A^1）以及从位置到内感觉线索（A^2）的概率映射。这些矩阵中的元素代表行末感知结果的概率（以情境1和该列所代表的位置为条件）。外感觉结果即与各位置对应的视觉或本体觉输入，在线索位置则会有"向左"或"向右"的提示。内感觉结果包括"无"（虚线圆圈）、"吸引性"（实心圆圈）和"厌恶性"（空心圆圈）。

位于起始位置、线索位置和刺激位置时的神经处理结果关联起来了。在当前的例子中,如果老鼠遵循线索的指示走进相应的岔路,就会有98%的概率得到食物。形式上,这两个模态都是张量,因为相应矩阵中的各个元素都因(1)结果、(2)位置和(3)情境而定,而决定一个矩阵的只有(1)行与(2)列。

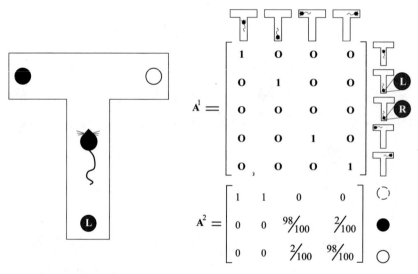

图 7-5　情境 2 下的似然

和图 7-4 几乎无异,只是在当前情境下,厌恶性刺激和吸引性刺激掉换了位置。该变化体现为线索位置的外感觉结果的概率,以及迷宫左岔路和右岔路对应的内感觉结果的概率。

而后,我们要确定转换概率。B 矩阵描绘了选择特定策略(π)时从一种状态(列)转换至另一种状态(行)的概率,包括老鼠在迷宫中的位置的转换(B^1)和情境的转换(B^2)。图 7-6 展示了可控的 B^1 转换。不同的矩阵对应不同行动方案(下标)下的概率。老鼠可以从任意位置移动到任意其他位置,但无法从迷宫左右两岔

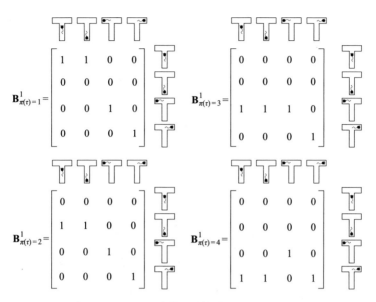

图 7-6　老鼠在不同位置间移动的可控转换概率

不同矩阵对应于不同的备择行动，老鼠能从任意状态（除了左右两岔路）移动到任意其他状态，左右两岔路为"吸引态"，老鼠一旦进入任一岔路，就必须停留在那里。

路的尽头向其他位置移动，因为这两处位置属于"吸引态"（absorbing states）。意思是老鼠只要走到了两条岔路的尽头，就要待在那儿，不管它选择什么行动。相比之下，老鼠无法控制情境（不管它身处情境 1，如图 7-4，还是情境 2，如图 7-5）。情境不会依时而变，可以写成一个单位矩阵：

$$\mathbf{B}_\pi^2 = \begin{bmatrix} 1 & 0 \\ 0 & 1 \end{bmatrix} \tag{7-5}$$

这个矩阵的每一列（与行）都代表一个状态，对应图 7-4 或 7-5。它表示不论任务始于哪个情境，该情境在整个过程中都不会改变（非说要转换的话，也只会转换成它自己）。不管老鼠选择哪种行动策略，这一点都成立。C^1 向量表示老鼠对该模态下每一种感知结果的先验偏好，可见除了对初始位置有些许厌恶（-1）以外，它对每个位置的态度是一致的。C^2 向量表示对吸引性刺激的偏好（+6）和对厌恶性刺激的抗拒（-6）。如果既无偏好又无抗拒，则表示它态度中立（0）。

$$C^1 = \sigma([-1, 0, 0, 0, 0]^T)$$
$$C^2 = \sigma([0, 6, -6]^T) \tag{7-6}$$

这些向量中元素的顺序对应于相应 **A** 矩阵各行的顺序。Softmax 函数（σ）允许我们以正值和负值（对应于未归一化的概率之对数）指定偏好，然后将其转换为概率。这就在保证归一化的同时保留了概率之对数间的差异（或相对概率）。事实上，这个式子意味着根据老鼠的生成模型，吸引性刺激的可能性是中性刺激的 e^6（≈ 400）倍。可见老鼠对吸引性刺激的偏好极强，意思是，它相信自己的行动更有可能导致吸引性的感知结果。这种对（关于行动的）推理的约束对后续行为十分关键。最后，**D** 向量确定了对初始状态的先验偏好。

$$D^1 = [-1, 0, 0, 0]^T$$
$$D^2 = \frac{1}{2}[1, 1]^T \tag{7-7}$$

这些向量中元素的顺序对应于相应 **B** 矩阵各行的顺序。D^1 向量表明老鼠对初始位置位于迷宫中间这一点是非常确信的，D^2 向量表明它在任务开始时认为两种情境（图 7-4 或图 7-5）的可能性相等。

图 7-7 展示了图 7-4 至 7-6 的生成模型的反演。最上一行是我们

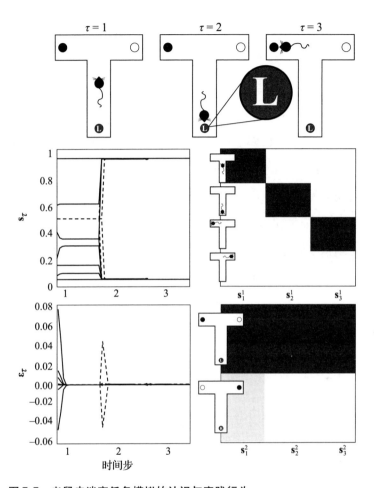

图 7-7　老鼠走迷宫任务模拟的认识与实践行为

老鼠从迷宫中间位置出发,但并未直接走进左侧或右侧岔路,而是先行选择回头对线索提示位置进行取样。该位置意味着认识价值的最大化,因为线索揭示了老鼠身处的任务情境(奖励在左侧还是右侧)。完成观察后,老鼠会迅速更新信念(s),诱发LFP(ε)。不确定性被消除后,老鼠会选择实用价值最高的行动方案,(在当前试次中)走进迷宫的左岔路。右边两幅图描绘了老鼠在试次结束时对之前所有时间的信念(这些信念是回顾性的,而不是决策时的)。(当下)它相信自己从迷宫中间位置起步,先移动到线索位置,再回头走进左侧岔路。对情境这一隐藏状态因子,老鼠自始至终都相信任务情境为"左侧奖励"。

能够观察到的老鼠的行为，它从迷宫中间位置起步，然后移动至线索位置，这是因为线索位置意味着很高的认识价值（直白地说，就是这个位置的观察有助于消除当前情境的不确定性）。在了解到线索指向左岔路（情境 1）后，老鼠走进了迷宫的左岔路，如愿得到了奖励。它之所以这样做是因为左岔路意味着很高的实用价值。图 7-7 下半部分展示了这个简单的试次中发生的信念更新。与图 7-2 一样，这里呈现的是我们期望在理想化的老鼠身上观察到的神经活动模式（也就是神经发放频率和局部场电位 LFPs）。请特别注意在第二时间步老鼠到达线索提示位置时信念的快速变化及相应的 LFP 虚线。

* * *
* *
*

7.4 信息搜集

老鼠走迷宫的模拟展示了一个权衡"探索—利用"的简单实例，这个经典两难问题的解决方案是：先搜集信息以消除不确定性，再利用推得的手段实现先验偏好。本小节将更加细致地探讨认识价值这一概念，正如式 7-4 所示，认识价值由两部分构成：

$$\underbrace{\mathcal{I}(\pi)}_{\text{认识价值}} = \underbrace{H\big[Q(\tilde{o} \mid \pi)\big]}_{\text{后验预测熵}} - \underbrace{E_{Q(\tilde{s} \mid \pi)}\{H[P(\tilde{o} \mid \tilde{s})]\}}_{\text{预期含混}}$$

$$= \underbrace{D_{KL}\big[P(\tilde{o} \mid \tilde{s})Q(\tilde{s} \mid \pi) \,\|\, Q(\tilde{o} \mid \pi)Q(\tilde{s} \mid \pi)\big]}_{\text{互信息}}$$

$$= \underbrace{E_{Q(\tilde{o} \mid \pi)}\{D_{KL}[Q(\tilde{s} \mid \pi, \tilde{o}) \,\|\, Q(\tilde{s} \mid \pi)]\}}_{\text{信息收益,显著性,贝叶斯惊异}};$$

$$Q(\tilde{s} \mid \pi, \tilde{o}) \triangleq \frac{P(\tilde{o} \mid \tilde{s})Q(\tilde{s} \mid \pi)}{Q(\tilde{o} \mid \pi)}$$

(7-8)

这两部分分别是"后验预测熵"（posterior predictive entropy）和"预期含混"。我们还可以用别的方法来分解认识价值，但要理解它这两个基本成分，可以使用视觉范式：不同的扫视（π）会导致注视点（即"位置" s）的转换。除位置外，隐藏状态还包括各个位置的刺激物（即"身份"）。刺激与注视的结合将生成视觉与本体觉结果（o）。考虑到这一点，我们可以将后验预测熵理解为关于"如果我实施这种眼动，会看到什么"的散布（或不确定性）。以科学家的角度观之，这个值量化了我们关于执行给定实验时获得的数据的不确定性。可见我们应该实施与最大后验预测熵有关的扫视眼动（或实验），因为这有助于最大程度地消除不确定性。如果我们对一个实验将会产生什么结果已十分确信，再去实施这个实验就没有什么好处可言了。

但是，预期熵只告诉了我们不确定性的总量，我们不知道在总的不确定性中有多少可以被消除。比如一台随机数生成器生成了一串数字，对其中的下一个数，我们其实是没法确定的，而且即便我们一直盯着这串数字，也无法消除对这台机器内部过程的不确定性。这就需要引入预期含混了。这个值量化了观察与状态彼此独立的程度。如果某个状态每次都会生成同样的观察，这个值就为 0；而在状态与结果间不存在关联时（比如上述随机数生成器）这个值最大。在视觉领域，这意味着最优的策略就是看向被"照亮"的刺激，此时"如果我看着这个刺激，会看到什么"几乎不存在不确定性。归根结底，这意味着最优的扫视（知觉实验）必然伴随着大量有待消除的不确定性（后验预测熵），且这些不确定性必须能够被消除（负含混）。有趣的是，这在形式上与从信息收益角度评估实验设计的统计学表达式完全相同（Lindley，1956）。

图 7-9 呈现了在模拟操纵含混和后验预测熵时的扫视范式（Parr & Friston，2017b）。图中有四个刺激物（方块），都会时不时地改变颜色。模拟眼动轨迹被绘制在这些方块上，就像我们在追踪实验被试的注视点。重要的是，我们预先规定关于不同结果的先验信念一致（即不存在实用价值），这就排除了任何基于偏好的选择。意思

是，每一次扫视都旨在最大化认识价值。当生成模型将各刺激物视为彼此等价（左图），所有方块都会以大致相同的频率被取样。然而，我们可以调整每个刺激物的不确定性（见知识库 7.1）。如果我们通过设置提高了其中一个刺激物的含混程度（提高相应 **A** 矩阵的非对角元的值），该方块就会被忽略（中图）。

> **知识库 7.1**
>
> **不确定性与精度**
>
> 图 7-7 的例子涉及精度的概念，这个概念在整本书中都很重要。精度（逆方差）衡量的是我们对给定概率分布的信心。这与概率分布的负熵（负平均信息量）密切相关：
>
> $$-H[P(s)] = \mathbb{E}_{P(s)}[\ln P(s)]$$
>
> 我们可以用一种简单的方法——借助带逆温度参数（ω）的 Gibbs 法——参数化一个分布，将它的精度调高或调低，其形式如下：
>
> $$P(s\,|\,\omega) = Cat[\sigma(\omega \ln \mathbf{D})]$$
>
> 注意，这里用精度乘以对数先验，其实就是在用它控制增益（放大神经信号，而不是增加）。图 7-8 展示了给定 **D** 的概率分布如何随 ω 的调整而改变（每一列代表一种备择状态的概率）。提高精度就意味着提高信息水平。

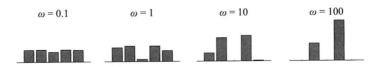

图 7-8 **D** 的概率分布如何因 ω 的调整而改变

这种参数化的方法可应用于 POMDP 中使用的任何分布。此外，我们还能定义精度的先验，并（通过最小化自由能）对其实施推理，就像对其他潜变量进行推理一样。假设先验具有 Gamma 分布（排除掉精度的负值），我们就得到了这样的更新（详见附录 B）：

$$P(\omega) = \Gamma(1, \beta_\omega)$$
$$Q(\omega) = \Gamma(1, \pmb{\beta}_\omega)$$
$$\Rightarrow \dot{\pmb{\beta}}_\omega = (\mathbf{D}^{\beta_\omega^{-1}} - \mathbf{s}) \cdot \ln\mathbf{D} + \beta_\omega - \pmb{\beta}_\omega$$

越来越多的研究表明，这种精度参数的生物基底或许是神经调节系统，它能设定神经反应的增益。第 5 章就讨论过一些证据，能将这些参数与特定神经化合物关联起来。

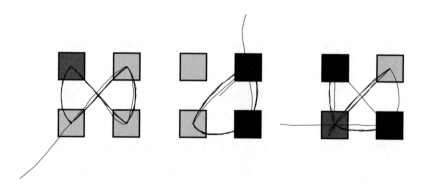

图 7-9 应用（认识性）扫视范式的模拟研究（Parr & Friston, 2017b）

眼动轨迹绘制在四个刺激物（方块）上。与各刺激物有关的转换矩阵和似然矩阵的可预测性（含混程度）各有不同。左图：当四个方块的转换矩阵与似然矩阵的可预测性相等，模拟观察者会以大致相同的频率对它们进行取样。中图：当左上方块的似然映射精度较低（更加含混），模拟观察者在扫视中会回避它。右图：当左下方块的转换概率不确定性较高，它对模拟观察者在认识上的吸引力会变得更强。

这让我们想起了著名的"路灯效应"（Demirdjian et al., 2005），该效应描绘了这样的场景：当人们在深夜丢失了钥匙，他们可能首先在路灯下寻找——不是钥匙最有可能在那里，而是从那里获得的信息质量最高，歧义最少，最有利于消除不确定性。在我们的模拟研究中，含糊的（未被"照亮"的）方块被忽略，这正是对"路灯效应"的生物信息学复刻。

相比之下，右图展示了当我们降低左下方块状态转换的可预测性时会发生什么事，这步操作确保了在预期含混不变的同时后验预测熵很高。如图所示，经此调整，该方块会被更频繁地注视，因为该位置总有亟需消除的不确定性。直观上，如果我完全了解某物的发展轨迹（动力学），能充分预测它下一步的状态变化，就没有必要老是去看它了，反之，我可能就需要时不时回头瞄它一眼，确定它的状态有没有发生变化，或发生了怎样的变化。这个模拟研究让我们能更直观地理解认识价值的两个部分，以及最小化预期自由能是怎样确保我们积极主动地选择感知数据以认识世界的。

7.5 学习与求新

7.2 至 7.4 节列出了主动推理的大多数实际应用所需的一切，但我们一概假设生成模型是已知的，并且不会因学习的影响而改变。在一些实际应用中，我们可能确实想考虑在实验期间如何习得生成模型的一个或多个部分（如，**A** 矩阵或 **B** 矩阵），或者更宽泛地说，在给定一些数据的情况下，我们如何优化生成模型本身的结构（Friston, FitzGerald et al., 2016）。这样，主动推理就拓展到了学习领域，描述信息收益的"显著性"（式7-5）也要用"新颖性"（novelty）来补充，以消除（比如）**A** 矩阵元素（式 7-1）、**B** 矩阵元素（式7-2）或生成模型中任意其他参数的不确定性。如此，这些信念就不再是已知或固定的，而是能够依时而变了（Schwartenbeck et al., 2019）。要理解这些，我们先要扩展生成模型，如图 7-10 所示，将对这些模型参数的信念囊括进来。

概念上，将有关参数的信念囊括到生成模型之中，意味着我们能将学习视为另一种贝叶斯推理——也就是关于模型参数的从先验到后验信念的转变。这就凸显了知觉与学习的基本的相似性：我们可以将知觉视为反演生成模型，从观察推测隐藏状态的过程，同样地，我们也可以将学习视为生成模型的反演（虽然这种反演通常要更缓慢），只不过在这种情况下，有待更新的还包括与模型参数有关的信念。

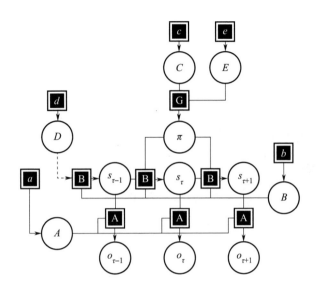

图 7-10　有关学习的生成模型

使用了和图 7-3 一样的 POMDP 结构，但决定各隐藏状态的先验现在也取决于一些变量（由圆圈表示），这些变量也都有各自的先验信念。它们在形式上为 Dirichlet 分布，与迄今讨论的离散（分类）分布共轭（见知识库 7.2）。根据这个模型，（给定状态下感知结果的）似然取决于变量 A（该变量不会依时而变），转换概率取决于变量 B，偏好取决于 C，初始状态取决于 D，形式固定的策略的先验取决于 E。通过明确关于生成模型的参数的先验信念，本图强调推理和学习都是自由能最小化的过程，但这两个过程是不同的。简言之，推理描述的是对关于世界的状态（s）以及我们的行动方式（π）的信念的优化，而学习描述的则是对关于变量间关系（A、B、C、D 或 E）的信念的优化。后者要比前者缓慢得多，或许还要以前者为前提条件。我们稍后在讨论多层生成模型时还会回过头来关注这种时间尺度上的差异。

> **知识库 7.2**
>
> ## 共轭先验
>
> 在设计如图 7-10 所示的生成模型时，为先验信念选择合适的分布很重要。通常这些先验分布要与似然共轭。一个共轭先验信念的意思是，当我们用它来做贝叶斯推理，后验信念会是同类型的分布。比如根据贝叶斯定理：
>
> $$P(D|s) \propto P(D)P(s|D)$$
>
> 如果 $P(s|D)$ 是一个分类分布，则当我们为 $P(D)$ 选择一个（与分类共轭的）Dirichlet 分布，就能确保 $P(D|s)$ 也是一个 Dirichlet 分布。形式化如下：
>
> $$\left. \begin{array}{l} P(D) = Dir(d) \\ P(s|D) = Cat(D) \end{array} \right\} \Rightarrow P(D|s) = Dir(\mathrm{d})$$
>
> 要确定先验分布的正确类型，最简单的办法就是选择与似然分布共轭的形式。鉴于当前的似然是一个分类分布，Dirichlet 分布确系先验信念（关于参数的信念）的合理分布形式（见知识库 7.2）。既然我们已将这些额外的先验信念囊括进来，就能优化关于生成模型之结构的后验信念了。意思是，我们要将这些额外的先验纳入自由能的计算（正如在第 4 章将"状态"纳入自由能的计算），进而寻找自由能的极小值。

$$\theta = (A, B, C, D, E)$$

$$F = \mathbb{E}_{Q(\pi,\theta)}[F(\pi, \theta)] + D_{KL}[Q(\theta) \| P(\theta)] + D_{KL}[Q(\pi) \| P(\pi)]$$

(7-9)

Dirichlet 分布由计数（或伪计数）参数化，计数（伪计数）表示给定分类变量被观察到的次数［对先验而言，则是"仿佛"（as if）被观察到的次数］。这些参数的更新规则的由来可参见附录 B。现在，我们可以总结一个 Dirichlet 分布的更新规则和关键性质，重点关注与 A 的先验及后验有关的集中参数 α 和 $\mathbf{a}$。

$$\mathbf{a} = a + \sum_{\tau} \mathbf{s}_{\tau} \otimes o_{\tau}$$

$$\mathbb{E}_Q[A_{ij}] = \mathbf{A}_{ij} \approx \frac{\mathbf{a}_{ij}}{\mathbf{a}_{0j}}$$

$$\mathbb{E}_Q[\ln A_{ij}] = \ln \mathbf{A}_{ij} = \psi(a_{ij}) - \psi(\mathbf{a}_{0j})$$

$$\mathbf{a}_{0j} \triangleq \sum_k \mathbf{a}_{kj} \quad (7\text{-}10)$$

第一行表达了随着一系列的观察，从先验集中参数到后验集中参数的更新，这个过程伴随着观察者信念的改变，信念关乎感知结果背后的隐藏状态。被圈住的乘号表示 Kronecker 张量积（如果它连接两个向量，则表示外积），这一步操作会得到一个矩阵，其中每个元素都是 $\mathbf{s}_\tau$ 和 o_τ 中一对元素的乘积。这种更新规则可以简单地理解为一种依赖活动的可塑性。当我们观察到一个结果，并产生一个后验信念（即该感知结果系由特定状态所导致），矩阵中代表二者间关系的元素的数值就会相应提高。第二行是用计数来解释 Dirichlet 集中参数。对一个给定状态（列），a 的各个元素表示相应的结果被观察到的次数，除以该列中元素的加和（观测或伪观测的总次数），即可得到该给定状态下各个结果的概率。要从直观上理解这种（伪）计数方法，可以回顾本章先前讨论过的例子，也就是半吊子音乐家。如果我们算出音乐家如愿弹出第一个音符（第一行第一列）、第二个音符（第二行第二列）……的次数，并分别除以她打算演奏每个音符的总次数，最终就能收敛到正确的数值，如式 7-1 所示——也就是这位音乐家有 70% 的概率能弹出她想要演奏的音符。这种计数方法有另一个重要的结果，后面还要谈到：观察前的计数或伪计数能告诉我们实际观察时更新信念的可能性有多大。想象你抛了五次硬币，五次都是正面，你也许会因此而更新信念，支持一种假设，即这枚硬币有点儿问题。但如果之前你已经抛这枚硬币抛了一百次，五十次正面，五十次反面，最近这五次正面对你（关于这枚硬币有没有问题）的信念的影响就几乎可以忽略了。第三行是一个重要的恒等式，与 Dirichlet 分布有关：该随机变量的预期对数等于两个 digamma 函数（gamma 函数的导数）的差。

这种以推理界定学习的方法凸显了主动推理和其他大多数计算神经科学/机器学习方法间的差异，后者涉及各种学习规则（如 Hebb 学习规则或误差的反向传播），这些规则要么具有生物学意义上的现实性，要么能让计算更加高效。在主动推理架构中，支配学习的更新规则衍生自一系列统计学考量，但事实证明，它们与（依赖活动的）可塑性背后的生物性规则非常相似（见以上关于式 7-10

第一行的解释）。这体现了主动推理作为规范性方法的潜力：它能从第一原则出发解释我们的大脑和行为——包括我们已经知道的和我们尚未了解的。

主动推理与多数机器学习方法的另一个区别是：前者自然地将学习描述为一个主动的过程，生物会自发地选择最合适的感知数据，以更新其生成模型。这一点显而易见，因为既然信念也可以是关于模型参数的，预期自由能就有了一个额外的项：

$$G(\pi) = \underbrace{D_{KL}[Q(\tilde{o}|\pi) \| P(\tilde{o}|C)]}_{\text{风险}} + \underbrace{\mathbb{E}_{Q(\tilde{s}|\pi)}\{H[P(\tilde{o}|\tilde{s})]\}}_{\text{含混}}$$

$$+ \underbrace{\mathbb{E}_{\tilde{Q}(\tilde{o},\tilde{s},\theta|\pi)}[\ln Q(\theta) - \ln P(\theta|\tilde{o},\tilde{s})]}_{\text{参数信息收益}}$$

$$= -\underbrace{\mathbb{E}_{Q(\tilde{o}|\pi)}\{D_{KL}[Q(\tilde{s}|\pi,\tilde{o}) \| Q(\tilde{s}|\pi)]\}}_{\text{显著性}}$$

$$-\underbrace{\mathbb{E}_{Q(\tilde{o},\tilde{s}|\pi)}\{D_{KL}[Q(\theta|\tilde{o},\tilde{s}) \| Q(\theta)]\}}_{\text{新颖性}} - \underbrace{\mathbb{E}_{Q(\tilde{o}|\pi)}[\ln P(\tilde{o}|C)]}_{\text{实用价值}}$$

$$(7\text{-}11)$$

这儿多出了"新颖性"。第二个等号引出的分解强调了显著性与新颖性的关系。简而言之，显著性之于推理相当于新颖性之于学习。这两项表达的都是在（预期）实施知觉实验（即特定策略下的行动）后信念的变化。在搜集数据后信念改变得越明显，实验的效果就越好，这对知觉实验和科学实验都是一样的。前述抛硬币数次数的类比在这里就很好用。如果我们有两枚硬币，可以抛任意一枚，则假如我们希望让信念改变得尽可能明显，显然可以选择之前只抛过五次的那枚硬币，而不是抛过一百次的那枚。抛前一枚（不熟悉的）硬币意味着更高的新颖性水平。总之，假如我们对先验信念十分自信（或不确定），就"仿佛"先前观察的次数足够多（或不够多），则检验变量的行动策略就将意味着更低（或更高）的新颖性水平。

为赋予这套逻辑一个应用场景，我们可以想象一只高度近视的生物站在瓷砖地板上。它只能看见自己脚下那块瓷砖的颜色，而且每次移动只能挪到相邻的一块瓷砖上。如果地板的面积足够大，瓷砖的数量足够多，要将每一块瓷砖的颜色表征为不同的隐藏状态，计算成本就过于高昂了。但我们其实能采用一种更简单的模型。如果我们规定隐藏状态只表示位置，感知结果只表示颜色，就能用一个从位置生成颜色的 A 矩阵将这只生物的（关于"如果我向那边走，会看见什么"的）信念用一种非常高效的方式表征出来。通过积累 Dirichlet 参数（式 7-10），我们的模拟生物能基于观察优化这些信念。这可以被解释为一种突触记忆，而不是在维系神经元的持续活动，以表征关于某一特定瓷砖的颜色。当我们有了这种生成模型，当所有的不确定性都蕴含在似然分布的参数中，看看模拟的生物在没有任何偏好的情况下会作何反应就很有意思了（此时式 7-11 中的"新颖性"主导了行动策略的选择）。图 7-11 展示了一个模拟研究的例子，这个简单的任务环境由 64 块黑白"瓷砖"构成，模拟生物每观察到一块瓷砖，它的（关于在那个位置会观察到黑色或白色的似然的）信念就会随着 Dirichlet 参数的积累而更新。既然观察前的

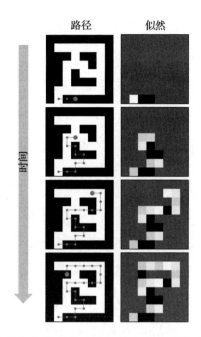

图7-11 模拟生物如何借助主动学习探索黑白"瓷砖"铺成的简单世界（Bruineberg et al., 2018；Kaplan & Friston, 2018）

左侧列：由黑白"瓷砖"铺成的区域以及模拟生物的移动轨迹，各点代表它访问的位置。右侧列：模拟生物的 A 矩阵，代表它关于自己移动到不同位置时能看见什么的信念（以归一化的 Dirichlet 计数表达）。如果该生物十分确定某个位置的瓷砖是白色（或黑色）的，该矩阵中相应的单元就是白色（或黑色）的，灰色表明它对这个位置的颜色不确定。重要的是，这些信念会影响模拟生物的移动轨迹，这种影响是通过预期自由能中的"新颖性"实现的。如果模拟生物对一些位置的颜色十分自信，探索这些位置就很难有消除不确定性的效果，因此它不太会重复访问这些位置。换言之，"返回抑制"现象（Posner et al., 1985）自然会从预期自由能最小化的过程中涌现出来。

计数（伪计数）越大，信念越不容易有明显的更新，最小化预期自由能就意味着要降低与行动策略相关的新颖性水平，这也导致我们的模拟生物倾向于回避它先前访问过的那些位置。

这套逻辑也可用于其他一些范式（比如说，若我们将模拟生物的行动路径重新解释为眼动扫视路径，就能研究主动视觉取样了）。已有研究者应用这套逻辑模拟"目标取消任务"引发的各种视觉搜索行为（Parr & Friston, 2017a），在此情况下积累 Dirichlet 参数所需的短期可塑性之后也得到了证实（Parr, Mirza et al., 2019）。

我们已经能用主动推理架构来解释学习，同样也有可能（至少）再进一步，考虑将其应用于"结构学习"：结构学习的过程不仅涉及模型参数的优化，还涉及模型的选择：不同模型的参数数量可能有多有少。知识库 7.3 展示了一些具体的做法，涉及对不同的候选模型（假设）进行高效的事后比较。我们曾用类似方法来解释睡眠（Friston, Lin et al., 2017）和静息自发活动（Pezzulo, Zorzi, & Corbetta, 2020），它们的特点是虽然没有搜集到新的数据，但模型的结构依然会得到改进与简化。

> **知识库**
> **7.3**

结构学习与模型简化

7.4 节关于（实践）学习的讨论很重要，但并不完全。对世界结构的了解有不同的复杂性水平，比模型参数的优化更加复杂的是模型结构的扩展或修剪。这些问题属于模型比较（Friston, Lin et al., 2017）。换个说法，也就是"假如我（例如）去掉一个似然矩阵中的某些元素，自由能会增加还是减少？"。通过比较去除了这些元素的和未去除这些元素的模型，我们就能回答这个问题。然而，反演多个模型的成本是很高的。幸运的是，我们有一种比较高效的手段，它被称为贝叶斯模型简化（Bayesian model reduction，见 Friston, Litvak et al., 2016; Friston, Parr, & Zeidman, 2018），只需要反演一个完整的模型即可。在一般情况下，完整的模型和具有备择先验（用~表示）的模型之间的比较可以通过以下公式来实现：

$$\Delta F = F[\tilde{P}(\theta)] - F[P(\theta)] = \ln \mathbb{E}_{Q(\theta)}\left[\frac{P(\theta)}{\tilde{P}(\theta)}\right]$$

$$\tilde{Q}(\theta) \propto \exp[\ln Q(\theta) + \ln \tilde{P}(\theta) - \ln P(\theta) + \Delta F]$$

如 7.5 节使用 Dirichlet 先验时，模型比较的公式为（B 表示多元 beta 函数）：

$$\Delta F = \ln B(\tilde{d}) - \ln B(d) + \ln B(\mathbf{d}) - \ln B(\tilde{\mathbf{d}})$$

$$\tilde{\mathbf{d}} = \mathbf{d} + \tilde{d} - d$$

这种形式的模型简化对于理解睡眠期间可能发生的离线模型优化也许很重要。在第 8 章中，我们将在讨论含离散与连续成分的多层模型的优化时简要地回顾贝叶斯模型简化。

*   *   *
*   *
*

7.6 多层（深度）推理

在上一节中，模型的扩展是以界定生成模型之参数的先验为基础的。图 7-12 展示了另一种多层结构，涉及多个时间尺度的嵌套。这种模型适用于多层（深度）推理，可视为图 7-3 所示的简单生成模型的分层扩展：它包括一系列 POMDP 模型，它们的层级水平较低，结构与图 7-3 中的模型一样（已用虚线框出了一个例子），且都以一个高层 POMDP 为情境。

重要的是，这个生成模型包含多个变量，其演化在不同的时间尺度上进行：高层变量演化得较为缓慢，低层变量则变化得较为迅速（Friston, 2008; Friston, Rosch et al., 2017; Pezzulo, Rigoli, & Friston, 2018）。这在图中其实是很明显的：第一层 POMDP 模型的演化会跨越三个时间步，但每一段这样的状态/结果轨迹都只取决于高层（第二层）的单一状态，该状态在低层模型的整个演化过程中保持不变。换言之，高层模型的每一时间步都对应低层模型的多个时间步（在这个例子里是三个）。

要更直观地理解对不同时间尺度的区分（这也是深度时间推理的基础），不妨以一种简单的日常活动——阅读——为例。我们对单词做推理，单词组成句子，句子组成段落，段落组成章节，章节组成书本，书本组成类别，类别组成一整座图书馆……如果将图 7-12 中的每一个低层状态理解为一个单词，则每一个高层状态就可以理解成一个句子。重要的是，围绕句子的推理要比围绕构成该句子的单词序列中任一单词的推理所需的时间更长。

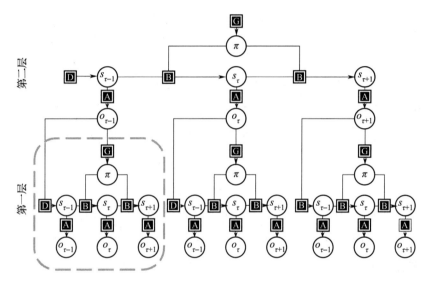

图 7-12 我们可以扩展图 7-3 的（简单）生成模型，以实现涵盖多个时间尺度的多层（深度）推理

扩展后的模型包括一个变化缓慢的情境（第二层），它会在第一层生成一系列变化较快、时长较短的轨迹。高层和低层的 POMDP 在形式上是一样的（虚线框出了一个低层 POMDP），唯一的区别是，高层 POMDP 在依时延伸（沿水平方向）时生成的结果无法直接被观察到，而是作为低层的经验先验进一步生成可观察的结果。

关于这个例子，图 7-13 的描述要更具体些。它是以 Friston、Rosch 等人（2017）的研究为基础的，原文中有更多的细节。该模型的结构很像图 7-12，可表征一门非常简单的"语言"的单词（低层）和句子（高层）。这门"语言"一共就只有三个单词（flee、feed 和 wait），能排列成六个不同的句子，每句含四个单词。如果一个句子是"flee wait feed wait"，高层会预测单词"flee"将出现在低层 POMDP 的第一位，"wait"将出现在第二位……在低层，我们的推理要从一个（基于高层的）经验先验（**D**）出发，它告诉我们哪个单词最有可能出现。举个例子，如果我们拥有一个关于不同句子的均匀分布（如图 7-13 上图所示），则三分之二的句子里，第一个单词为"wait"，在剩下的三分之一的句子里第一个单词为"flee"。这意味着在第一个低层 POMPD 的第一时间步，我们的 **D** 向量会像这样为各单词分配概率值。

而后，低层的单词会生成观察（即视觉输入），这当然取决于观察者注视该单词的哪个具体位置。和图 7-9 的例子一样，POMDP 允许观察者选择不同注视点，为证实或证伪每个假设（即不同的单词）积累证据。这与前述预期自由能最小化的过程是一致的，因此我们不会在这里详细展开，但也能注意到，在低层的每一时间步，关于当前单词的信心水平都在不断提高。对应图 7-13 的序列，模型的低层就在最初几个时间步（时间尺度$\tau^{(1)}$）积累了关于单词"flee"的证据。这个推理会被反向传播到高层，进而成为第一和第四个句子（都以单词"flee"打头）的证据。在接下来的几个时间步，低层为这两个句子积累的证据都一致，直到第四步（时间尺度$\tau^{(2)}$），模型会基于第一个句子的假设预测"wait"，基于第四个句子的假设预测"flee"。当低层（时间尺度$\tau^{(1)}$）推测最后一个单词为"wait"，高层

（时间尺度$\tau^{(2)}$）将推测当前句子为句子 1。最后，模型选择了正确的句子并得到了正确的反馈作为奖励。整个信念更新的过程对应的局部场电位变化如图 7-13 下图所示。

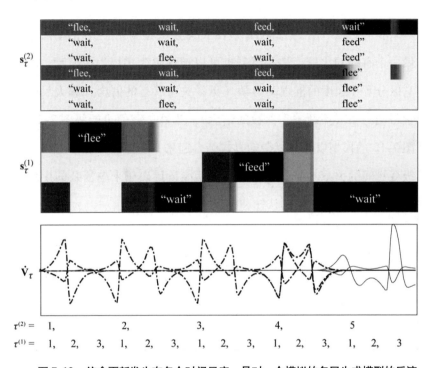

图 7-13 信念更新发生在多个时间尺度，是对一个模拟的多层生成模型的反演

该生成模型区分了两个时间尺度——演变更慢的$\tau^{(2)}$和演变更快的$\tau^{(1)}$，相应地表征句子的高层信念（$s^{(2)}$）的更新要慢于表征单词的低层信念（$s^{(1)}$）的更新。下图：局部场电位（LFPs）即期望之对数函数的变化率，与上、中图显示的预测误差（ε）成比例。

这种深度时间模型已被用于模拟阅读（Friston, Rosch et al., 2017）、延迟期工作记忆任务（Parr & Friston, 2017c），以及计算视觉推理中的经验先验（Parr, Benrimoh et al., 2018）。此外，它们在动机与控制的理论解释中也得到了应用（Pezzulo，Rigoli & Friston，2018）。原则上，这些模型可以扩展至任意多层，描述世界的深层结构并解释其如何在多个不同的时间尺度上动态演变。

我们可以对图 7-12 和图 7-13 的多层模型与图 7-10 的学习模型做一个有趣的比较。学习模型也可以被理解为多层生成模型，因为它区分了小尺度的推理动力学（更新关于状态的信念）和大尺度的学习动力学（更新关于参数的信念）。当然，我们也能将图 7-10 和图 7-12 的模型以任意复杂的方式结合起来，从而使其能够习得各层级变量间的关系本身。这样，我们就能设计出越来越复杂的生成模型，以解决系统水平的认知和神经生物学问题。

*　　*　　*
　　*　　*
　　　*

7.7 总结

在本章中，我们展示了构建离散时间生成模型，以解决一系列认知和神经生物学问题的几种方法，这些问题包括知觉推理、决策与计划、平衡探索与利用、学习参数与结构，以及求新求异。这当然算不上对离散主动推理模型具体应用的穷举，但足以让我们领略这种建模方法的许多关键原则。有了关于参数的以及对策略或偏好的情境敏感的先验，上述模型还能分层组合。重要的是，不论生成模型简单还是复杂，推理的过程总能归结为自由能的最小化——这种方法是有通用性的。各种形式的主动推理会凸显不同的生成模型（比如求新求异的基础是关于模型参数的先验），意思是，我们有可能通过设计适当的生成模型来探索一组开放的认知和生物学问题。

主动推理

Active Inference

心智、大脑与行为的自由能原理

8

连续时间的主动推理

万物皆流,无一常驻。

——Heraclitus, 501 BC

8 连续时间的主动推理

8.1 介绍

本章是对第 7 章的补充，依然是围绕如何构建生成模型的讨论。我们的重点是连续状态空间模型，这类模型非常适用于模拟感受器接收的物理波动，及动物赖以改变周围世界的效应器（如肌肉）的连续动作。连续模型的应用范围很广，本章将展示这些应用背后的原则。我们将重点介绍用于运动控制的模型，以及这些模型涉及的动力系统，并将初步探讨"广义同步"这一概念。最后，我们还将讨论离散与连续生成模型的协调。

$$* \quad * \quad *$$
$$* \quad *$$
$$*$$

8.2 运动控制

正如第 4 章谈到的那样，用于解决连续时间问题的主动推理模型可以写成一对随机微分方程，描述了状态（x）如何生成数据（y），以及状态如何依据某静态变量（v）而依时演变：

$$y = g(x) + \omega_y$$
$$\dot{x} = f(x,v) + \omega_x \tag{8-1}$$

这一对方程以及与波动（ω）有关的精度决定了用于推测感知诱因的模型。值得注意的是，行动并没有体现在式 8-1 中。这是因为（如第 6 章所述）行动是生成过程，而非生成模型的一部分。生成模型只处理那些直接受马尔科夫毯外部状态影响的变量。如果我们想描述显示世界的动力学（即生成过程），就需要将行动（u）包含进去：

$$y = \mathbf{g}(x) + \omega_y$$
$$\dot{x} = \mathbf{f}(x,u) + \omega_x \tag{8-2}$$

请注意，用于界定生成模型（式 8-1）的函数 g 和 f（以及 ω 的精度）不一定和界定生成过程（式 8-2）的一样。正如我们在第 2 至第 4 章曾讲到的，行动能改变感知数据，进而最小化自由能。这意味着我们不需要在生成模型中将行动的动力学明白地写出来——后者是从对式 8-1 中各项的选择中涌现出来的。要直观地理解这些，我们可以从一个非常简单的生成模型入手：

$$g(x) = x$$
$$f(x,v) = v - x \qquad (8\text{-}3)$$

式 8-3 说的是隐藏状态就代表了数据的预期值，其动力学与一个简单吸引子（点吸引子）一致。所谓"吸引子"，意思是当 x 小于 v，x 的预期变化率就是正的，反之亦然。也就是说 x 一定会流向 v（v 是一个吸引点或不动点）。要生成数据，我们可以界定一个简单的生成过程：

$$\mathbf{g}(x) = x$$
$$\mathbf{f}(x,u) = u \qquad (8\text{-}4)$$

最小化自由能的要求表明，行动会为实现式 8-3 的预测而改变。如果 μ 是 x 的预期值，则意味着要最小化预测数据 [$g(\mu)$] 和观察数据（y）间的差异，就要让行动（u）等于 $v - \mu$。这是对"平衡点假说"（equilibrium point hypothesis，见 Feldman & Levin，2009）的一种表述，根据该假说，运动控制是由反射弧实施的，后者会将肢体牵引至下行运动信号设定的平衡点。根据主动推理，这些信号就是预测，特别是关于（比如说）肢体预期位置或眼球预期指向的本体觉预测（Adams，Shipp，& Friston，2013）。因此运动控制是借助行动实现（本体觉）预测的结果，如图 8-1 所示。值得注意的是，主动推理架构无需指定许多其他运动控制方案（如 Wolpert & Kawato，1998）所广泛使用的"反向模型"（即从期望的结果到实现该结果的运动指令的映射）。

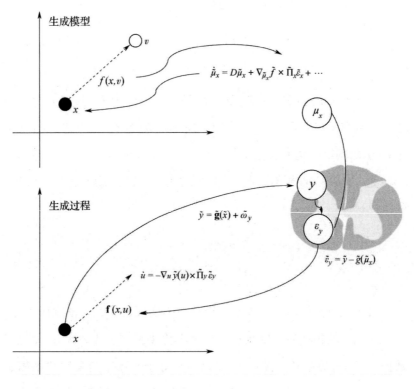

图 8-1　脊髓反射

展示了在实施行动时生成模型与（外界的）生成过程的区别。该模型假设肢体（手或其他身体部位）的位置（x）被某个点（v）所吸引。上图中的虚线描述了这种信念。关于 $x(\mu_x)$ 的信念可替代 x 并用于更新关于其变化率的信念。而后可通过生成模型中的 g 函数，用得到的 μ_x 来预测感知数据（y）。感知数据其实是由生成过程生成的（通过 g 函数），该函数以 x 的"真实"值为自变量，随后误差（ε_y）驱动行动的变化（u）以消除误差。这要借助生成模型实现，因为行动通过 $\mathbf{f}$ 确定了 x 的变化率，导致 x 移动，直至其在空间中的位置能生成与预测 $[g(\mu_x)]$ 一致的数据 y（设 ε_y 和 a 的变化率为零）。

式 8-3 描绘了用于构建生成模型的最简单的吸引子系统,但这种系统过于简单。一些更为复杂的模型涉及牛顿动力学,因此更具有现实意义。根据牛顿动力学,(肌肉产生的)力会改变速度(即产生加速度),而不是位置。如式 8-5 所明示的,其中 x_1 表示位置,x_2 表示速度:

$$f(x,v) = \begin{bmatrix} x_2 \\ \dfrac{\kappa}{m}(v - x_1) \end{bmatrix} \qquad (8\text{-}5)$$

这个方程可以描述弹簧的动力学,而且服从胡克定律。位置的变化率(第一个元素)其实就等于速度,速度的变化率(第二个元素)与当前位置和点 v 之间的距离成比例,比例常数为物体的质量(m)与(弹簧)常数(κ)的商。等号两侧均乘以质量,则两侧分别固定于点 v 和 x_1 的弹簧产生的力[1] $\kappa(v - x_1)$ 等于质量乘以速度的变化率。这其实就是牛顿第二定律。换言之,我们能写出一个生成模型,预测肢体活动的动力学,就像有一根弹簧将肢体牵拉到某个期望的位置。通过预测这套牛顿力学机制将要产生的(本体觉)数据,我们能做出动作来实现这些预测。

* * *

* *

*

8.3 动力系统

上一节表明，主动推理的连续时间方案很适合描述运动。事实上，我们能用这种方法为一切非线性动力系统指定生成模型，因为对这类系统而言，将时间和空间离散化通常是低效的。式 8-3 描述的吸引子就是一个最简单的动力系统，但系统越是复杂，它能产生的行为就越丰富。本书囿于篇幅，无法尽数枚举那些致力于为更加复杂的动力系统创建模型的研究（一些重要的进展可见知识库 8.1），因此我们将关注理解这些系统所必需的一些原则。我们将在本节概览两个这样的动力系统并创建相应的生成模型，它们分别是 Lotka-Volterra 系统和 Lorenz 系统。前者具有顺序动力学的特征，后者则属于混沌系统。

> **知识库 8.1**
>
> **精度、注意和感知抑制**
>
> 我们在第 7 章曾提及精度的重要性，它在连续时间系统中的作用也值得讨论一下。在许多方面，连续时间系统都能以一种更自然的方式处理精度这个概念，因为 Π 变量是拉普拉斯近似的直接结果。精度在推理动力学中扮演增益的角色（见图 8-1），对信念更新的不同影响由不同的精度进行加权。
>
> 将精度理解为突触增益，就能将其关联于一些重要的神经生物学

现象。从实证的角度来看，更高的精度意味着更加果断的信念更新，这种信念更新可能在电生理学研究中表现为具有早期峰值的大幅诱发反应，也可能在单细胞记录中表现为由感受野中的刺激导致的神经元发放频率的改变（乘法效应）。这些发现常被认为与加工过程中注意资源的投入有关：某一条（或几条）感觉通道得到了特别的"关照"。以主动推理的视角观之，"精度"和"注意"是同义词。我们已通过操纵精度在模拟研究中再现了一系列注意现象，比如使用 Posner 范式（Feldman & Friston, 2010），用线索来预测在两个位置中的一个出现感知刺激的精度，模拟研究再现了实证中的发现，即对线索提示位置出现的目标要比对另一位置出现的目标反应更快。

　　精度控制对运动也很重要。要理解这一点，可以设想一下缺少这层控制会怎样。首先，想象对感知数据的预测具有很高的精度，这会使相应的消息带有很高的突触增益，并导致对身体某些部位位置的准确推测。问题在于，主动推理架构中的运动指令和预测是等价的。"我没有动"的准确信念无法预测运动的感知结果，而后者对运动的启动至关重要。有了高精度的感知输入，"我在动"的信念会立即被相左的证据纠正，运动指令也就无法被执行。这给了我们一点重要的启示：要运动起来，我们必须要能忽略当前的感知结果，形成"我在动"的（一开始是错误的）信念。一旦有了这个信念，就能预测运动的本体觉结果（和其他感知结果），进而执行相应的运动（借助图 8-1 所示的机制）。这个忽略当前感知证据的过程就是"感知抑制"，它要求我们调低精度以促成运动（Brown, Adams et al., 2013; Pezzulo, 2013; Seth, 2013; Pezzulo, Rigoli, & Friston, 2015; Seth &

Friston, 2016; Allen et al., 2019)。显然,在运动间隙恢复先前的精度水平将有助于我们借助感知输入做出准确的推测。这意味着抑制和运动的循环往复(比如在扫视的过程中周期性地抑制视觉输入与抑制扫视)。认为运动就意味着悬置注意的理念与起源于19世纪的观念运动理论密切相关,该理论最早被用于解释催眠条件下的诱发运动。

Lotka-Volterra 系统可用于描述生态学研究中标志性的"猎食者—猎物"动力学。虽然已在许多学科中有所应用,但猎食者—猎物系统依然是一个十分直观的例子:在猎食者的种群规模有限时,猎物会大量繁殖,其种群规模会不断扩大。这样一来,猎食者就有了更丰富的食物来源,因此它们的种群规模也会随之扩大。大量猎食者的捕食会让猎物的数量开始减少,进而导致猎食者本身数量的下降……如此循环往复。这就产生了一种振荡模式:先是猎物的数量达到峰值,然后是猎食者,然后又是猎物……以此类推。将这套逻辑推广到两个以上的种群(比如植物、食草动物和食肉动物),就能得到一个峰值序列。图 8-2 展示了(含三个种群的)广义 Lotka-Volterra 系统,其动力学具有以下的形式:

$$f(x, v) = x \circ (v + \mathbf{A}x) \tag{8-6}$$

在这里,x 像之前一样是一个向量。符号"∘"表示对应元素的乘积。固有的出生率和死亡率由向量 v 给出,$\mathbf{A}$ 是一个矩阵,如果列索引的物种捕食行索引的物种,则其元素为正;若双方关系反转,则其元素为负。

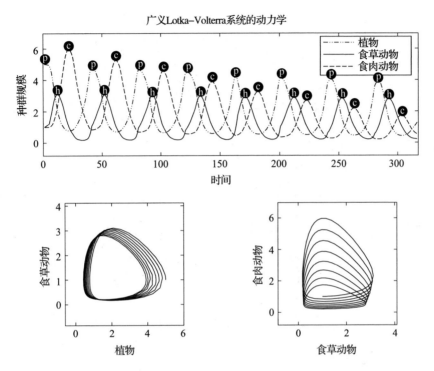

图 8-2 Lotka-Volterra 系统的广义顺序动力学与第 7 章讨论的离散顺序动力学存在重要关联

它们适用于许多类型的系统,但为便于解释,此处仅以猎食者—猎物关系为框架。上图:种群规模的依时而变。种群规模为任意单位(a.u.)。峰值已标出,表示种群在该时点具有最大规模。不断重复的 p、h、c 模式可视为含三个(未必间隔均匀的)离散时间步的序列。下图:各种群规模周期性变化模式的轨迹。

图 8-2 清楚地表明,我们可以用一个含 Lotka-Volterra 动力学的生成模型做时间排序(Huerta & Rabinovich, 2004)——取决于当前的最高峰值。可以认为每一条线都代表一种隐藏状态而不是一个物种。关于如何利用这些动力学来产生行为,图 8-3 给出了两个重要的例子。其一是以 Lotka-Volterra 系统的顺序动力学研究眨眼条件

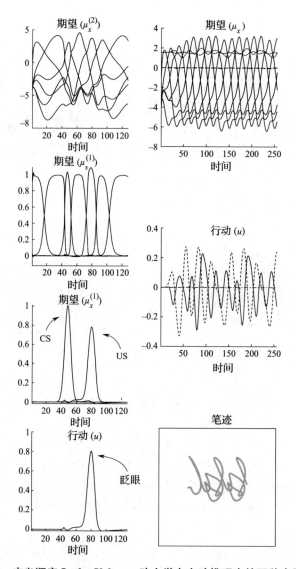

图 8-3 广义顺序 Lotka-Volterra 动力学在主动推理中的两种应用

左列：用于研究小脑功能的眨眼条件反射（Friston & Herreros, 2016）。根据左上图，最高层预期状态的序列模式类似于图 8-2，这种模式会传递至下一层（较低一层），预测隐藏诱因的序列。在下一层，第一个峰值对应的状态为条件刺激，第二个对应非条件刺激。最后，对非条件刺激的预测会诱发行动（即眨眼）。右列：基于一个特定吸引点的连续峰值（见式 8-5），该吸引点的选择要能使 Lotka-Volterra 系统的当前规模最大；对每个吸引点的顺序访问会留下类似手写文字的轨迹（Friston, Mattout, & Kilner, 2011）。

反射的多层模型（Friston & Herreros, 2016）。该范式取自小脑功能研究。非条件刺激（用气流刺激眼睛）会引起反应（眨眼），条件刺激（播放一个音调）会在多个场合下先于非条件刺激呈现。通过学习（见知识库 8.2）Lotka-Volterra 动力学中分隔条件刺激与非条件刺激的峰值数量，动物开始对气流有了预见性，并能在恰当的时机眨眼。这是一种时间学习，因为峰值的数量提供了对从条件刺激到非条件刺激的时间间隔长度的隐含估计。在第二个例子中，序列中各峰值都对应一个（备择）吸引点，由此产生的运动会访问一系列吸引点，留下类似手写文字的轨迹（Friston, Mattout, & Kilner, 2011）。这两个例子都表明，广义 Lotka-Volterra 系统作为连续动力系统，为顺序动力学的研究提供了十分有用的模型。

知识库 8.2

连续模型的学习

第 7 章曾谈到，学习就是更新关于生成模型所含参数（θ）的信念的过程。对连续时间模型而言，这意味着证据的不断积累。这就好像我们假设一系列彼此时间间隔极小的数据服从 i.i.d.（独立同分布），并创建一个生成模型，基于（非时变）参数生成观察值：

$$\ln p(\tilde{y}, \theta) = \ln p(\theta) + \int \ln p[y(t) \mid \theta] dt$$

$$\approx \ln p(\theta) - \int F[y(t) \mid \theta] dt$$

我们能以此构建一个泛函（S），作为参数的自由能（使用以参数为条件的自由能的时间积分）。借助拉普拉斯近似，我们得到了以下结果，其中 α 用于累积自由能梯度（即证据梯度）：

$$S(\theta) = E_{q(\theta)}\left\{\ln q(\theta) + \int F[y(t)\mid\theta]dt - \ln p(\theta)\right\}$$

$$\approx \int F[y(t)\mid\mu_\theta]dt - \ln p(\mu_\theta)$$

$$\dot{\mu}_\theta = \partial_{\mu_\theta}S(\mu_\theta)$$

$$= \partial_{\mu_\theta}\ln p(\mu_\theta) - \int \partial_{\mu_\theta}F[y(t)\mid\mu_\theta]dt$$

$$= \partial_{\mu_\theta}\ln p(\mu_\theta) - \alpha$$

$$\dot{\alpha} = \partial_{\mu_\theta}F[y(t)\mid\mu_\theta]$$

在主动推理架构的应用中，广义 Lotka-Volterra 系统已在很大程度上被第 7 章所讨论的 POMDP 方案所取代。但我们应该意识到，这种连续动力系统很可能是第 7 章所探讨的离散顺序动力学的基础。此外，Lotka-Volterra 系统明确区分了对序列的表征（涉及有时间深度的计划）和对变化率的表征（在广义运动坐标中，见第 4 章）：它们都有自己的位置，但适用于不同类型的问题。

第二种在主动推理研究中得到广泛应用的动力系统是 Lorenz 系统：

$$\dot{x} = \begin{bmatrix} \sigma(x_2 - x_1) \\ x_1(\rho - x_3) - x_2 \\ x_1 x_2 - \beta x_3 \end{bmatrix} \tag{8-7}$$

式 8-7 中的参数包括普朗特数 (σ)、瑞利数 (ρ)，以及一个与系统的物理特性有关的常数 (β)。系统的运行方式可能因这些参数的取值不同而产生很大的差异。Lorenz 吸引子最初被用于解释大气的对流，但其巡回（漫游）动力学启迪研究者在生成模型中借助它们模拟有挑战性的推理问题。一个重要的例子是对鸟鸣的模拟，我们将在下一节对此做出解释。这些系统也被用于模拟简单的物理系统，研究它们的行为在何种条件下开始"看似"拥有智能。图 8-4 展示了一个 Lorenz 系统在设定示例参数后的行为模式。

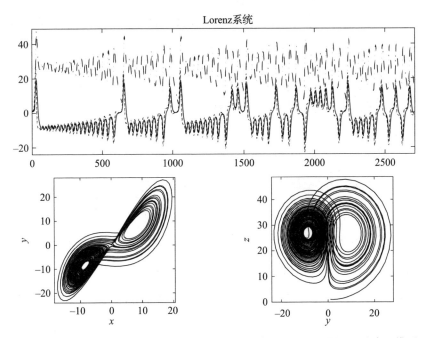

图 8-4 一个 Lorenz 系统吸引子的行为（格式同图 8-2），展示了这个三维系统的演变

显而易见的是，演变的轨迹看似混乱且难以预测：它会先在部分空间中沿难以描绘的"轨道"运行一段时间，再切换到不同的"轨道"上去。这种巡回看似拥有某种自主性，也让这个有趣的系统非常适用于研究复杂的生物现象。

8.4 广义同步

如前所述，基于合成鸟鸣的一系列研究（Friston & Frith, 2015b）是应用连续状态空间模型的重要例子。这些研究之所以重要，是因为它们涉及多主体的交流与推理问题。我们的出发点是：生物拥有将其内部状态与外界某些事物建立同步（即推理）的能力。当外界的"某些事物"是另一个拥有类似模型的生物，这种同步就意味着一个主体的内部状态会变得与另一主体的内部状态近似，由此实现了一种基本的"心理理论"。

图 8-5 展示了用于模拟鸟鸣的生成模型。在这个多层模型中，高层（第 2 层）状态依据一个较慢的 Lorenz 系统演变，以该系统的一个维度参数化较低层级（第 1 层）的较快的 Lorenz 系统的瑞利数，再将低层变量映射至感知（声像图）数据。类似于图 8-1，生成过程还包括行动，只不过这里行动不是肢体的，而是喉部的：鸟儿借助这种行动改变声像图数据。如前所述，行动是用于消除预测误差的。这意味着如果鸟儿听见了它预测的鸟鸣声，它自己就没必要出声了。但假如它听见的鸟鸣声和自己的预测不符，它就要开始鸣叫，以消除误差。

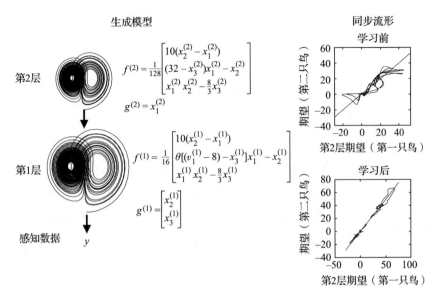

图 8-5 同步与交流

左列：该生成模型是正文描述的合成鸟鸣的基础。这是一个多层模型，每一层都有相应的 Lorenz 吸引子。右列：两只鸟生成模型的第 2 层期望的同步流形（在它们彼此学习之前以及之后）。在学习彼此生成模型的参数后，两只鸟的联合轨迹被限制在一个（几乎是）一维的子空间内，这表明二者实现了某种同步。

当两只鸟儿的生成模型结构相似，事情就更有趣了。只要一只鸟儿在鸣叫，另一只就没必要出声，因为不存在需要它消除的误差。但如果同伴不叫了，它就要开口——这就开启了某种"轮唱"，鸟儿们会"同声同气"地唱同一支"曲子"：先由一只鸟儿唱一段，再由另一只续上。这是怎么实现的呢？为什么一只鸟儿不会对同伴将"曲子"从头唱到尾？这与感知抑制有关（见知识库 8.1）。因为鸟儿要鸣叫，就要降低对自身（喉部）活动的预测的精度。而正像在扫视活动中那样，对感知（视觉或听觉）数据的关注和抑制（在扫视或出声等旨在改变感知数据的行动期间）会不断轮替。当有两个

165 主体参与进来，就意味着双方都会听一段、唱一段——由此形成了一种简单的交流。

要实现这种（准）交流，关键就是两只鸟儿要彼此同步，要知道自己该如何在同一支"曲子"（同一"会话轨迹"）中承上启下。这意味着它们对生成模型中隐藏状态的推理要彼此"对齐"。在图 8-5 的右上部分，我们呈现了两只尚未彼此优化生成模型的鸟儿的同步流形，其描绘了每一只鸟儿关于高层隐藏状态的信念的变化轨迹。同步的意思是，当一只鸟儿为隐藏状态推得一个特定值时，另一只鸟儿推理的结果应该与它一致，因此我们应该期待图中的轨迹尽可能重合于 $x = y$ 这条直线（该直线意味着"混沌恒同步"）。若轨迹在该直线周围波动，则意味着同步不够理想（如图所示）。在两只鸟儿通过互动习得了彼此生成模型的参数（见知识库 8.2）后，同步变得接近完美（右下图），这表明它们已彼此"心有灵犀"。简而言之，鸟儿们通过学习开始共享叙事，因此变得"同声同气"了。

更宽泛意义上的同步不一定要与 $x = y$ 这条直线重合。广义同步的联合行为会占据一个维度较低的空间（上面的例子中是一维），这是与该行为（原则上）可能占据的二维空间相比较而言的。然而这个低维空间（同步流形）可以是弯曲的，或者具有一些其他的形状，这就像我们在行星表面占据的二维空间其实是弯曲的，是一个三维球面。除社会行为外，广义同步（在高维联合空间中占据低维区域）还能用于刻画生物系统的推理（即内外部状态间的广义同步）。虽然这里囿于篇幅无法展开，但广义同步与推理的关联表明同步的失效可能与自闭症等神经精神综合征有关。这种同步在连续时间模型和多主体间语言交流的 POMDP 模型中都很重要（Friston, Parr et al., 2020）。

8.5 混合（离散+连续）模型

如本章及上一章所述，离散与连续模型在主动推理架构中都有重要的应用。虽然对许多任务情境而言，最合适的模型要么是这一种，要么是另一种，但更全面地看，两种模型不应彼此割裂。这意味着我们需要以某种方式将二者结合起来，让一个模型既包括连续变量，又包括离散变量（Friston, Parr, & de Vries, 2017）。这种混合模型允许我们对一系列行动计划进行推断，并借助连续模型将这些决策转化为动作。图 8-6 就展示了这样一个模型，高层为 POMDP 模型，其运行如第 7 章所述，在每一个离散的时间步都会生成一个连续模型（如本章所述）。这就实现了对一个连续时间段的分解，得到了许多较短的连续轨迹的离散序列。

要将离散的推理结果（高层）"转译"为连续的执行（低层），我们需要将不同的结果与某个连续空间中的不同的点关联起来。可以用延迟期眼动任务来更直观地解释，该任务常用于研究灵长动物（见图 8-7）。任务含三个步骤。首先，目标刺激在屏幕上（比如说）四个可能的位置之一出现，此时猴子要注视着固定在屏幕中心的十字光标。接下来，目标刺激消失，猴子必须在一段时间（即"延迟期"）内记住目标刺激的位置。最后，给猴子一个信号让它开始扫

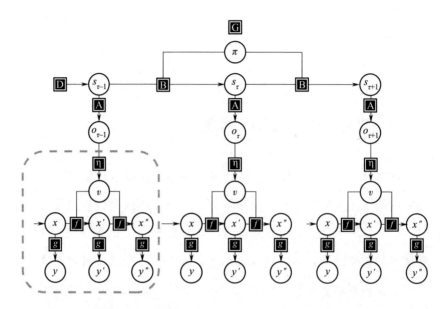

图 8-6 多层混合生成模型

很像图 7-12 中的多层模型。但高层模型与低层模型在形式上有一点重要的不同。低层模型(其一已由虚线框出)的形式与本章探讨的其他模型一致,也就是说,它们涉及的状态与时间是连续的,其构建要使用广义运动坐标。高层模型则是我们在第 7 章讨论过的 POMDP 模型,也就是说,它们涉及的状态与时间是离散的。实际上,这意味着我们能(以均匀的时间间隔)对一段连续轨迹的不同部分进行选择。

视,此时它必须望向(业已消失的)目标刺激曾出现的位置。为完成这项任务,猴子必须能推断出(1)任务序列当前正处于哪个阶段,和(2)自己要看向四个位置中的哪一个。这些问题都属于对分类变量的推理,适用 POMDP 方案。不过一旦猴子选定了目标刺激的位置,它就要实施眼动,(以一种连续的方式)改变视网膜中央凹的指向(对应屏幕上的特定坐标)。

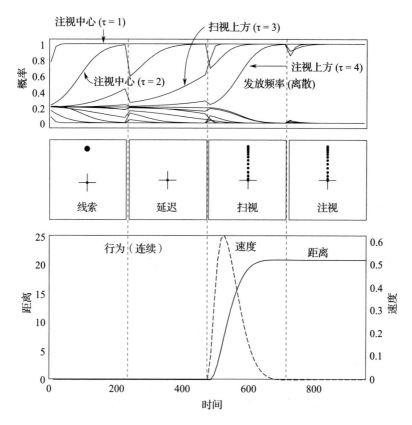

图 8-7 使用混合模型将决策转化为运动（Parr & Friston, 2019b）

这个简单的例子使用了延迟期眼动任务范式（见正文）。上图：表征关于目标位置的后验信念的神经发放频率。目标可能出现在四个不同的位置，这个实验有四个步骤，因此共有 16 个神经集群参与了各个组合的表征。与最终推得的事态相对应的线条已被注明。请注意第一时间步（从 0 到 250 毫秒，此时目标刚刚出现）和第三时间步（500 到 750 毫秒，此时猴子在向目标位置实施扫视）的信念更新。中图：行为（即从屏幕中心位置到目标位置的扫视）。在第一时间步（实验进度的前 25%），目标刺激出现在屏幕上方位置。接下来是一个延迟期，猴子要将其注视点保持在屏幕中心。而后它开始实施扫视，看向正确的位置。在最后一个时间步，它会将注视点保持在目标位置。下图：上图的离散推理导致的连续动作轨迹。

图 8-7 就展示了如何用一个混合生成模型来解决这个问题。上图是模型的高层在做分类决策：它会计算出关于四个时段四个离散目标位置的后验信念。中图和下图是模型的低层在做连续推理：它会根据高层离散推理的结果计算出连续的行为（眼动）轨迹。

要将关于离散的目标位置的决策转化为连续的眼动，每个（离散的）目标位置（o）都要与一个（连续的）隐藏诱因的分布（v）关联起来，该分布识别目标的坐标。关于目标坐标的先验可以借助这些位置的贝叶斯模型平均来计算，以 POMDP 水平的推理加权：

$$P(\tilde{v} \mid o_\tau) = \mathcal{N}(\tilde{\eta}_{o_\tau}, \tilde{\Pi}_v)$$

$$P(\tilde{v}) \approx \mathcal{N}(\tilde{\pmb{\eta}}, \tilde{\Pi}_v) \quad (8\text{-}8)$$

$$\tilde{\pmb{\eta}} = \mathbb{E}_{Q(o_\tau)}[\tilde{\eta}] = \mathbf{o}_\tau \cdot \tilde{\eta}$$

知识库 8.3　混合模型与聚类

除主动推理外，离散与连续生成模型的结合常见于聚类问题，目的是为每一个（连续的）数据点分配一个（离散的）"类"（cluster）。这种问题能用一系列算法来解决，但大都隐含地依赖一个生成模型，与这里使用的生成模型很像。以下为高斯混合模型（mixture of Gaussians）：

$$P(\tilde{y}, \tilde{s}, \mathbf{D}, \eta, \Pi) = P(\mathbf{D})P(\eta)P(\Pi)\prod_i P(s_i|\mathbf{D})P(y_i|s_i, \eta, \Pi)$$

$$P(\mathbf{D}) = Dir(d)$$

$$P(s_i|\mathbf{D}) = Cat(\mathbf{D})$$

$$P(y_i|s_i, \eta, \Pi) = \mathcal{N}(\eta_{s_i}, \Pi_{s_i})$$

聚类方法的问题是推断每个类的均值和精度（分别为 η 和 Π），以及每个数据点（y_i）属于给定类的后验概率 $P(s_i|y_i)$。就我们的目的而言（见 8.5 节），可以为 η 和 Π 设定精确的（delta 函数）先验，借助贝叶斯模型简化（见知识库 7.3）计算 $Q(s_i) \approx P(s_i|y_i)$。

要推断哪个离散目标最能解释连续数据，我们要能计算与各个假设的目标相关的证据——证据是观察到的连续数据的函数。这证明了一个事实，即混合模型需要高低层级间的相互作用。如图 8-7 所示，这让猴子得以形成关于扫视方向的信念，并能在合适的时机执行相应的动作。在第一个离散时间步（0 到 250 毫秒），猴子能比较有信心地推断自己在该时间步正注视着十字光标，在第二时间步也将继续注视该位置（直到第 500 毫秒），且其后最有可能的行动方案会让自己注视光标上方位置（见上图离散发放频率）。这些推理结果会被"转译"为连续的动作，执行这些动作将提高猴子（关于离散状态的信念）的信心水平（注意在第三时间步，即 500 至 750 毫秒之间，当连续数据可用时，扫视上方的概率会相应提高）。这个实验认知科学的简单例子展示了离散的行动计划怎样被转化为连续的动作（得到执行）。

8.6 总结

我们在本章概览了主动推理架构下连续时间生成模型的应用。这个主题十分宏大，因此难免有所遗漏（见表 8-1 延伸阅读），但我们呈现的概念体系依然为进一步探索这些模型提供了基础。特别是，我们用预测的实现来理解动作的执行。这大幅简化了运动控制问题的处理，因为我们将不再需要额外的机制或反向模型——只要有脊髓或脑干反射弧就行了。我们强调了精度和感知抑制在运动控制中的作用。鉴于连续方案的一个关键优势是从动力系统的角度刻画生成模型，我们概述了两种普遍存在的动力系统，它们在主动推理研究中得到了广泛应用。广义 Lotka-Volterra 系统可用于提供连续情境下的时间序列，Lorenz 吸引子则可生成丰富的模拟，包括合成鸟鸣。接下来，我们探讨了广义同步的概念。系统内外部状态的同步构成了推理的基础，我们用推理来解释大脑的功能和社会的运行——在社会系统中，外部状态在相当程度上由同种个体（像我一样的生物）构成。最后，我们将第 7 章的离散模型和第 8 章的连续模型统一起来，将基于 POMDP 方案的预期自由能最小化（利用和探索）、其推动的基于连续过程的动作执行，以及介导这种交互的双向消息传递结合在一起。简言之，这个过程是从决策到运动，再回到决策……如此循环往复。

表 8-1　连续时间模型的重要进展

应用	来源	注释
合成鸟鸣	Friston & Frith, 2015a Friston & Frith, 2015b Isomura, Parr, & Friston, 2019	这一系列论文涉及合成主体间的交流和互动，合成主体是一对（或一群）对唱的鸣禽。这些研究涉及广义同步、知觉推理、感知抑制等现象
眼动延迟	Perrinet, Adams, & Friston, 2014	利用建立在广义运动坐标中的模型隐含的关于近期和未来的信念，可用对未来或过去的短距投射解释感知运动延迟
条件反射	Friston & Herreros, 2016	利用基于 Lotka-Volterra 系统的模型，可习得条件刺激与非条件刺激的时间关系，用于实施有预见性的行动（比如眨眼）
平滑追踪眼动	Adams, Perrinet, & Friston, 2012	本研究探索对视觉目标的平滑追踪眼动的功能，旨在再现正常被试和精神分裂症患者在有视觉遮挡和无视觉遮挡情况下的眼动追踪的反应差异
精神病	Adams, Stephan et al., 2013	本研究基于鸣禽模型和平滑追踪模型，探索了次优的先验信念如何让精神病人产生错误的推理

(续)

应用	来源	注释
错觉现象	Brown & Friston, 2012 Brown, Adams et al., 2013	错觉提供了有用的工具，揭示了大脑如何利用先验信念处理不确定的或含混的感知输入。这些论文以一些常见的错觉现象为例，解释了它们如何因特定先验信念下的最优推理而生
扫视	Friston, Adams et al., 2012 Donnarumma et al., 2017 Parr & Friston, 2018a	类似关于平滑追踪的模拟研究，这些论文探讨了眼动控制。但在这里，眼动不追踪目标刺激，而是要移向几个可能的目标位置中的一个。研究揭示了达到上述目标需要指定的生成模型，以及由此产生的架构和生理学特征
行动观察	Friston, Mattout, & Kilner, 2011	本研究探讨镜像神经系统的作用，形式化地展示了控制我们自身行动的生成模型如何用于为我们眼中他人的行动建模，让我们得以理解和再现这些行动
注意	Feldman & Friston, 2010 Kanai et al., 2015	我们通过对精度的预测内隐地选择自己认为最有价值的数据。这套机制可用于再现基于 Posner 范式或图形—背景分辨任务的经典心理物理学发现

（续）

应用	来源	注释
混合模型	Friston, Parr, & de Vries, 2017 Parr & Friston, 2018c Parr & Friston, 2019b	混合模型结合了离散 POMDP 模型和预测编码方案，当前大多数研究针对视觉搜索行为或眼动控制。这些任务要选择"看向哪儿"并付诸实施
自组织	Friston, 2013 Friston, Levin et al., 2015 Palacios et al., 2020	该研究路线基于这样一种理念，即一群细胞能组织成预定义的结构，只要每个细胞都拥有关于该结构的内隐的生成模型。特别是它们要"知道"自己作为特定类型的细胞，应该"期待"哪种感知输入

主动推理

Active Inference

心智、大脑与行为的自由能原理

9

基于模型的
数据分析

问题不会只因为我们握着称手的锤子而统统变成钉子。

——Barack Obama

9.1 介绍

到头来，本书介绍的模型只有能回答科学问题，才有实用价值。这一章将关注如何基于主动推理架构理解实验数据，核心思想是：我们作为科学家，也能使用前几章假设大脑在使用的那些数学方法。我们的总体目标是确定被试的大脑用于生成行为的生成模型的参数，即构建"主观模型"。为此我们需要借助自己的（关于主观模型如何产生行为的）生成模型即"客观模型"：根据观察到的行为"反演"客观模型，我们就能推得主观模型的参数。这种"元贝叶斯推理"让我们能检验关于大脑所使用的模型的假设，并对个体进行基于先验信念的表型分析（若个体的行为系贝叶斯最优，则意味着其必然持有某些信念）。这种基于信念的计算表型分析在计算精神病学、计算神经心理学和计算神经病学等新兴领域颇有应用前景。

* * *
* *
*

9.2 元贝叶斯方法

本章关注主动推理架构对分析行为实验数据的作用。这表明我们已超越了前几章的原理验证性模拟研究，开始利用主动推理来解答科学问题了。我们已经知道，根据主动推理架构，主体的生成模型是其行为的关键决定因素。这意味着，既然主体要使用生成模型来选择行动方案，关于（行为实验中）实测数据之诱因的假设就必须根据这些（可供选择的）模型来构建。因此我们的挑战是：通过操纵生成模型的参数（即关于生成模型的先验信念），让主动推理方案与实际观察到的数据相匹配。

大体而言，之所以要匹配计算模型与观察数据，有两点（彼此相关的）理由。一是要对模型中我们感兴趣的参数进行估测，使该模型最能解释特定被试或被试群体的行为。如此，我们就能用生成主观行为的计算来描述这些行为，这被称为计算表型分析（Montague et al., 2012; Schwartenbeck & Friston, 2016; Friston, 2017）。计算表型分析能与其他措施结合使用（比如在神经成像发现和相应功能之间建立关联），也能单独用于预测其他环境中（比如治疗干预后）的行为。

第二点理由是要对不同的假设（也就是可供选择的不同的模型）进行比较，这些假设代表了对特定行为现象的不同解释（Mirza et al., 2018）。这两点——参数估测和模型比较——形式地体现在贝叶斯定理的结构中。参数估测要求一套参数在特定模型下的后验概率，模型比较则要求各模型的边缘似然（即证据）。回顾一下贝叶斯定理：

$$\underbrace{P(u|\theta,m)}_{\text{似然}} \underbrace{P(\theta|m)}_{\text{先验}} = \underbrace{P(\theta|u,m)}_{\text{后验}} \underbrace{P(u|m)}_{\text{证据}} \quad (9\text{-}1)$$

等号右侧包括在某个模型（m）下给定行为数据（u）时参数（θ）的后验概率，以及模型的证据，左侧则表明要指定该模型，需要关于我们感兴趣的参数的先验信念和一个似然函数。

重要的是，虽然我们用到的贝叶斯推理方案与前几章探讨的没有区别，但却是为了达到一个不同的目的。因为这里涉及两个推理过程（图 9-1）。第一个是生物（作为被试）用自己的模型就感知数据的生成过程进行推理，以理解周围世界（并制订行动计划），这也是前几章的主题。第二个则是我们（作为科学家）基于对生物行为的观察，通过反演我们自己的（客观的）生成模型对其（主观的）生成模型进行推理。这表明我们其实是在对一个推理过程进行推理——也就是所谓的"元贝叶斯"推理（Daunizeau et al., 2010）。

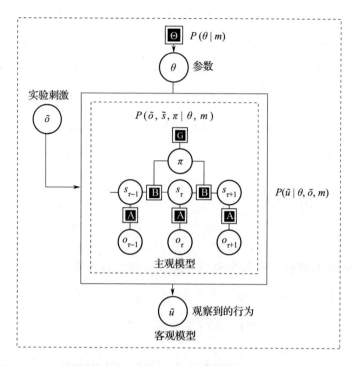

图 9-1 元贝叶斯推理中主观模型与客观模型的关系

内层虚线框：假设实验被试使用的主观模型，它可以是一个 POMDP 模型，也可以是其他类型。重要的是，它依赖一套我们并不知道具体取值的参数（θ），生成感知数据（o）。外围虚线框：实验者使用的客观模型（m），含关于参数的先验信念，该模型预测了呈现实验刺激（从主观模型的角度来看，实验刺激就是感知数据）时我们期望观察到的行为（u）。关键是，客观模型的似然分布取决于主观模型。这意味着我们会像这样估测给定参数下的似然：先将参数输入主观模型，呈现实验刺激（即感知数据），再用前几章的主动推理方案去"求解"这个模型，推得一个关于被试最有可能采纳的行动方案的分布。最后估计给定该分布下实际观察到的行动或决策的概率。这就是给定参数与刺激下实际观察到的行为的似然——也就是客观模型的似然分布。

正式地说，这就是在用一个主动推理问题的解来界定似然分布。基于一套给定的参数，我们能模拟主动推理架构下的行为，并量化被试采取一系列行动的可能性。有了关于这些参数的具体取值的先验信念，我们就有了一个关于被试如何使用其主观模型生成行动的生成模型。虽然我们重点关注主动推理（特别是离散时间模型），但这里的方法是通用的，可适配任意似然函数，主动推理模型与其他规范性行为模型（如强化学习模型）也能相互替代。

接下来的部分将围绕一个例子介绍一套可用于元贝叶斯推理的通用方案（即变分拉普拉斯），并讨论多层模型在模型比较中的使用。而后我们将提供一份基于模型的数据分析的简单指南并分享一个重要的实例。有必要强调，我们无需了解相关技术细节就能使用上述方法；因此对这些细节不感兴趣的读者可跳过 9.3 节和 9.4 节。

简而言之，我们要在给定（感兴趣的）未知参数（即被试先前信念的参数）的情况下，估测实际观察到的任意一组选择的可能性（似然），而后将其与我们对那些参数的客观先验结合起来，以惯常的方式估测关于被试之先验的后验信念。如果我们有好几个被试，就能将这些后验组合起来，应用参数经验贝叶斯（parametric empirical Bayes，PEB）就群体效应或被试间效应进行推理。我们需要的似然其实就是在被试对行动的后验信念下，取样取得实际观察到的选择（序列）的概率。被试的后验信念取决于它看见了什么（线索或刺激），以及它的先验信念——借助合适的主动推理方案就能直接推出来。注意，我们要做两次贝叶斯推理：第一次用于估测被试关于行动的后验信念，第二次用于估测我们关于（刻画该被试的）未知先验的后验信念。我们这就来展示这个元贝叶斯推理过程。

9.3 变分拉普拉斯

变分拉普拉斯是一套推理方案,与预测编码原理相同(Friston, Mattout et al., 2007)。然而,它适配的似然函数不仅限于先前规定的高斯函数。本节会先就我们感兴趣的似然函数 $L(\theta)$ 作一番概述,在主动推理架构中,该似然函数规定了参数取值为 θ 的生成模型下的行动的概率。行动的选择取决于实际观察:

$$\begin{aligned}
\mathcal{L}(\theta) &= \ln P(\tilde{u} \mid \theta, m, \tilde{o}) \\
P(\tilde{u} \mid \theta, m, \tilde{o}) &= \tilde{u} \cdot \sigma(\theta_\alpha \ln \tilde{\mathbf{u}}) \\
\tilde{\mathbf{u}} &= \boldsymbol{\pi} \cdot U \\
\boldsymbol{\pi} &= \arg\min_{\boldsymbol{\pi}} F
\end{aligned} \qquad (9\text{-}2)$$

具体而言,第一行表明实际观察到的一个行动序列($\tilde{u}$)的对数似然是参数(θ)、模型(m)和真实实验中呈现的一个刺激序列($\tilde{o}$)的函数。要得到这些行动的概率,就要使用参数去在一个(如第 7 章所述)POMDP 模型中设定先验信念。而后,迫使模拟的被试采取实际观察到的行动,并呈现同样的实验刺激,我们就能"求解"这个 POMDP 模型(详见第 4 章和第 7 章)。正如前几章所述,这个过程涉及计算该模拟被试所持有的关于它采纳的行动策略或方案的信念（**π**）。该信念将最小化与被试（关于其所在世界）的生成模型有关的自由能（F）。而后，我们取这些信念并计算采纳特定行动序列的平均概率。这要求我们让各个策略的概率分布于该策略所对应的行动（由数组 U 索引）。最后利用一个 softmax 温度参数（θ_α）来解释模型未予考虑的行为中的随机性（不稳定性）。如果这个 softmax 参数为1，意味着我们假设被试从关于其行动的后验信念中对行动进行取样，有时这被称为匹配行为。而如果这个 softmax 参数非常大，被试的实际行动就将是对应于最大主观后验的行动——也就是说被试一定会选择最有可能的选项。这个 softmax 参数本身就可以被估测。

我们得到的结果是给定刺激序列和参数时该模型下动作的概率——即给定模型下行为数据的似然。有了（先验为高斯分布的）客观参数[1] $[\theta \sim \mathcal{N}(\eta, \Pi^{(1)})]$，我们就能用拉普拉斯假设来表达对模型证据的（自由能）近似：

$$\ln P(\tilde{u} \mid m, \tilde{o}) \approx \mathcal{L}(\mu) + \frac{1}{2}\left[\varepsilon \cdot \Pi^{(1)}\varepsilon + \ln \mid \nabla_{\mu\mu}\mathcal{L}(\mu) - \Pi^{(1)} \mid \right]$$

$$\varepsilon = \eta - \mu$$

$$\mu = \arg\max_{\mu}\left\{\mathcal{L}(\mu) + \frac{1}{2}\left[\varepsilon \cdot \Pi^{(1)}\varepsilon + \ln \mid \nabla_{\mu\mu}\mathcal{L}(\mu) - \Pi^{(1)} \mid \right]\right\}$$

(9-3)

式9-3同知识库4.3中的展开（泛化至多维参数空间），但这里用显式代替了后验协方差并假设先验为正态分布。在第4章和第8

章的应用中，我们忽略了式 9-3 中不依赖众数的项。但这里不能再省略它们了，因为我们要解决的是模型比较的问题。

要求得能最大化式 9-3 最后一行的 μ 值，我们要进行梯度上升。二次假设下可简化为：

$$\dot{\mu} = \nabla_\mu \mathcal{L}(\mu) + \Pi^{(1)}\varepsilon \qquad (9\text{-}4)$$

虽说我们或许无法使用这里对数似然的梯度的显式，但却能借助有限差分方法[2]来计算合理的近似数值。类似的方法也可以用于求后验精度，即负对数似然的二阶导数（Hessian）加先验精度。式 9-4 是最简单的更新，但我们通常要用到基于局部曲率的更加复杂的方法。

* * *
* *
*

9.4 参数经验贝叶斯（PEB）

上一节展示的变分拉普拉斯过程让我们能对选定的行为进行推理，并量化该行为背后的模型的证据。由此，我们能对个体进行计算表型分析，并对关于该个体的不同的假设进行比较。然而，真正有趣的问题通常是群体层面的。比如我们可能对一个参数（如先验偏好的精度）如何随年龄而变化感兴趣。要回答这个问题，我们可以使用上一节的方法将模型与各年龄段个体的行为进行拟合，而后创建一个通用的线性模型，其考虑年龄因素，并生成我们感兴趣的参数：

$$P(\theta|\beta,X) = \mathcal{N}(X\beta,\Pi^{(2)}) \quad (9\text{-}5)$$

这里 X 是一个矩阵，列代表备择的解释变量，行代表各个被试。X 第一列的各个元素通常都为 1（表示平均参数对被试的影响）。在我们的例子中，第二列可能是每个被试的年龄。β 向量表示 X 中每个解释变量的影响大小。β 的第一个元素是精度（或任意其他参数）的均值，第二个元素是年龄对精度的影响，在以年龄为 x 轴，以预测精度为 y 轴的坐标中表现为曲线的斜率。X 可能有任意数量的列，β 也可能有任意数量的元素。

一旦我们拟合了式9-5中表达的模型（补充了β值的先验），就可以探讨解释变量的作用了。比如我们可以询问年龄是否会对先验偏好的精度产生影响，这需要比较两个模型的证据：一个模型允许β的第二个元素偏离0，另一个则十分确信该元素为0（信念的精度极高）。实际上，借助贝叶斯模型简化，该任务无需反演多个模型就能完成（Friston，Parr，& Zeidman，2018）。

* * *
* *
*

9.5 基于模型的数据分析指南

在实践中，我们应用主动推理架构分析实验中的行为选择（Schwartenbeck & Friston, 2016）应遵循以下步骤，对应 SPM12 Matlab 软件包中可用的例程。

1. 收集行为数据，包括被试的实际选择和选择时可用的感知输入。另外，为第二层被试间分析收集感兴趣的数据，包括被试所属的群组（患者或对照组）及相关人口统计学信息等。

2. 创建 POMDP 模型（如第 7 章所示）。这应该是一个函数，输入参数，输出完全指定（但尚未求解）的 POMDP。

3. 指定一个似然函数（式 9-2）。这一步告诉我们模型应如何用于计算似然，通常需要调用一个 POMDP 求解器（如 spm_MDP_VB_X.m 例程）来模拟行为，并量化观察到的行动的似然。

4. 指定对参数的先验信念（包括期望和精度）。通常以零为中心，精度代表合理的范围。

5. 求解后验概率和模型证据。需使用标准推理方案（如上述变分拉普拉斯过程，见式 9-4），可调用 spm_nlsi_Newton.m 例程自动完成。

6. 实施群组水平的分析。通常要用到 PEB。每个个体的估测参数根据 PEB 都由一个第二层模型生成。这让我们能够检验关于这些参数的诱因的假设。在实践中，我们可以调用 spm_dcm_peb.m 例程。我们能选用各种标准统计方法，测试各被试的推断参数与其他特定于被试的测量指标间的关联，比如借助典型变量分析评估问卷得分和推断参数间的关系。

图9-2以第7章描述的老鼠走迷宫为例汇总了上述步骤。首先，将老鼠置于T字迷宫中，奖励要么在左岔路，要么在右岔路，线索

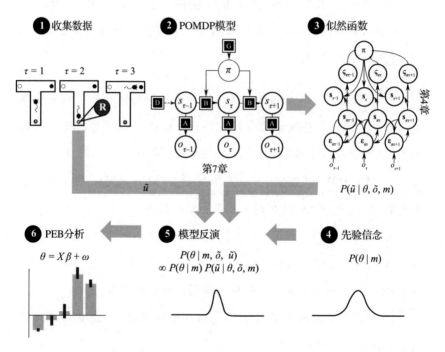

图9-2 基于模型的数据分析的六步反演路线图（详见正文，图中已注明更多细节可参阅哪些章节）

箭头注明了该流程各步骤间的依存关系。必须为拟估测的似然界定 POMDP 模型。模型的反演要用到我们收集的数据、似然和先验，而且只有在针对每个被试的模型反演完成后，才能实施 PEB 分析。步骤4和步骤5呈现了从（特定模型下）参数的先验分布到后验分布的更新。而后，我们能用 PEB 将各模型的证据和后验结合起来，以便找到预测这些参数的线性模型的 β 系数的后验密度（表现为有相应置信区间的期望）。

位于老鼠身后的通道尽头。接下来，记录老鼠采取的行动的序列。我们可以重复多个试次，记录老鼠习得的行为，也能在不同手段（如药理学或光遗传学）的干预下对多只不同的老鼠重复该程序。

只要我们收集到了这些行为数据，就需要一个似然函数来量化特定参数设置下的行为概率了（对一个给定条件下的一只给定老鼠而言）。为此，可创建一个 POMDP 模型（如第 7 章所示），若我们希望估测一套参数的似然，就应该将这套参数输入该模型。比如说，当我们想估测与偏好有关的精度，就可以纳入一个对数尺度参数，该参数能让偏好分布的图形更尖锐或更平缓。

当我们（从老鼠的角度）创建了生成模型，就能自动求解 POMDP 了（使用第 4 章关于信念更新的方程）。在（偏好的）尺度参数取特定值的模型下，我们能借此计算数据（老鼠访问特定岔路的序列）的概率。将这个似然与我们的先验结合起来，（从科学家的角度）为行为指定生成模型的任务就完成了。为此，我们可以使用变分拉普拉斯，求每只老鼠的尺度参数的后验概率分布。

在实践中，我们也许希望在分析实际数据前，通过使用 POMDP 模型生成虚拟数据（及考虑对当前问题而言这些数据是否合理）来检验其表面效度。参数复原（parameter recovery）是另一种检验模型的方法，它需要基于一套（已知的）参数设置生成虚拟数据，以判断能否在模型反演时将这些参数复原出来。该方法有助于验证某些参数（或参数的组合）有无复原的可能性（也就是能否被识别）。

最后，我们能为一个线性模型构建一个设计矩阵，矩阵的每一行代表一个计算表型（如每个被试的偏好的后验密度），列则代表这些被试的不同属性——这些变量可以解释老鼠的偏好的差异。其中一列表示所有老鼠的平均偏好，各元素均为 1，其他各列分别代表（比如说）被试的年龄、被试是否服药，等等。有了这个被试间效应的模型，我们就能实施 PEB 分析以评估这些解释变量对先验偏好的贡献了。

* * *
* *
*

9.6 生成模型举例

在这一部分，我们将从文献资料中选出两个例子，以说明连续与离散的生成模型如何使用。首先是 Adams、Aponte 等人（2015）和 Adams、Bauer 等人（2016）（本节将统称为"Adams 等人"）为平滑追踪眼动建模的方法，他们以此量化各被试生成模型的精度参数。该设计的一个重要特征是研究者会同时（通过脑磁图）收集电生理数据以探索神经生物基质如何编码精度或信心。接下来是 Mirza 等人（2018）对扫视眼动的分析，他们为此创建了一个POMDP 模型。图 9-3 大致描绘了这两个实验。我们希望这些例子有助于读者理解如何在实证中借助前述通用方法回答科学问题。

比照图 9-2 呈现的各个步骤，Adams 等人设计了一个实验任务，要求被试保持对移动目标的注视，并收集了相关的数据（步骤 1）。任务细节并不重要，但实验分两个条件。在第一个条件下，目标循可预见的正弦曲线移动；在第二个条件下，目标运动轨迹同条件一，但含加性高斯噪声。实验者收集的数据包括眼动轨迹。他们创建了一个主观模型（步骤 2），但不同于图 9-2 的 POMDP 模型，他们选

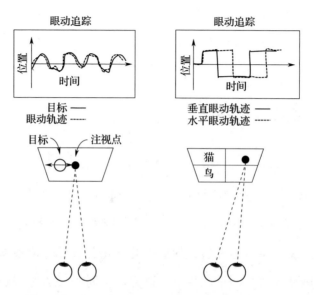

图9-3 本部分的两个例子，关乎元贝叶斯推理如何用于对特定类型的行为数据进行分析

具体细节并不重要。左图：Adams 等人的实验，测量了被试追踪移动目标的眼动即平滑追踪眼动。右图：Mirza 等人的实验，测量了探索任务中的扫视眼动。视觉区域划分为四个象限，其中两个象限包括刺激（猫和鸟）。不同种类的场景涉及不同刺激的配置，意味着被试必须选择要注视的象限，以获得足够的信息来对场景进行分类。Adams 等人的任务（左图）会生成连续的眼动追踪数据，Mirza 等人的任务（右图）则生成可离散化的注视序列。这些都属于图9-2步骤1的行为数据（u）。

用的模型是连续的（如第 8 章所描述的类型）。简单地说，该模型预测来自双眼的本体觉和视觉刺激，注视点被设定为受目标位置吸引。而后，研究者基于（主动）预测编码方法构造了似然（步骤3），量化了在一套对数精度参数和步骤2创建的模型下的行动（眼动）的概率，继而（步骤4）指定对数精度的先验信念（设为正态分布）。

在步骤 5，研究者反演模型，求得这些精度参数的后验分布。步骤 6 没有使用 PEB 分析，而是使用了与行为任务同时收集的神经成像数据。研究者使用动态因果模型估测初级视皮质中浅层锥体细胞的增益，这意味着他们对每个被试的精度和突触增益都进行了估测。如此，研究者就能通过评估主观模型的参数与其生物基质间的相关性来实施群组水平的分析了。这个研究是一个很好的例子，表明行为的主动推理方案能让我们就信念更新与神经生物学之间的关系提出（并回答）一系列重要的问题。

我们的第二个例子是 Mirza 等人借助主动推理的 POMDP 方案探索信息收益在驱动人类行为方面的作用。我们依然用图 9-2 的路线图解析这个研究。Mirza 等人先是收集了被试在视觉搜索任务中的行为数据（步骤 1），任务目标是对一个视觉场景进行分类。该场景中的元素只有在被试注视相应位置时才会显示，这表明被试要通过多次注视，才能获得确定场景类别所需的足够的证据。研究者收集的数据包括被试扫视（快速眼动）的序列，他们使用的模型（步骤 2）是一个 POMDP 模型（见 Mirza et al., 2016），该模型预测（当前注视位置和场景类别下）离散化的本体觉、视觉和反馈结果。通过设置对特定反馈结果的偏好（见第 7 章），模型预测（即偏好）正确的分类（见第 7 章）。似然函数（步骤 3）是通过使用第 4 章概述的方案，在不同的参数设置下求解模型而获得的。相应的参数包括（但不限于）偏好分布之精度的对数尺度参数。研究者指定了对数尺度参数（及其他参数）的先验分布（步骤 4），并对每个被试实施模型反演（步骤5）。通过估测每个被试的对数证据，他们为（借助预期自由能中的认识成分）驱动（及未能驱动）行为的模型做了证据评估，发现那些对所有被试都有认识价值的模型的证据水平较高。而后，研究者实施了 PEB 分析（步骤6），以评估被试在多个试次中先验信念的变化，发现了支持信念参数变更（即主动学习）的证据。最后，他们使用典型协变量分析来评估每个被试的表型变量的线性组合（如偏好的精度）与（行为表现的）测量指标的线性组合（如正确率和反应时）间的关系。

*   *   *
*   *
*

9.7 错误推理的模型

世人常轻信其愿为真之事。

——Julius Caesar

考虑到这些方法与计算精神病学等领域的相关性（Friston, Stephan et al., 2014），我们最后要简单地聊一聊错误推理，信念更新的失败导致的错误推理是精神病理学的核心概念。使用主动推理等推理架构的一大优势是能同时考虑精神障碍的多个维度，将适应不良行为（比如强迫或成瘾）与心理水平和生物水平的精神病理现象（比如错误信念和神经调质异常）联系起来。

对精神病理学的建模研究大量使用了主动推理架构，我们显然无法穷举这些文献资料。鉴于此，本节要做一番简短的概览，为计算病理学研究提供一个通用框架。表 9-1 选择性地呈现了一些最具代表性的例子，涉及离散时间模型（第 7 章）与连续时间模型（第 8 章）。我们的讨论将围绕结构类似 POMDP 的模型展开，因为基于这两类模型的错误推理其实遵循大体相同的原则。

表 9-1 计算精神病学

病理现象	来源	注释
成瘾、冲动与强迫	FitzGerald, Schwartenbeck et al., 2015 Schwartenbeck, FitzGerald, Mathys, Dolan, Wurst et al., 2015 Mirza et al., 2019 Fradkin et al., 2020	成瘾是一个重要的例子，看似异常，却能理解为特定生成模型下的最优推理。Schwartenbeck 等人的研究用限量供应任务证明了这一点。在实验中，被试对自己能否等来奖励的信心水平各不相同，较低的信心水平将导致（成瘾现象中常见的）强迫行为。关于该主题的后续研究借助"告别当下"（patch-leaving）范式研究了与冲动行为有关的先验信念，以及先验精度水平的降低对强迫障碍的影响
妄想	Brown et al., 2013 Friston, Parr et al., 2020	妄想的特点是牢固的错误信念，在主动推理架构中，这意味着后验概率的精度极高，但缺少证据支持。事实上，只要后验概率的精度足够高，即便（后续）证据与信念相左，信念也能保持稳固。妄想背后的具体机制可能因人而异。比如感知抑制机制的失效可能导致与能动性有关的妄想。近期也有关于共享性妄想（shared delusion 或 folie à deux）的研究，这种妄想指两个主体在缺乏信息的情况下对世界的状态达成高度一致的现象

（续）

病理现象	来源	注释
幻觉	Adams, Stephan et al., 2013 Benrimoh et al., 2018 Parr, Benrimoh et al., 2018 Corlett et al., 2019	对幻觉的模拟研究关注先验和似然的精度失衡。由于对似然的精度抑制不足而对虚假的感知数据做出过度解读，或由于过度抑制而未能纠正先验信念都可能导致错误的感知推理
人际关系障碍与人格障碍	Moutoussis et al., 2014 Prosser et al., 2018	主体间推理需要一个关于他人的模型（包括他人对我们的决策会做出何种反应），这带动了信任博弈和慈善博弈模型的发展。信任博弈依赖双方或多方的互动，慈善博弈则已被用于复现精神病患常见的过分自夸和冷酷无情。这些特征可通过调节(1)自我价值信念在多大程度上取决于慈善与自私的决策或（2）对他人认可的敏感性来模拟
动眼神经综合征	Adams, Perrinet, & Friston, 2012 Parr & Friston, 2018a	根据这些研究，连续时间的生成模型被用于预测牛顿系统的动态演变。若生成模型的某些成分在特定条件下独立于其他成分，则可能导致如核间眼肌麻痹等动眼神经综合征
药物疗法	Parr & Friston, 2019b	既然我们相信精度参数与神经化学活动有关（详见第5章），就有可能模拟针对这些系统的药物疗法的效果。这项研究模拟了几种合成药物干预对眼动延迟期任务表现的影响，从原理上证明类似的方法不仅可模拟病理现象，还能模拟药物治疗的影响

（续）

病理现象	来源	注释
前额叶综合征	Parr, Rikhye et al., 2019	降低转换精度会降低被试在一项记忆引导任务中的表现（外侧前额叶综合征），降低内感觉似然的精度则有损被试决定参与任务的动机（内侧前额叶综合征），该模拟研究阐释了两类前额叶综合征的差异
视觉忽略	Parr & Friston, 2017a	不止一种涉及先验的病变可能导致对左侧空间的忽略，其中提高左侧空间的 Dirichlet 参数会降低向该侧扫视的新颖性，使被试更多地扫视右侧。设定对右侧本体觉结果或视觉结果的偏好或强化扫视右侧的习惯也能再现类似的行为表现
内感觉推理障碍	Barrett et al., 2016 Allen et al., 2019 Maisto, Barca et al., 2019 Pezzulo, Maisto et al., 2019 Barca & Pezzulo, 2020 Tschantz et al., 2021	对内感觉推理的模拟（即对内感觉应用主动推理架构）表明关于（比如）心脏或胃部信号的先验和似然精度的失衡可能导致关于身体内部状态的错误信念、对身体症状的错误感知，以及身心幻觉。此外，它们对自主调节和行动的选择也可能产生级联影响，导致各种适应不良行为，如过分警觉、用药过量和食物限制过度

以（主动）推理架构解释精神病理状况的基本假设是：精神疾病也许能概念化为推理障碍。使用"障碍"一词未必表明推理机制出了故障（比如生成了错误的后验概率）。如表 9-1 所示，推理机制

在多数研究中运行正常，但推理的出发点，也就是生成模型是有瑕疵的（也就是说生成模型蕴含了异常的先验信念）。这意味着病理现象其实是这些异常先验信念的结果——借助本章呈现的基于模型的数据分析方法，是可以将这些先验复原出来的。

异常的先验可以是关于状态的，也可以是关于精度的，还可以是关于生成模型的结构的（即所谓"结构先验"）。病态行为经常可以追溯到与行动策略有关的先验信念，异常的策略选择往往源于该先验信念特定成分的问题，这是一种非常有用的思维方式。关于策略的先验依赖预期自由能，预期自由能本身又依赖后验信念、获得信息收益的可能性，以及先验偏好（**C**）。关于策略的先验还可能附带一个固定形式的项（**E**），代表习惯性的偏向（即"偏置"）。

我们逐一来看：后验信念依赖先验和似然。要产生一个异常的后验信念，这两个成分就至少有一个要出问题。通常这种"问题"表现为精度的失衡。与先验的精度相比，似然的精度过高会导致对（含噪的）感知输入的过度解读。这会导致过拟合，也就是从虚假的感知数据推得不合理的结论。如果"问题"反过来，是先验的精度而非似然的精度过高，内生的知觉就会对与之冲突的感知输入产生抗性。这两种情况都会导致幻觉，而且可以在多层模型中同时存在。鉴于精度与神经调质有关（见第 5 章），（胆碱能信号异常导致的）路易体痴呆和（多巴胺能系统异常导致的）精神分裂症经常伴随幻觉现象（即错误的知觉推理）就说得过去了。

接下来我们考虑信息收益的作用。在这种情况下，（1）似然的精度和（2）先验信念的精度能分别告诉我们（1）不确定性能在多大程度上被消除，以及（2）待消除的不确定性水平到底有多高。先验信念的精度要么是对模型参数而言的（影响新颖性），要么是对状态而言的（影响显著性）。鉴于条件概率的参数常被解释为突触效能，精度常被解释为突触增益，将突触断联综合征（synaptic disconnection syndromes）追溯到突触效能或突触增益的问题（或二者皆有）也就合乎情理了。缺失的突触自然无法被调节，因此新数据无法更新相应的效能，这与对条件概率有极为确定的先验信念的情况非常类似，会导致患者很难权衡不同的行动策略可能带来的信息收益，正如对感觉性忽略综合征的模拟研究所揭示的那样。

最后，偏好和关于策略的先验对行为会产生显而易见的影响。这可能正是成瘾性习惯之所以形成的原因，也可能导致与各类精神和神经综合征有关的情感淡漠（Hezemans, Wolpe, and Rowe, 2020）。总之，先验信念的异常即生成模型不同成分的问题能为病理行为提供功能或目的论解释。

* * *
* *
*

9.8 总结

本章主要是方法性的，关于如何使用前面呈现的理论模型提出并解决与实验数据有关的科学问题。主动推理架构为我们提供了一套无创的工具，可用于探索个体决策背后的计算过程。本章涉及的例子都很简单，不过基于主动推理的模型已被用于更多现实场景和复杂任务之中（Cullen et al. 2018），旨在为计算表型分析提供更丰富的行为材料。我们为基于模型的分析列出了六步路线图，用两个例子展示了这种方法的通用性，包括其可用于测量哪一类行为（是平滑的轨迹还是离散的决策），可选择哪一类模型（是连续模型还是离散模型），以及能用于解决哪些科学问题。确定有待解决的科学问题是最为关键的，因为要选择何种模型以及测量什么行为都取决于它。我们展示了计算表型分析如何与神经成像研究相结合（Adams, Bauer et al., 2016），以探索突触增益和精度之间的关系，还展示了如何使用模型反演来评估不同行为驱动因素和绩效预测因素的贡献（Mirza et al., 2018）。总之，图 9-1 的六步路线图作为一套通用的实验设计方法，有助于对人类（或其他动物）用于驱动行为的内隐生成模型展开无创研究并探索神经系统对健康与疾病的作用。

主动推理

Active Inference

心智、大脑与行为的自由能原理

10

作为感知行为之统一理论的主动推理

通常而言,我们对大脑擅长之事毫无概念。

——Marvin Minsky

10.❶ 介绍

我们对主动推理架构的理论要点（本书第 1 部分）和实践应用（本书第 2 部分）做了一番完整的梳理，接下来就是融会贯通：从先前呈现的具体的模型抽象出来，以整合水平理解该架构。主动推理架构的一大优势，是能作为智能有机体适应性问题的完整解决方案，为理解知觉、行动选择、注意和情绪调节等方方面面提供统一的视角——这些问题在心理学和神经科学领域通常是彼此割裂的，在人工智能研究中也常常要"具体问题具体计算"。我们将就这些问题对比不同的视角——既包括主动推理，也包括控制论、观念运动理论、强化学习和最优控制等成熟理论。最后，我们还将简单探讨主动推理架构如何拓展至本书未予深入的其他领域，这将涉及生物、社会和技术层面的话题。

* * *
* *
*

10.2 完整梳理

本书系统介绍了主动推理的理论基础和实际应用。这里我们先简单总结一下前9章的讨论，以回顾主动推理的关键概念并引出后续内容。

在第1章，我们介绍了主动推理何以成为一种理解智能生物的规范性方法。一切智能生物都与其所在环境一同参与了"行动—知觉环路"的构成（Fuster, 2004），所谓"规范性"方法是以我们感兴趣的现象（生命有机体借助与环境的适应性互动——即行动知觉环路——实现持存）所由衍生的"第一原则"为出发点的，因此可用于验证关于这些现象的经验预测。此外，我们还区分了主动推理的顶层逻辑和底层逻辑。

在第2章，我们进一步展开了主动推理的底层逻辑。其出发点是：大脑是一台预测机器，其被赋予了一个生成模型，也就是关于外界隐藏状态如何生成感知（比如一只苹果反射出来的光如何刺激视网膜）的概率表征。反演这个模型，大脑就能推得感知背后的诱因（比如根据视网膜接收的特定刺激推断我是否看见了一只苹果）。这种知觉观（"知觉即推理"）可追溯到 Helmholtz 的无意识推理观和更加新近的贝叶斯大脑假设，主动推理则更进一步，将行动控制与计划也囊括到推理的范畴中了（"控制即推理"和"计划即推理"）。最关键的是，根据主动推理架构，知觉和行动在本质上是不可分的，二者致力于达成共同的目标。我们可以先将这个目标（不太正式地）描述为最小化模型与世界的差异（这通常意味着降低惊异或最小化预测误差）。简单地说，要最小化模型与世界的差异有两种方法：一是改变模型以拟合世界（知觉），二是改变世界以拟合模型（行动）。我们可以用贝叶斯推理来描述这个过程，但在现实中有机体通常无法实施经典贝叶斯推理，因此主动推理要借助经典推理的（变分）近似（值得注意的是，事实上经典推理可视为近似推理的特例）。这就引出了对知觉与行动的共同目标的更加正式，也是更形式化的理解：主动推理要实现的是变分自由能的最小化。变分自由能是主动推理架构的核心概念，能以不同的方式分解（分解为能量与熵，复杂性与准确性，或惊异与散度）。最后，我们介绍了第二种自由能：预期自由能。这个概念对计划尤其重要，因为它提供了一套（借助对未来结果的期望）评价相应行动策略的方法。预期自由能也能以不同的方式分解（分解为信息收益和实用价值，或预期含混与风险）。

在第 3 章，我们诠释了主动推理的顶层逻辑，其出发点是生命有机体的基本需要，可归结为维系完整，避免消散。这意味着它们要规避意外的状态（即惊异）。而后，我们介绍了"马尔科夫毯"的概念，它形式地描述了有机体的内部状态和外界（即外部状态）的统计意义上的区隔。重要的是，内外部状态只能在中间变量（主动状态和感知状态）的介导下彼此影响。上述中间变量构成了马尔科夫毯状态，它们介导的内外部状态的统计意义上的区隔对有机体维持某种（相对于外界的）自主性十分关键。这种见解非常有用，因为它能引出以下三个结论。

首先，拥有马尔科夫毯的有机体看似在为外部环境建模（在贝叶斯意义上）：平均而言，其内部状态可理解为对外界即外部状态的近似后验信念。其次，有机体的模型（其内部状态）是有偏向性（带偏置系数）的，它规定了一些存在的先决条件（或先验偏好），这些条件必须得到满足，比如鱼的先验偏好就包括自己应该待在水里——正因如此，有机体才得以维持某种自主性。再次，根据主动推理架构，符合先验偏好的最优行为可以被描述为（贝叶斯）模型证据的最大化（借助知觉与行动）。通过最大化模型证据（即"自证"），有机体能确保先验偏好的实现并避免置身意外状态，换言之，鱼就会老实待在水里，而不是总往岸上跳了。在数学上，模型证据的最大化（近似地）等价于变分自由能的最小化——这样一来，我们又开始讨论主动推理的核心概念，亦即第2章聊过的那些内容了。最后，我们详细讨论了惊异的最小化与哈密顿最小作用原理的关系，以展示主动推理和统计物理学的第一原理在形式上的关联。

第4章稍微深入了主动推理的形式细节，从经典贝叶斯推理谈到其更具计算可行性的近似即变分推理，以及由此产生的有机体借助知觉和行动最小化变分自由能的目标。我们领略了生物用于理解自身所处世界的生成模型有多重要，介绍了两类生成模型，它们分别使用离散和连续变量，表达有机体对（感知）数据生成方式的信念。二者的深层逻辑（即主动推理）是一致的，但分别适用于事态的变化以离散时间表达（部分可观察的马尔科夫决策问题）或以连续时间表达（随机微分方程）的情况。

在第 5 章，我们区分了自由能最小化这一规范原则和关于大脑如何实现以上原则的过程理论——并解释了后者如何生成可检验的预测。而后，我们概述了与主动推理对应的过程理论的各个方面，涉及神经消息传递等领域，包括神经解剖学结构（如皮质—皮质下环路）和神经调制。比如在解剖学层面，消息传递可以很好地映射到典型的皮层微观回路，源于特定层级的皮质区域深层的预测会投射至较低层级的皮质区域的浅层（Bastos et al., 2012）。在更加系统化的层面，我们探讨了贝叶斯推理、学习和精度加权如何分别对应于神经动力学、突触可塑性和神经调制，以及预测编码的自上而下和自下而上的神经消息传递如何映射到较慢（如 alpha 波或 beta 波）和较快（如 gamma 波）的脑波律动。这些（及其他）例子表明，在设计特定的主动推理模型后，可根据该模型的形式理解相应神经生物学过程的含义。

在第 6 章，我们为设计主动推理模型提供了一份指南。显而易见的是，虽然所有生物都致力于最小化其变分自由能，但它们的具体行为可能截然不同，这都是因为它们拥有不同的生成模型。因此区分不同生物（比如简单生物与复杂生物）的，其实只是它们的生成模型。生成模型的种类繁多，它们有不同的生物（比如神经）实现，在不同情境和生态位会产生不同的适应性（或适应不良）行为。因此主动推理架构既能刻画感知与追逐养分梯度的简单生物如细菌，又能描述追求复杂目标、埋首丰富文化实践的复杂生物如我们自己，甚至不同个体间的互动也能被视为生成模型间的拟合。演化似乎赋予了大脑与身体愈发复杂的设计结构，让生物有能力应对（乃至塑造）丰富的生态位。模拟研究说到底是对这一过程的逆向工程，是根据我们感兴趣的生物所占据的生态位的类型，以生成模型的形式确定其大脑和身体的具体设计原则，比如是使用离散变量还是连续变量，是创建简单模型还是多层模型——我们已在第 6 章做了相应的展开。

在第 7 和第 8 章，我们举了一系列离散/连续时间模型的例子，涉及知觉推理、朝向目标的导航、模型的习得、行动的控制等问题（当然不仅限于此），以展示这些模型下的各种涌现行为，并详细说明在实践中指定某种模型的具体原则。

在第 9 章，我们讨论了如何使用主动推理架构实施基于模型的数据分析，以及如何复原个体的生成模型的参数，以更好地解释个体在特定任务中的行为。这种计算表型分析也使用本书其余部分讨论的贝叶斯推理，但使用的方法不同：它有助于设计和评价关于他人的（主观）模型的（客观）模型。

*   *   *
*   *
*

10.3 融会贯通：以整合水平理解主动推理架构

多年以前，哲学家 Dennett 曾感叹，认知科学家们投入了太多的精力来为那些孤立的子系统（比如知觉、语言理解）建模，而这些子系统的边界划定往往有专断之嫌。他建议改变现有的做法，弃"管窥"而观"全豹"：为完整的智能生物（即便它不像"豹"那么复杂）及属于它的环境生态位建模（Dennett, 1978）。

主动推理的一大优势，是它提供了所谓的"第一原则"，即变分自由能最小化，以解释有机体如何以各种方式解决其适应性问题。本书呈现的规范性方法假设我们可以基于这一原则理解特定认知过程（如知觉、行动选择、注意和情绪调节）及相应的神经基础。

我们可以设想一个简单的生物，它面临一系列问题，比如寻觅食物或庇护所。有了主动推理架构，我们就可以用生成论术语来描述这些问题，也就是说，这个生物要借助行动来寻求它偏好的（比如与食物有关的）感知状态。只要生成模型蕴含了这些感知状态（作为先验信念），有机体就会致力于为其模型收集证据——或者更形象地说，为自身的存在收集证据（最大化模型证据或自证）。这一简单的原则最主要的影响，是改变了心理学研究将一系列功能——包括知觉、行动控制、记忆、注意、意向性、情绪感受等——区分开来的传统做法。比如说,知觉和行动都是自证,因为有了生成模型,一个生物就能将它的期望与感知"对齐":要么是通过改变信念("那儿有吃的!"),要么是通过改变世界("快去找吃的!")。记忆和注意也为达到同样的目标而服务。长期记忆的发展意味着对模型参数的学习,工作记忆是关于过去和未来的外部状态的信念的更新,注意是对感知输入之精度的信念的优化。各种形式的计划(和意向性)可视为对不同未来的选择,并非所有生物都拥有这种能力,后者要借助有时间深度的生成模型。这种深度模型能预测不同的行动方案可能导致的结果,而且对这些结果有一种内隐的乐观偏向,它表现为一种信念,即未来的感知结果将符合生物的偏好。深度时间模型还能帮助我们理解复杂的展望(用关于当下的信念推导对未来的信念)和回顾(用关于当下的信念更新对过去的信念)。主动推理架构还能解释内感觉调节和情绪感受,关于内部生理学的生成模型对未来事件的预测是有机体实现稳态应变的重要基础。

上面的例子表明,用一个关于智能行为的规范性理论来研究认知与行为,结果会很不一样:我们无需再从区分不同的认知功能(比如知觉、决策、计划等)入手,相反,我们的出发点是为生物必须要应对的问题提供一套完整的解决方案,再通过分析这套解决方案推导出不同认知功能的内涵。举个例子,生命有机体或人工生命体(比如一个机器人)需要一套怎样的机制来实现知觉、记忆或计划(Verschure et al., 2003, 2014;Verschure, 2012;Pezzulo, Barsalou et al., 2013;Krakauer et al., 2017)?这种思考问题的方式是很重要的，因为现行的心理学和神经科学教材对认知功能的分类（即所谓的"詹姆斯主义范畴"）在很大程度上继承自早期的哲学和心理学理论。尽管有着巨大的启发价值，但这种分类可能相当专断——而且不同的认知功能很可能无法对应于不同的神经过程（Pezzulo & Cisek, 2016；Buzsaki, 2019；Cisek, 2019）。事实上，这些"詹姆斯主义范畴"本身并没有解释我们与"感知圈"的相互作用，只是我们的生成模型在利用它们来做出某种解释。比如"我正在感知"的唯我论假设只是我对当前事态的解释，而当前事态就包括我的信念更新。

规范视角可能也有助于在不同领域研究的认知现象之间建立形式的类比。"探索—利用"权衡就是一个典型的例子，这个两难问题在不同的研究领域以不同的面目出现（Hills et al., 2015）。许多研究者都关注觅食过程中的这种权衡，此时生物必须在利用老方案和探索（可能更好的）新办法之间做出选择。然而同样的权衡也发生在检索记忆和深思熟虑之间，因为在资源有限（比如有时间限制或检索需要耗费努力）的条件下，生物也要选择是利用现有的最优方案，还是投入更多的时间和认知资源来探索更多的可能性。如果用自由能最小化来描述这些看似互不相关的现象，就可能从中发掘出某些深层的相似性（Friston, Rigoli et al., 2015；Pezzulo, Cartoni et al., 2016；Gottwald & Braun, 2020）。

最后，除了为理解不同的心理现象提供统一的视角，主动推理还为理解相应的神经计算提供了原则性的方法。换言之，该架构提供了一种将认知加工与（预期的）神经动力学关联起来的过程理论，其假设与大脑、心智和行为有关的一切都能用变分自由能最小化来描述，而后者的神经关联物（表现为某种神经消息传递或大脑解剖学特征）可在实证研究中得到验证。

在本章的剩余部分，我们将从主动推理的角度探讨一系列心理功能的内涵，就像在草拟一部心理学教材。对每种功能，我们还将呈现主动推理与文献资料中其他流行理论间的一些联系（或分歧）。

* * *
* *
*

10.4 预测性的大脑、心智和预测加工理论

我看见单纯的快乐

在这相片中定格

一个孩子正持枪射击

前方那不存在之物

——Afterhours 乐队《不存在之物》(Quello che non c'è)

传统的大脑和认知理论强调从外部刺激到内部表征再到运动信号的前馈传导。这被称为"认知的三明治模型",在刺激和反应之间的一切都会被贴上"认知"的标签(Hurley, 2008)。以此观之,大脑的主要功能就是将传入刺激转化为与情境相符的反应。

主动推理架构持截然不同的主张,强调大脑和认知具有预测性、目标导向的特点。用心理学术语来说,主动推理的生物(或它们的大脑)好比概率推理的机器,会根据其生成模型不断做出预测。

这些预测对致力于自证的生物有两点用途。第一,它们会比较预测和传入刺激,以验证自己的假设(预测编码)以及——在更大的时间尺度上——修正自己的模型(学习)。第二,它们会做出预测来指导自己收集数据(主动推理)。这样一来,主动推理的生物就能

满足自己的两大需求：认识需求（比如对信息显著性水平较高之处实施重点观察，以消除假设或模型的不确定性）和实践需求（比如移动到能获得符合偏好的观察之处，例如能获得奖励的位置）。认识需求让知觉和学习具有了主动性，实践需求则让行动具有了目的性。

10.4.1　预测加工理论

这种强调预测和目标的大脑和认知观为预测加工（predictive processing，PP）理论提供了灵感：该理论是心灵哲学和认识论中的一个新兴框架，将预测视为大脑和认知的核心，致力于传播"预测性的大脑"或"预测性的心智"等概念（Clark 2013，2015；Hohwy，2013）。预测加工理论有时会借用主动推理的特定原理及某些概念，比如生成模型、预测编码、自由能、精度控制和马尔科夫毯，但有时它也会借用其他概念，如反向模型和正向模型的耦合，而这些概念其实并不属于主动推理架构。因此与"主动推理"相比，"预测加工"这个术语的使用范围更广（限制更少）。

预测加工理论在哲学界备受关注，因为它在各种意义上都有成为"统一理论"的潜力：它跨越认知活动的多个领域，包括知觉、行动、学习和精神病理学，从较低水平到较高水平的认知加工（从感知运动到心理结构），从简单的生命有机体到大脑、个体以及社会和文化结构，都在该理论的适用范围之中。预测加工理论的另一点优势是它使用的概念术语——如信念和惊异——都是心理层面的，而哲学家们也习惯在该层面进行分析（需要注意的是，有时这些术语的技术含义可能不同于其常见用法)。

但是,随着哲学家们对预测加工理论的兴趣日益增长,关于其理论与认识论内涵的见解显然已开始分化。对该理论的诠释有内部主义的(Hohwy, 2013)、具身或行动导向的(Clark, 2015),以及生成主义和非表征的(Bruineberg et al., 2016; Ramstead et al., 2019)。围绕这些诠释的争论已超出了本书的讨论范围。

* * *
* *
*

10.5 知觉

> 当想象力失去了焦点,你不能靠眼睛来判断。
>
> ——Mark Twain

主动推理将知觉视为基于生成模型的推理。生成模型蕴含了对感知观察如何生成的理解,借助贝叶斯定理,我们可以获得在给定观察下关于环境隐藏状态的信念。这种"知觉即推理"的观念可追溯至 Helmholtz(1866),在心理学、计算神经科学和机器学习(如合成分析)等领域也被一再提及(Gregory, 1980; Dayan et al., 1995; Mesulam, 1998; Yuille & Kersten, 2006)。许多研究都证明基于生成模型的推理对解决复杂的知觉问题,比如破解文本验证码(George et al., 2017)十分有效。

10.5.1 贝叶斯大脑假设

当前对这一观念的各种表述中最有名的当属"贝叶斯大脑假设",该假设已被用于多个领域,如决策、感知加工和学习(Doya, 2007)。主动推理则提炼出了这些推理活动背后的规范性的基本原理,即变分自由能的最小化。鉴于行动遵循同样的基本原理,主动推理架构自然能用于模拟主动的知觉,揭示有机体如何借助主动采样（观察）来测试其假设（Gregory, 1980）。相反，根据贝叶斯大脑假设，知觉和行动的基本原理是不同的（行动遵循贝叶斯决策原理，见 10.7.1）。

许多方法在宽泛意义上都属于贝叶斯大脑假设，但这些方法未必相容，而且经常做出不同的经验预测；包括计算水平的假设，即大脑会执行贝叶斯最优的感觉运动整合与多感观整合（Kording & Wolpert, 2006）；也包括算法水平的假设，即大脑会实施贝叶斯推理的特定近似，如通过取样做出决策（Stewart et al., 2006）；还包括神经水平的假设，即神经集群会以特定方式实现概率计算或编码概率分布，比如借助样本或概率性群体编码（Fiser et al., 2010; Pouget et al., 2013）。在各个描述水平都有不同的理论在彼此竞争。举个例子，人们常认为经典贝叶斯推理的近似会导致对最优行为的偏离，但不同的研究关注不同的（且未必是彼此相容的）近似，比如不同的取样方法。一般而言，描述水平不同的主张之间的关系并不总是一目了然的，这是因为贝叶斯计算能用多种算法实现（或近似），甚至无需外显地表征概率分布（Aitchison & Lengyel, 2017）。

相比之下，主动推理架构更具有整合色彩——它将规范原则和过程理论联系了起来。在规范意义上，其核心假设是一切过程都是在最小化变分自由能。相应的推理过程理论强调自由能的梯度下降，其有相当明确的神经生理学内涵（见第 5 章，Friston, FitzGerald et al., 2016）。一般而言，人们可以从自由能最小化的原理入手，得出关于大脑结构的具体结论。

以预测编码理论为例，这是关于（连续时间的）知觉推理的典型过程模型。预测编码最初是由 Rao 和 Ballard（1999）提出的一种多层知觉加工理论，用于解释文献资料中一系列自上而下的效应，这些效应与前馈结构及已知的生理事实并不一致（例如，感知架构中存在正向即自下而上的，以及反向即自上而下的连接）。但是，只要给定某些假设，如拉普拉斯近似（Friston, 2005），预测编码理论就能从自由能最小化这一原则中推导出来。不仅如此，只要主体拥有运动反射弧，预测编码就能向行动领域直接拓展为（连续时间的）主动推理（Shipp et al., 2013）。这就引出了主动推理架构的另一大应用方向。

* * *
* *
*

10.6 行动控制

不会飞,那就跑;不能跑,那就走;走不动,那就爬——不管怎样,你都要坚持向前!

——Martin Luther King

在主动推理架构中,行动和知觉的基本原理是一样的,二者都由前瞻性的预测引导,只不过知觉背后的预测关乎外感觉,行动背后的预测则关乎本体觉。我之所以能握住眼前的杯子,是因为做出了"我的手握住了杯子"的(本体觉)预测。行动与知觉的等价性还体现在神经生物学层面:运动皮质和感知皮质的组织架构是一样的,二者都在实施预测编码,只不过运动皮质影响脑干与脊髓的运动反射弧(Shipp et al., 2013),而且它接收的上行输入相对较少。运动反射弧借助沿期望轨迹设定的"平衡点"来控制动作——这种观点正符合所谓的"平衡点假说"(Feldman, 2009)。

重要的是,要做出动作(比如握住杯子),主体就要以恰当的方式调节先验信念和感知输入的精度(逆方差),因为精度的相对大小决定了生物将如何平息先验信念(我正握着杯子)和感知输入(我其实还没有)间的冲突。如果上述先验信念精度不高,它就很容易被相左的感知证据修正——此时主体会改变信念,而不是做出动作。

相反，如果先验信念占优（精度很高），则即便感知证据与信念不符，主体也会维持住信念——因此会做出动作（握住杯子）以消除信念与证据的冲突。这要借助短暂的感知抑制（或暂时调低感知预测误差的权重），否则就可能产生适应不良的后果，比如不能运动或不受控（Brown et al., 2013）。

10.6.1 观念运动理论

根据主动推理架构，行动源于（本体觉）预测而非运动指令（Adams, Shipp, & Friston, 2013）。这就将主动推理架构与行动的观念运动理论联系起来了。观念运动理论是一个理解行动控制的框架，可追溯到 William James（1890）的观点，同时与"事件编码"和"预期行为控制"理论（Hommel et al., 2001；Hoffmann, 2003）也有关联，其主张"动作—效应链接"（类似于正向模型）是认知架构的关键机制。重要的是，这些链接能被双向使用：若以动作—效应方向使用这些链接，它们就能生成感知预测；若以效应—动作方向使用，主体就能基于自身的预测选择并控制行动，以期获得符合期望的感知结果（所谓"观念运动"之"观念"，指的正是这种预测）。这种强调预测的行动控制观得到了大量研究的支持，不少文献资料都记录了动作的（预期）后果对行动选择和执行的影响（Kunde et al., 2004）。主动推理架构对这种"观念性"运动控制机制的数学描述还囊括了其他机制，比如精度控制和感知抑制——它们尽管与观念运动理论相容，却并未在其中得到充分发掘。

10.6.2 控制论

主动推理架构与控制论关于行为的目的性、目标导向性以及（基于反馈的）主体—环境交互的重要性的思想密切相关，体现为 TOTE（测试、运行、测试、存在）等理论模型（Miller et al., 1960; Pezzulo, Baldassarre et al., 2006）。在 TOTE 和主动推理架构中，主体选择行动的依据是其偏好的状态（目标）与当前状态的差异。这种观念与行为主义理论经常设定的简单的刺激—反应模式和强化学习等计算框架（Sutton & Barto, 1998）都有所不同。

主动推理的行动控制观特别类似于知觉控制理论（Powers, 1973），其核心是：主体控制的对象其实是知觉状态，而非运动输出（行动）。举个例子，驾驶时司机控制的——以及面对扰动时致力于始终保持稳定的——是基准速度或他期望的速度（比如在高速公路上开到时速 120 千米）。这个速度会显示在仪表上，而为保持这个速度而选择的行动（给油或收油）则要取决于当时的情境。比如逆风或长上坡时应该深踩油门；顺风或长下坡时则应该收油甚至刹车。这印证了 William James（1890）的说法："人类会借助灵活的手段达到既定的目标。"

虽说主动推理架构和知觉控制理论都认为行动要由知觉（特别是本体觉）预测控制，二者在控制的具体方式上却持不同的见解。根据主动推理架构，行动控制以生成模型为基础，有预期性（前馈性）的特点。相反，知觉控制理论则假设反馈机制在相当程度上足以控制行为，试图预测扰动或施加前馈（或开环）控制则毫无价值。不过这种意见主要是针对需应用反向—正向模型（见下一节）的控制理论的。根据主动推理架构，生成（正向）模型并不是用来预测扰动的，主体要借助生成模型来预测未来的（期望的）状态及（借助行动实现的）状态变动的轨迹，并据此推断知觉事件的潜在诱因。

主动推理架构与知觉控制理论的关联还体现为对多层控制架构的描述。知觉控制理论假设在多层控制架构中，高层只会通过设置"参照点"或"设定值"（即需要达成的目标）来规定低层要"做什么"，而不会限制具体"怎样做"——低层能使用任何手段达成这些目标。这与大多数多层控制理论不同，这些强调自上而下的直接控制的理论要么认为高层会直接选定计划（Botvinick，2008），要么认为高层会让低层产生选择特定行动的偏向性，或向低层发出具体的运动指令（Miller & Cohen，2001）。与知觉控制理论类似，主动推理架构将多层控制分解为一系列（自上而下）级联的目标与子目标，这些目标在各个（较低的）层级都能被自动化地实现。此外，根据主动推理，控制架构中不同层级的（子）目标对行动控制的贡献是可调的（即相应的精度权值可变）：在特定动机下，一个目标的重要性或迫切度越高，其优先级就越高（Pezzulo, Rigoli, & Friston, 2015, 2018）。

10.6.3 最优控制理论

主动推理架构对行动控制的解释与神经科学领域的其他控制模

型，如最优控制理论（Todorov, 2004; Shadmehr et al., 2010）大不相同。最优控制理论假设大脑的运动皮质借助（反射性的）控制策略选择行动，这些控制策略会将刺激映射到反应。相比之下，主动推理架构则假设运动皮质传达的是预测，而不是指令。

此外，虽然主动推理架构和最优控制理论都重视内部模型，但它们对内部模拟机制的描述却不太一样（Friston, 2011）。最优控制理论区分了两种内部模型：反向模型和正向模型。前者编码了刺激—反应权变，可用于选择运动指令（根据特定成本函数），后者则编码了行动—结果权变，能为反向模型提供（模拟的）输入，以替代含噪或延迟的反馈，这样一来，最优控制理论就超越了纯粹的反馈控制方案。反向模型和正向模型能构成一个内部环路，无需外部刺激—反应（在抑制输入与输出的条件下）即可对行动序列进行模拟。这种内部模拟不仅支持计划、行动知觉和社会生活中的模仿等认知功能（Jeannerod, 2001; Wolpert et al., 2003），也能解释一系列运动障碍和精神病理现象（Frith et al., 2000）。

与最优控制理论不同，在主动推理架构中，正向（生成）模型承担了行动控制的重任，反向模型则被最大程度地简化为外围区域（比如脑干或脊髓）的简单反射弧。当预期的感知状态与实际观察（比如手臂的预期位置与实际位置）产生了差异，也就是产生了感知预测误差，主体就会实施行动。这意味着运动指令等价于正向模型的预测，不需要像最优控制理论主张的那样由反向模型计算。（手臂的）行动能消除感知预测误差（更准确地说，能消除本体觉预测误差)。要靠行动消除的误差通常很小,因此不需要一个复杂的反向模型,仅凭运动反射弧便足以胜任(Adams, Shipp, & Friston, 2013)[1]——后者编码的并非从推断的外界状态到具体行动的映射,而是行动与感知结果间的更加简单的映射(详见 Friston, Daunizeau et al., 2010)。

行动的最优控制与主动推理的另一点重要区别是前者需仰仗成本或价值函数,后者则代之以先验(或预期自由能隐含的先验偏好)的概念。我们将在下一节对此进行讨论。

* * *
* *
*

10.7 效用与决策

行动反映价值观。

——Mahatma Gandhi

成本函数或价值函数的概念在许多领域——包括最优运动控制、追求效用最大化的经济决策和强化学习——都举足轻重。根据最优控制理论,特定动作(如够取食物)的最优控制策略通常能让特定成本函数最小化(减少无关动作,让整个过程更流畅);而在强化学习任务中(比如老鼠学习走迷宫),最优的策略意味着折现奖励(比如食物)的最大化和成本(比如移动)的最小化。这些问题通常要用贝尔曼方程来解决(对连续时间问题,则要用到哈密顿—雅可比—贝尔曼方程),其总体思路是:决策的价值可以分解为两个部分——决策问题的即时回报和剩余部分的价值。这种分解能在动态规划中迭代,而动态规划是控制理论和强化学习的核心(Bellman,1954)。

主动推理架构与上述方法的主要区别有两点。首先,它不只追求效用的最大化,而是致力于达到一个更宽泛的目标:最小化(预期)自由能。这不仅意味着经典的"奖励",还有额外的意义:比如能为当前状态"消歧",也有助于寻求新颖性(见图2-5)。这些目标是对认识活动而言的,有时也被称为"新奇红利"(novelty bonus)(Kakade & Dayan, 2002)或"内部奖励"(Schmidhuber, 1991; Oudeyer et al., 2007; Baldassarre & Mirolli, 2013; Gottlieb et al., 2013)。主动推理架构天然蕴含这些额外的目标,因此它支持决策活动中常见的"探索—利用"权衡。这是因为自由能是信念的泛函,最小化自由能意味着优化信念,而不是最大化某个外部奖励函数。这对探索性任务至关重要,因为这类任务的成功与否取决于主体能否消除尽可能多的不确定性。

其次,在主动推理架构中,成本的概念蕴含在先验之中。先验(或先验偏好)指定了控制的目标——循哪一条轨迹,或到哪一个终点。用先验而非效用来编码偏好的观察结果(或序列)意味深长(Friston, Daunizeau, & Kiebel, 2009):它将寻找最优的行动策略重新定义为推理问题(目的是确定实现偏好轨迹的一系列控制状态),无需价值函数或贝尔曼方程——尽管能使用同样的递归逻辑(Friston, Da Costa et al., 2020)。主动推理架构对先验的规范性使用与强化学习方法对价值函数的规范性使用至少有两点不同。其一,强化学习方法要使用状态或"状态—行动"组合的价值函数,主动推理架构则使用对观察的先验。其二,价值函数取决于特定行动策略(实施特定行动)的预期回报,也就是该行动策略带来的未来(折现)奖励的总和。而在主动推理架构中,先验通常不是对未来奖励的加和,也不涉及折现,相反只有在计算行动策略的预期自由能时,类似"预期回报"的东西才会出现。可见预期自由能与价值函数十分相似，只不过它是关于状态的信念的泛函，而不是状态的函数。当然话虽如此，我们依然可以构建出类似于（强化学习中的）状态的价值函数的先验——比如将预期自由能的计算"存储"在这些状态之中（Friston, FitzGerald et al., 2016; Maisto, Friston, & Pezzulo, 2019）。

此外，先验蕴含效用还有一点重要的理论意义，那就是先验得以扮演目标的角色，生成模型因此具有了某种乐观偏向——生物相信自己能获得偏好的结果。正因具备了这种偏向，生物才会为达成期望的目标而制订相应的计划，缺少这种偏向通常意味着情感淡漠（Hezemans et al., 2020）。相比之下，其他形式化决策理论如贝叶斯决策理论会将事件的概率与其效用区分开来。这种区分多少有些肤浅，因为效用函数总能表述为对特点先验信念的编码，相应的事实是：若特定行为可最大化效用函数，则该行为的概率一定更大，而且必须更大。虽说有些同义反复，但这正是"效用"的（紧缩论的）定义。

10.7.1 贝叶斯决策理论

贝叶斯决策理论是一个数学框架，可将（前述）贝叶斯大脑假设拓展至决策、感知运动控制和学习等领域（Kording & Wolpert, 2006; Shadmehr et al., 2010; Wolpert & Landy, 2012）。贝叶斯决策理论将决策描述为两个不同的过程：一是用贝叶斯计算来预测未来结果的概率（该结果取决于行动或策略），二是用效用或成本函数来定义对计划的偏好（不论这些函数能否因学习而改变）。最终的决策要将这两个过程结合起来，选择有更大概率获得更多奖励的行动方案。这与主动推理架构形成了鲜明的对比，根据后者，先验分布本身就反映了什么对生物有价值（或在演化史上有价值）。不过，贝叶斯决策理论与变分自由能及预期自由能的优化还是有可比性的。在主动推理架构中，变分自由能的最小化让生物拥有了关于世界的状态及其可能的演化方式的准确的（而且是简单的）信念，预期自由能会因行动策略的选择而最小化的先验信念则蕴含了偏好的概念。

一些学者对贝叶斯决策理论的现状表示担忧。这种担忧源于完全类定理（Wald, 1947; Brown, 1981），其主张对任何给定的决策—成本函数组合，都存在一些先验信念，使该决策成为贝叶斯最优。这表明分别考虑先验信念和成本函数有人为制造二元对立（duality）或简并性（degeneracy）之嫌。在某种意义上，主动推理消除了这种二元对立，因为效用或成本函数已经（以偏好的形式）蕴含在先验信念的概念之中了。

10.7.2 强化学习

强化学习是一种解决贝叶斯决策问题的方法，在人工智能开发和认知科学研究中多有应用（Sutton & Barto, 1998）。其关注主体怎样通过试误习得策略（比如杆平衡），包括尝试行动（向左或向右移动），以及接收正强化（行动成功，杆子立住）或负强化（行动失败，杆子倒下）。

主动推理和强化学习适用的问题范围有所重叠，但二者在数学和概念上也有不少差别。如前所述，主动推理抛弃了奖励、价值函数和贝尔曼最优性等概念，而这些概念是强化学习方法的关键所在。不仅如此，行动策略的概念在主动推理与强化学习框架中的用法也不相同。在强化学习中，一个策略表示一套有待学习的刺激—反应组合；在主动推理架构中，策略则是生成模型的一部分：它表示一系列有待推断的控制状态。

强化学习有很多具体方法，可大致分为三种。前两种致力于学习最优的价值函数（状态价值函数和状态—行动价值函数），尽管是以不同的方式。

无模型的强化学习方法直接从经验中习得价值函数：该过程包括采取行动、获得奖励、更新价值函数，以及据此更新行动策略。之所以被称为"无模型"的方法，是因为这种方法无需像主动推理架构那样使用可预测未来状态的（转换）模型，相反，其隐含地使用了更加简单的模型（状态—行动映射）。借助无模型的强化学习方法习得价值函数通常涉及奖励预测误差的计算，如常见的时序差分算法。相比之下主动推理涉及状态预测误差的计算，因为该架构中没有奖励的概念。

基于模型的强化学习方法不会直接从经验中学习价值函数或行动策略。相反，这种方法会从经验中习得任务的模型，用这个模型来制订计划（即模拟可能的经验），再根据这些模拟的经验更新价值函数和行动策略。虽然主动推理和强化学习都会基于模型制订计划，但二者的具体做法是不同的。在主动推理架构中，计划的制订就是计算各行动策略的预期自由能，不涉及价值函数的更新。当然假如我们将预期自由能看成是一个价值泛函，也可以说基于生成模型的推理是在更新这个泛函——以此关联主动推理和强化学习。

强化学习的第三种方法即策略梯度法试图直接优化行动策略，无需借助对前两种方法都不可或缺的价值函数。这种方法从参数化的策略入手，可生成（比如说）运动轨迹，再通过改变参数来优化策略，在行动带来高（低）回报的情况下提高（降低）相应策略的可能性。策略梯度法和主动推理均无需借助价值函数（Millidge, 2019），但其总体目标（最大化长期累积回报）与主动推理不同。

强化学习与主动推理的差异既体现在形式上，也体现在概念上。比如二者对目标导向的行为和习惯性的行为就有不同的解释。在动物学习的文献资料中，目标导向的选择需要依靠关于行动—结果权变的（前瞻性的）知识（Dickinson & Balleine, 1990），习惯性的选择则并没有前瞻性，其背后的（刺激—反应）机制也更加简单。在强化学习领域，一个广为流行的观点是目标导向的选择和习惯性的选择分别对应基于模型的和无模型的强化学习，这两种选择是并行的，为争夺行为的控制权而持续竞争（Daw et al., 2005）。

主动推理架构对目标导向的和习惯性的行为选择的解释则有所不同。在离散时间的主动推理中，行动策略的选择本质上是基于模型的，因此这种选择可以说是目标导向、深思熟虑的。这与基于模型的强化学习类似，但不完全一样：在基于模型的强化学习中，行动的选择是前瞻性的（基于模型），行动的控制则是反应性的（借助刺激—反应模式）；而在主动推理架构中，行动的控制是主动性的（通过实现本体觉预测）。

主动推理的主体通过执行目标导向的行动（策略）并将关于何种策略在何种情境下更加成功的信息"存储"起来，就能"养成"相应的行为习惯。上述信息表现为相应策略的先验的价值（Friston, FitzGerald et al., 2016；Maisto, Friston, & Pezzulo, 2019）。有了这套机制，主体在特定情境下无需深思熟虑即可选择先验价值较高的行动策略。可以认为它们在多次接触特定任务的情况下会边观察（自己在做什么）边学习（"像我这样的生物在这种情况下应该如此这般"）。无模型的强化学习方法主张习惯的养成独立于目标导向的策略选择，主动推理架构则主张习惯是在反复选择（目标导向的）行动策略的过程中（通过"存储"相应的结果）获取的。

根据主动推理架构，目标导向的行为选择机制和习惯性的行为选择机制会彼此合作，而不是只会相互竞争。这是因为关于行动策略的先验信念既有习惯性的成分（策略的先验价值），又有深思熟虑的成分（预期自由能）。反应性的和目标导向的行为选择未必是并行的，而是可以分别由主动推理架构的不同层级实现（Pezzulo, Rigoli, & Friston, 2015）。

最后要注意的是，主动推理和强化学习对行为诱因的解释也有一些区别。强化学习方法源于行为主义理论，其主张行为是强化介导的试误学习的结果。主动推理架构则假定行为系推理所致。这就引出了下一个要点。

10.7.3　计划即推理

我们已将知觉和控制视为（近似）贝叶斯推理（Todorov, 2008）。根据同样的逻辑，在主动推理架构中，计划也能被视为一种推理：对生成模型的一系列控制状态的推理。

上述观点与一系列方法密切相关，包括"控制即推理"（Rawlik et al., 2013；Levine, 2018）、"计划即推理"（Attias, 2003；Botvinick & Toussaint, 2012）、"风险敏感性控制"，以及"KL 控制"（Kappen et al., 2012）。这些方法都主张：计划涉及对行动或行动序列的后验分布的推理，需借助动态的生成模型，后者编码了状态、行动及未来（预期）状态间的概率权变关系。要推得最佳的行动或行动计划，就要假定我们观察到了未来的奖励（Pezzulo & Rigoli, 2011；Solway & Botvinick, 2012）或最优的轨迹（Levine, 2018）。比如说，我们可以在模型中锁定未来期望状态（固定相应的值），继而推出更有可能弥合当前状态与未来期望状态间差异的动作序列。

主动推理、"计划即推理"及其他相关方案都属于前瞻性控制，其出发点是对有待观察的未来状态的外显的表征，而不是像最优控制理论或强化学习方法那样依赖一系列刺激—反应规则（模式）。不过,"控制即推理"和"计划即推理"的具体实现至少在三个维度上有所不同,分别是它们使用的推理形式(取样或变分推理)、推理的结果(行动或行动序列的后验分布)及推理的目标(最大化某个最优性条件的边缘似然或最大化获得奖励的概率)。

主动推理架构对上述各个维度都有其独特的视角。首先,它为应对"计划即推理"在计算上的挑战,使用了一个可扩展的近似方案——变分推理。其次,它实现了基于模型的计划,即对控制状态之后验的推理——所谓的控制状态对应行动序列或行动策略,而不是单个动作。[2] 最后,为推得行动序列,主动推理考虑了预期自由能泛函,在数学上包含了其他广泛使用的"计划即推理"方案(比如KL控制),能很好地处理含混的情况(Friston, Rigoli et al., 2015)。

* * *
* *
*

10.8 行为与有限理性

> 智者依理性而动，常人循经验而动，愚者因欲念而动，畜生凭本能而动。
>
> ——Marcus Tullius Cicero

在主动推理架构中，行为天然含有深思熟虑的成分、持续性的成分，以及习惯性的成分（Parr, 2020）。设想你要去商店购物，如果能预测到一些行动（比如左转或右转）的结果，就能为如何到达商店制订一个很好的计划。你这种深思熟虑的行为背后是为获得偏好的观察（比如观察到自己到达了商店）而寻求最小化预期自由能。值得注意的是，预期自由能的最小化还意味着消除不确定性，这同样会赋予行为深思熟虑的色彩。如果你不确定前方有没有封路，可以先爬上天台去看一眼——虽然要比直接下楼多走上几步，但能让你明确到底该选哪一条路，换言之，该行为对你的计划具有"认识价值"。

假如你走在路上分了神，光顾着想别的（你深思熟虑的不再是去商店这件事），就很有可能走过头。这表明行为具有持续性的成分，这种持续性的背后是为获得与当前信念相符的观察而最小化变分自由能。对你来说，当前信念就包括关于当前行动的信念。你走在路上时获得的观察（包括感知输入和本体觉输入）为"我在行走"这一信念提供了证据，因此如果没始终惦记着购物，你就很有可能走过头，也就是保持当前的行动。

假如你就这么一边想事儿一边溜达，到最后很可能突然发现自己不知怎的就回到了家门口。这表明行为还具有习惯性的成分。这种习惯性的背后是行动策略的先验价值——由于你每次出门后都要回家，你会为这个曾多次执行过的计划分配很高的概率。因此假如没想着自己要做点儿什么（没保持对购物一事的深思熟虑），"回家"的计划就将主导你的行为。

值得注意的是，行为所含的深思熟虑的成分、持续性的成分和习惯性的成分共存于主动推理的架构之下。换言之，在某些情况下，习惯就是你最可能采纳的行动方案。这不同于常见的"二元理论"，根据这些理论，人们的行动受两个独立的系统驱动：一个是理性的，一个是直觉的（Kahneman，2017）。行为兼具深思熟虑、持续性和习惯性的特点，这些成分具体怎样混合很可能取决于情境，比如我们具备多少相关经验，以及能为深思熟虑的过程（其复杂性成本或许很高）投入多少认知资源。[3]

认知资源的有限性会对决策产生重大影响，这一点充分体现在对有限理性（Simon，1990）的研究之中。其核心思想是，虽然在理想情况下，理性的主体应该充分考虑其行动可能产生的各种后果，但在现实中，主体的理性通常都是有限的，因为它们必须权衡计算要消耗多少资源、付出多少努力，以及能否及时做出决策——要制订最好的计划往往意味着高昂的信息加工成本（Todorov，2009；Gershman et al.，2015）。

自由能原理与有限理性

我们可以用"Helmholtz 自由能"的概念来理解有限理性，Helmholtz 自由能是一个热力学概念，与主动推理架构使用的"变分自由能"密切相关（详见 Gottwald & Braun，2020）。"有限理性的自由能理论"用自由能的两个构成成分（能量与熵，详见第 2 章）阐释了如何在信息加工能力有限的情况下通过权衡选择行动。能量代表一种选择的预期价值（准确性），熵则代表深思熟虑的成本（复杂性）。在选择行动前，通过深思熟虑降熵（降低复杂性）以提高信念的精度（Ortega & Braun，2013；Zénon et al.，2019）意味着很高的成本。直观上，这样做能保证选择的准确性（意味着更高的效用），但提高后验信念的精度要付出相应的代价，因此一个有限理性的决策者必须（通过最小化自由能）找到折中的方案。主动推理也涉及同样的权衡，因此主动推理的主体也必然是有限理性的主体。有限理性的概念也呼应了变分的证据边界（或边缘似然的变分近似），后者对主动推理具有决定性的意义。总而言之，主动推理架构提供了一个（有限）理性与优化的模型，根据该模型，一个给定问题的解决方案是两个互补的目标——也就是准确性和复杂性——的折中。这两个目标源于自由能最小化这一规范原则，它要比传统经济学理论中常见的目标（比如效用最大化）更加深刻。

10.9 效价、情绪与动机

> 想想上帝创造你的初衷：他不想让你活得像头野兽，惟愿你追求美德与真知。
>
> ——Dante Alighieri

主动推理架构主张（负）自由能衡量了生物的适应性及其达到目标的能力。虽然生物致力于最小化自由能，但这并不意味着它们要去计算。通常情况下，它们只要能处理自由能的梯度即可。同样的，要登上山顶，我们不需要知道自己所处的海拔高度，只要沿着山坡往上爬就行了。不过，一些研究者相信生物会为它们的自由能如何依时而变建模。这一假设的支持者试图以此来解释效价、情绪和动机等现象。

根据这种见解，情绪效价（也就是情绪的积极性或消极性）可理解为自由能随时间的变化率（一阶时间导数）（Joffily & Coricelli, 2013）。具体而言，生物对自由能水平如何依时而变是有体验的：它体验到自由能水平的提高，就会为当前的情况分配一个负效价；体验到自由能水平的降低，就会为当前的情况分配一个正效价。将这一思路扩展到自由能的长期动力学（即二阶时间导数），就能描述更加复杂的情绪状态：比如说，我们从低效价阶段过渡到高效价阶段会感到"宽慰";从高效价阶段进入到低效价阶段则会感到"失落"。若生物能监测自由能的动力学(及其引发的情绪状态),其行动或学习策略就有可能适应环境状态的长期波动。

上述假设——即生物会用第二个生成模型来监测第一个生成模型的自由能——也许是有些跳跃,但我们可以用另一种方法描述上述见解。是什么导致了自由能的快速变化?鉴于自由能是信念的泛函,自由能的快速变化必然源于信念的快速更新。变化的速度在相当程度上取决于精度,精度在预测编码的动力学中扮演时间常数的角色。有趣的是,精度与自由能的高阶导数紧密相关,因为它其实就是自由能的负二阶导数(自由能地形图的曲率)。然而这又引出了一个问题:为什么我们要把精度与效价联系起来?这是因为精度与含混负相关。精度越高,描述的歧义就越少。一套行动方案如果能最小化预期自由能,就意味着它一定能最小化含混,因此最大化精度。这样一来,我们就在自由能的高阶导数、其变化率和动机性行为间建立了直接的联系。

对自由能(增减)的期望也可能起到激励行为的作用。在主动推理架构中,这种期望也可能表现为关于行动策略的信念的精度。这再次强调了二阶统计的重要性。比如说,一个高精度的信念表明我们认为行动策略十分理想——也就是说,我们确信该策略有助于最小化自由能。有趣的是,关于行动策略的信念的精度常被认为与多巴胺信号有关(FitzGerald, Dolan, & Friston, 2015)。以此观之,那些会提高(关于行动策略的)信念的精度的刺激会导致多巴胺水平激增，这类刺激对动机的形成具有显著作用（Berridge，2007）。这一观点或有助于揭示将（1）达成目标（或获取奖励）的期望与（2）注意力的提高（Anderson et al.，2011）及动机水平的增强（Berridge & Kringelbach，2011）关联起来的神经生理学机制。

* * *
* *
*

10.10 稳态、稳态应变与内感觉加工

你的身体远比你最深刻的哲思更富有智慧。

——Friedrich Nietzsche

生物的生成模型不只是关于外部世界的，也是关于内在环境的——这后一种角色甚至要更加重要。关于身体内部状态的生成模型（内感觉图式）有双重作用：解释内感觉（身体）信号如何产生，以及确保对体温和血糖水平等生理参数的正确调节（Iodice et al., 2019）。我们在 10.6.2 节曾简单提及控制论，其假设生命有机体的核心目标是维持稳态（Cannon, 1929），即确保生理参数的变化不超出维持生存所需的范围（比如防止体温过高）。而维持稳态的目标只能通过对环境的有效控制来达成（Ashby, 1952）。

通过将生理参数的合理范围指定为（关于内感觉观察的）先验，主动推理就能实现上述稳态调节。有趣的是，稳态调节能以多种彼此嵌套的方式实现。最简单的调节环路依赖自主反射（比如血管舒张），通常在特定参数超出合理范围或预期将超出合理范围（比如体温过高，或主体预期体温将要过高）时起作用。我们可以将上述自主控制过程描述为内感觉推理，也就是对内感觉信号流（而非本体

觉信号流）的主动推理，与各种朝向外界的行动区分开来（Seth et al., 2012; Seth & Friston, 2016; Allen et al., 2019）。为此，大脑可以使用一个生成模型，该模型预测内感觉生理信号流，通过激活自主反射消除内感觉预测误差（比如当体温过高时），类似于激活运动反射以纠正本体觉预测误差并引导指向外部的行动。

主动推理超越了简单的自主控制：它能以更加复杂的方式消除内感觉预测误差（比如让体温恢复正常水平）（Pezzulo, Rigoli, & Friston, 2015）。它能使用预测性的稳态应变策略（Sterling, 2012; Barrett & Simmons, 2015; Corcoran et al., 2020），在内感觉预测误差产生前先发制人地调节生理状态——比如在体温过高前寻找荫凉。另一种预测性的策略则意味着在生理指标偏离设定值以前调动资源，比如运动员的心率会在长跑开始前提高，因为他们预期长跑会让身体的耗氧量猛增。这就需要对（关于内感觉观察的）先验进行动态调整，而不是一味维持稳态（Tschantz et al., 2021）。最后，预测性的大脑能发展出复杂的策略，让我们能用更加丰富且有效的手段（去海边晒日光浴前准备好冷饮）达到同样的目标（控制体温）。

生物的内感觉调节对情绪感受的加工或许十分关键（Barrett, 2017）。在现实生活中，大脑的生成模型不仅始终在预测接下来会发生什么，还在预测它们对内感觉和稳态应变有何影响。（知觉外部事物时产生的）内感觉信号流赋予了外部事物情感维度，包括它们对生物的稳态应变及生存的积极/消极影响及其程度——这也让外部事物具有了"意义"。如果这种观点是正确的，内感觉加工和稳态应变机制的障碍就可能导致情绪失调和各种精神病理状况（Pezzulo，2013；Barrett et al., 2016；Maisto, Barca et al., 2019；Pezzulo, Maisto et al., 2019）。

情感推理的概念与内感觉推理密切相关。根据主动推理架构，情绪感受能被视为生成模型的一部分：它们是大脑用于在深度生成模型中部署精度的构造或假设。从信念更新的角度来看，（比如说）焦虑只意味着对"我很焦虑"这一贝叶斯信念的采纳，该信念能很好地解释主要的感觉与内感觉信号流。从行动的角度来看，随后的（内感觉）预测会提高或降低一系列精度（内隐行动）或触发自主反应（外显行动）。这看起来很像某种唤醒，其证实了"我很焦虑"的假设。通常情况下，情感推理涉及信念更新，后者具有领域一般性，需从内感觉和外感觉信号流中获取信息——可见情绪、内感觉和注意间的联系非常紧密，对身体健康（Seth & Friston, 2016；Smith, Lane et al., 2019；Smith, Parr, & Friston, 2019）和罹患疾病者（Peters et al., 2017；J. E. Clark et al., 2018）都是如此。

* * *
* *
*

10.11 注意、显著性与认识活动的动力学

> 真正的无知不是缺乏知识，而是排斥知识。
>
> ——Karl Popper

鉴于我们光在这一章中已如此频繁地提及精度和预期自由能的概念，如果不单开一小节聊聊注意和显著性就显得太疏忽了。这些概念在心理学文献资料中很常见，但经历了无数次重新界定与分类。有时它们指的是对突触增益的控制机制（Hillyard et al., 1998），该机制会决定优先选择哪个模态（感觉通道）或特定模态中的哪一条子通道；有时它们指的是我们会怎样借助外显或内隐的行动引导自己搜集关于外界的更多信息（Rizzolatti et al., 1987；Sheliga et al., 1994，1995）。

虽说"注意"概念的多重含义产生的不确定性让这个领域的研究颇具吸引力（认识价值），但消除歧义（含混）同样有其（实用）价值。对这种心理现象的形式化界定将有助于消除这种歧义。我们可以规定"注意"的操作定义就是某些感知输入的精度。这就能和增益控制对应上了：精度越高的感知输入对信念更新的影响就越大（当然感知输入的精度水平也是我们推理的结果）。这种关联的效度已得到了一系列心理学研究范式的证实，包括著名的 Posner 范式

(Feldman & Friston, 2010)。具体而言，如果视觉空间中特定位置的精度水平较其他位置的更高，对呈现在该位置的刺激的反应就要更快。

我们也许希望对"显著性"也做出形式化的界定。在主动推理架构中，显著性通常和预期信息收益（即认识价值）有关，后者是预期自由能的构成成分。直观上，如果某物的显著性水平较高，则表明我们期望它能传达出更多的信息。不过这种界定是对行动或行动策略而言的，相比之下，"注意"是关于感知输入的信念的属性。正因如此，有观点认为显著性是一种外显的或内隐的引导。第 7 章曾谈到预期信息收益可进一步分解为显著性和新颖性，前者意味着推理的可能性，后者则意味着学习的可能性。我们可以用一个类比来解释"注意"和"显著性"（或"新颖性"）的区别：在科学实验的设计与实验数据的分析中，从收集的数据中选择质量最高的，再用这些数据来指导假设检验的整个过程就类似于注意。显著性则是对下一个实验的设计，以确保收集到最高质量的数据。

我们之所以要探讨这个问题，并不是为了简单地增加对注意现象的另一种分类，而是要强调上述形式化界定的一个重要优势。对注意（或其他心理学概念）的界定是否一致并不重要，因为有了主动推理架构，我们只要了解相应概念的数学内涵就足够了。此外，这些定义还能很好地解释注意和显著性为什么经常被混为一谈。感知数据的精度越高，其含混水平越低，越值得注意，相应地获取这些数据的行动也就越具有显著性（Parr & Friston, 2019a）。

10.12 规则学习、因果推理与快速泛化

过去我聪颖，梦想改造世界；如今我智慧，正在改变自己。

——Rumi

人类和其他一些动物非常擅长复杂的因果推理、习得抽象概念和事物间的因果关系，以及对有限经验的泛化和推广。这与当前的机器学习形成了鲜明的对比，后者要经过大量训练才能有类似的表现。这种区别表明，当前基于复杂模式识别的机器学习方法也许还不支持像人类一样的学习与思考（Lake et al., 2017）。

根据主动推理架构，学习意味着获得一个生成模型，它要能捕捉到行动、事件和观察之间的因果关系。我们在这本书中谈到的都是一些简单的任务（比如第7章的老鼠走迷宫），它们涉及的生成模型并不复杂。相比之下，对复杂情况的理解和推理需要依靠深度生成模型捕捉环境的潜在结构（比如深层规律），并推广到各种看似不同的情况中去（Tervo et al., 2016; Friston, Lin et al., 2017）。

复杂的社会互动受一系列潜在的规则的控制，交通规则就是一个简单的例子。设想有个啥都不懂的孩子走到了一个繁忙的十字路口前，要想过马路，他就得预测（或解释）行人和车辆分别在什么

情况下可以通行。通过观察，这孩子能积累大量统计经验，表明一些事件会同时发生（比如在一辆红色小轿车减速后一位高个子行人穿过了马路，或在一位老人停下后一辆大卡车驶过），但这些经验大都毫无用处。最后，他会发现一些反复出现的统计模式，比如每隔一段时间，所有的机动车都会停在路上的特定位置，而后行人开始过马路。机器学习到这一步其实就可以了，如果我们的任务只是预测行人何时要走。但人类学习者至此可能还没"理解"眼前的情况。事实上，他甚至可能得出错误的结论，认为"车辆停，行人行"。不依赖（因果）模型的机器学习系统就常会犯类似的错误，它们无法区分"下雨了所以草地湿滑"和"草地湿滑所以下雨了"（Pearl & Mackenzie, 2018）。

另一方面，如果学习者能推出正确的潜在规则，就能对眼前的情况背后的因果结构有更深刻的理解（意识到"红灯停，绿灯行"）。了解潜在规则后，他不仅能更好地预测，推理的过程也会变得更加简洁，剥离掉大量无关的感知细节，比如汽车的颜色。像这样抽象出来的规则还能推广到其他的情况，比如另一座城市的另一个十字路口，即便后者的感知细节与当前的情况截然不同（当然在某些城市——比如罗马——过马路光看交通灯也许还不太够）。最后，习得潜在规则后，对新情况的学习就会变得更加高效，学习者会形成心理学家所说的"学习定势"——或者用机器学习的术语来说，获得"学会学习"的能力（Harlow, 1949）。比如几天后他又走到一个十字路口，正巧红绿灯还坏了，虽然不能直接套用先前习得的规则，但他依然会合理地预期一套类似的潜在规则可能正在发挥作用，而这将有助于他理解交警的手势具体是什么意思。

由此可见，若能习得关于环境潜在结构的复杂生成模型（即进行结构学习），就能实施复杂的因果推理，实现经验的泛化与推广。一直以来，创建能有效应对各种情况的生成模型都是计算建模与认知科学研究的重要目标（Tenenbaum et al., 2006；Kemp & Tenenbaum, 2008）。有趣的是，当前机器学习"大就是好，多就是美"的趋势不同于主动推理的统计学方法，后者重视准确性与复杂性的平衡，而且青睐更简单的模型。模型简化（剪除不必要的参数）不仅是为了避免资源的浪费，也是一种习得潜在规则的有效方法，既能在睡眠等离线阶段进行（Friston, Lin et al., 2017），又能发生在静息态活动中（Pezzulo, Zorzi, & Corbetta, 2020）。

* * *
* *
*

10.13 在其他领域应用主动推理：一些可能的方向

它必然开始于某时，它必然发端在某地。
有什么比得上此时？有什么及得上此地？
——Rage Against the Machine 乐队《游击广播电台》（Guerrilla Radio）

本书重点关注主动推理模型如何支持生物解决关乎生存与适应的各种问题。但事实上，主动推理架构还能应用于许多其他的领域。我们将在这一节简单探讨两个可能的方向：社会生活与文化实践，以及机器学习和人工智能。第一个方向需要理解多个主动推理的主体彼此互动的方式，以及从这种互动中涌现出来的各种现象。第二个方向则需要理解如何以更有效的——同时符合主动推理基本假设的——学习（和推理）机制拓展主动推理架构，使其能够解决更复杂的问题。这两个方向对未来研究都十分有趣。

10.13.1 社会生活与文化实践

人类认知的许多有趣的特点都与社会生活及文化实践有关，而非仅源于个体的知觉、决策和行动（Veissière et al., 2020）。根据定义，社会生活涉及多个主动推理主体间的互动，互动可能是物理性的（比如踢足球之类的联合行动），也可能要更抽象些（比如选举或借助社交网络交流）。一些对相同的生物之间相互推理的简单演示已经产生了有趣的涌现现象，比如简单生命的自组织会自行避免消散，参与形态发生的过程或有助于身体形态的获得和恢复，以及相互协调的预测可支持行动的轮替等（Friston, 2013; Friston & Frith, 2015a; Friston, Levin et al., 2015）。另一些模拟研究涉及生物如何将认知延展至人工制品及创建认知生态位（Bruineberg et al., 2018）。

上述研究只涵盖了我们复杂的社会文化生活的一小部分，但它们证明了主动推理具备从个体科学拓展到社会科学的潜力，认知也确有可能延展到颅骨以外（Nave et al., 2020）。

10.13.2 机器学习和人工智能

本书呈现的生成式建模和变分推理方法在机器学习与人工智能研究中得到了广泛应用。这些领域通常强调如何习得（联结主义）生成模型，而不是像本书一样关注如何使用生成模型来实施主动推理。这很有趣，因为机器学习方法可能有助于创建更加复杂的生成模型，解决比我们在书中谈及的更加困难的问题——尽管也可能需要非常不同的主动推理过程理论。

虽说我们不可能详细梳理机器学习领域关于生成式建模的海量文献，但可以简要提及一些最受欢迎的模型——近年来，人们已为这些模型开发出了许多变体。在联结主义生成模型发展的早期，Helmholtz 机和 Boltzmann 机（Ackley et al., 1985; Dayan et al., 1995）

提供了如何以无监督的方式习得神经网络内部表征的范例。其中 Helmholtz 机与主动推理的变分法联系尤为密切，因为它使用单独的识别与生成网络推得隐藏变量的分布，并从中取样以获得虚拟数据。当初，这些方法并没有取得多少引人瞩目的成功，但后来，人们发现堆叠多个（受限）Boltzmann 机或有助于多层内部表征的习得，这也是早期（无监督）深度神经网络研究的主要成就之一（Hinton, 2007）。

近期在机器学习领域应用较多的两种联结主义生成模型分别是变分自编码器（variational autoencoder，VAE）（Kingma & Welling, 2014）和生成对抗网络（generative adversarial network，GAN）（Goodfellow et al., 2014）。二者都可用于识别或生成图片和视频。VAE 是在生成式网络中应用变分法的一个很好的例子，这类模型的学习目标即"证据下限"（ELBO）在数学上等价于变分自由能。对"证据下限"的追求让模型能准确地描述数据（最大化准确性），同时对那些与先验差异不大的内部表征会更加偏爱（最小化复杂性）——后者需借助所谓的"正则化"实现，其有助于泛化，能有效减少过拟合。

GAN 则体现了另一条思路。它由两部分构成，分别是生成网络和判别网络，二者在学习中不断竞争。判别网络要学会区分生成网络产生的示例数据中哪些是真实的，哪些是虚拟的。生成网络则试图生成虚拟数据以"误导"判别网络，让后者做出错误的分类。这两大成分间的竞争迫使生成网络提高其生成能力，产生"高保真"

的虚拟数据——因此 GAN 已被广泛用于生成（比如说）极为逼真的图像。

类似 VAE 和 GAN 的生成模型也能用于控制任务。比如 Ha 和 Eck（2017）就曾使用一个（序列到序列，即 Seq2Seq 的）VAE 预测铅笔笔画。通过从内部表征进行取样，该模型能绘制出新的铅笔画作品。生成式建模方法也可用于控制机器人的运动，目前已有一些这样的研究，它们或使用主动推理架构（Pio – Lopez et al.，2016；Sancaktar et al.，2020；Ciria et al.，2021），或基于类似的理念，但借助联结主义模型实现（Ahmadi & Tani，2019；Tani & White，2020）。

该领域的主要挑战是：机器人的运动是高维的，要依靠（习得）复杂的生成模型。根据主动推理和相关方法：最重要的是要习得关于行动与下一时间步的感知（如视觉和本体觉）反馈间的映射，这一点颇有深意。习得上述正向映射可借助多种方法，包括自主探索、演示甚至与人类直接互动，比如实验者引导机器人的手沿特定轨迹够取目标，为发展有效的目标导向行动搭建支架（Yamashita & Tani，2008）。机器人能以各种方式习得生成模型，因此它们能发展的技能的范围也被极大地扩充了。当然，基于主动推理架构开发更先进的机器人（神经机器人）的可能性不仅意味着技术的重大发展，还意味着理论的巨大创新：机器人学天然地涉及主体与环境的适应性互动、认知功能的整合以及具身的重大意义——这些都是主动推理架构的关键。

10.14 总结

> 家园已在身后
>
> 世界尽在眼前
>
> 踏遍万水千山
>
> 越过重重阴霾
>
> 直到黑夜的尽头
>
> 那群星熠熠的苍穹
>
> ——J. R. R. Tolkien《指环王》(*The Lord of the Rings*)

本书开篇就提出了这样一个问题：能否从某种"第一原则"出发理解大脑和行为？而后，我们开始介绍主动推理架构，试图用这个理论来应对上述挑战。随着论述的深入，读者对一开始的那个问题应该渐渐有了自己的答案——但愿这个答案是"能"。在这最后一章，我们展示了主动推理何以成为智能行为的统一理论，以及它对我们熟悉的心理学概念（比如知觉、行动选择和情绪感受）意味着什么。我们回顾了书中的一系列概念，对那些依然有待未来研究的开放性问题也做了一番梳理。希望本书能为主动推理的相关作品提供有益的补充，这些作品有哲学领域的（Hohwy, 2013；Clark, 2015），也有物理学领域的（Friston, 2019a）。

至此，我们的旅程就要结束了。我们的目的一直是为那些对如何使用主动推理架构感兴趣的读者提供概念与形式水平的介绍。但要强调的是，主动推理不是只靠理论就能学会的东西。我们强烈建议喜爱本书的读者认真地考虑将它"用起来"。假如你从事的恰好是理论神经科学研究，那么尝试创建一个生成模型，用它来模拟某种心智现象，将为你的学术生涯带来一份很好的成人礼。你能体验到模拟不成的挫败，也会从先验信念被意外事件推翻的过程中收获良多。当然，不论你是否真会去做这类计算模拟，我们都希望你能在日常生活中不时地想起其中的逻辑，特别是在你自己实施主动推理的时候——也许你正抬头望向红绿灯，试图消除当下（能否通行）的不确定性；也许你正纠结要去哪家餐馆，以期实现先验偏好（满足口腹之欲）；也许你正拧动水龙头，想让体感温度符合所在环境（浴缸）的模型……说到底，我们都离不开各种形式的主动推理。

*   *   *
*   *
*

附 录

附录 A　相关数学背景

附录 B　主动推理的数学方程

附录 C　Matlab 代码：一个带注释的例子

附录 A 相关数学背景

Active Inference

A.1 介绍

附录部分将介绍（或回顾）本书所使用的基本数学技巧，包括对以下四个主题的非常简单的概括：线性代数、泰勒级数近似、变分法和随机动力学。对每个主题的介绍都参照它在书中的作用进行，因为我们的目的不是提供严格的形式证明，而是要让读者获得一种直观的理解。理解和应用主动推理所必备的数学技巧并不复杂，但横跨多个学科领域，这意味着读者很难找齐必要的参考资料，将相应的背景知识整合起来。我们希望这个部分能在一定程度上弥补这一点。

A.2 线性代数

A.2.1 基础

线性代数其实就是一个符号体系，可简洁地表达乘法和求和这两种运算的组合。它以矩阵和向量为基础。矩阵和向量都是由数字构成的阵列，构成矩阵的数字阵列有若干行和若干列，构成向量的数字阵列有若干行但只有一列。矩阵 A 中第 i 行的第 j 个元素记作 A_{ij}。两个矩阵 B 和 C（或一个矩阵和一个向量）的乘积 A 定义如下：

$$A = BC$$
$$\Rightarrow$$
$$A_{ij} = \sum_{k} B_{ik} C_{kj} \quad (\text{A-1})$$

在式 A-1 这类运算中，B 的列数和 C 的行数必须相等。但假设 B 的列数与 C 的列数相等，若我们想做以下求和运算：

$$A_{ij} = \sum_{k} B_{ki} C_{kj} \quad (\text{A-2})$$

在线性代数中，这个运算该如何表示？我们要用到另一种操作：将 B 的下标索引调换位置（反映在数字阵列中，就是列变行以及行变列）。这就是矩阵的转置，常用上标 T 表示：

$$B_{ik}^{T} \triangleq B_{ki}$$
$$A = B^{T} C \triangleq B \cdot C$$
$$\Rightarrow$$
$$A_{ij} = \sum_{k} B_{ki} C_{kj} \quad (\text{A-3})$$

式 A-3 展示了我们如何使用转置运算表示式 A-2 的求和。第二行使用了点运算符。这种表示法的灵感源于这样一个事实，即当 B 和 C 都只有一列时，式 A-3 可还原为向量点积。

另一种有用的运算是求矩阵的迹，也就是方阵主对角线所有元素之和：

$$tr[A] \triangleq \sum_i A_{ii} \quad (A-4)$$

如果若干个矩阵的乘积是一个方阵，我们就能求这个方阵的迹，而且改变矩阵乘积运算中各项的排列，所得的方阵的迹不变：

$$\begin{aligned} tr[ABC] &= \sum_i \sum_j \sum_k A_{ij} B_{jk} C_{ki} \\ &= \sum_k \sum_i \sum_j C_{ki} A_{ij} B_{jk} = tr[CAB] \\ &= \sum_j \sum_k \sum_i B_{jk} C_{ki} A_{ij} = tr[BCA] \end{aligned} \quad (A-5)$$

这个等式在本书中的主要用途是对标量而言的。一个标量可视为仅含一行一列的矩阵，因此我们可以求它的迹——其实不用算，它的迹就是那个标量。这意味着如果若干个矩阵的乘积是一个标量，我们可以像式 A-5 那样改变各项的排列。

比如说我们有一个含 N 行 N 列的方阵 B，一个 N 行的向量 c，根据式 A-5，我们有：

$$\begin{aligned} a &= c \cdot Bc \\ &= tr[c^T B c] \\ &= tr[B c c^T] \\ &= tr[BC] \\ C &= c \otimes c \triangleq cc^T \end{aligned} \quad (A-6)$$

式 A-6 用两个矩阵的乘积的迹（倒数第二行）重新表达了一个二次式（第一行）。最后一行定义了外积（对比内积或点积）。式 A-6 在多元正态分布的背景下变得特别有用，正如我们将在 A.2.3 讨论的那样。

最后要了解的两个线性代数概念分别是逆矩阵与矩阵的行列式。逆矩阵的定义是：

$$A^{-1}A = AA^{-1} = I \tag{A-7}$$

式 A-7 的意思是：一个矩阵与它的逆矩阵的乘积是一个单位矩阵。单位矩阵是一个方阵，它的主对角线元素为 1，其余元素均为 0。任意矩阵乘以单位矩阵所得结果均为原矩阵不变，这相当于任意标量乘以 1（1 可视为一个一维单位矩阵）。这意味着任何东西乘以一个矩阵再乘以该矩阵的逆矩阵，最后都会得到原始量。

行列式是一个很有用的量，但它理解起来有些不够直观。它在本书中唯一的角色是多元正态分布归一化常数的一部分。因此我们要知道怎么计算它，但无需展开。对行列式的递归界定如下：

$$|A| \triangleq \sum_i (-1)^{i-1} A_{1i} |A_{\setminus (1,i)}| \tag{A-8}$$

式 A-8 中的 $A_{\setminus (1,i)}$ 表示去除第 1 行和第 i 列后的 A 矩阵，举个例子：

$$A = \begin{bmatrix} A_{11} & A_{12} \\ A_{21} & A_{22} \end{bmatrix}$$

$$A_{\setminus (1,1)} = A_{22} \quad (\text{A-9})$$

$$A_{\setminus (1,2)} = A_{21}$$

$$|A| = A_{11}|A_{22}| - A_{12}|A_{21}| = A_{11}A_{22} - A_{12}A_{21}$$

以上就是我们要用到的线性代数基本运算。

A.2.2 导数

矩阵或向量的微分就是对矩阵或向量的每个元素分别微分。比如我们有一个矩阵 B，其元素是标量 x 的函数，则 B 对 x 的导数如下：

$$\begin{aligned} A(x) &= \partial_x B(x) \\ \Rightarrow A(x)_{ij} &= \partial_x B(x)_{ij} \\ \partial_x &\triangleq \frac{\partial}{\partial x} \end{aligned} \quad (\text{A-10})$$

但要理解本书中的技术细节，还要介绍一些重要的定义与恒等式。首先是对非标量的微分。如果我们有一个向量 b，它是另一个向量 c 的函数，则 b 对 c 的导数是一个矩阵：

$$\begin{aligned} A &= \partial_c b(c) \\ \Rightarrow A_{ij} &= \partial_{c_j} b(c)_i \end{aligned} \quad (\text{A-11})$$

我们还将使用梯度算子，它处理向量的导数。其定义如下：

$$\nabla_b = \begin{bmatrix} \partial_{b_1} & \partial_{b_2} & \partial_{b_3} \cdots \end{bmatrix}^T$$

$$a = \nabla_b x(b)$$

$$\Rightarrow$$

$$a_i = \partial_{b_i} x(b) \quad (\text{A-12})$$

既然梯度算子是导数算子构成的向量，向量函数的散度作为一个与之相关的量就有了明确的定义：

$$\nabla_a \cdot b(a) = \sum_i \partial_{a_i} b(a)_i \quad (\text{A-13})$$

线性代数中有许多有用的导数恒等式，我们在这里不做进一步展开，有意深入研究的读者可参阅《矩阵攻略》（*The Matrix Cookbook*; Petersen & Pedersen, 2012）。本书只关注两个特别有用的恒等式，第一个是二次量的梯度：

$$d(a) = \nabla_a [b(a) \cdot Cb(a)]$$

$$\Rightarrow$$

$$d(a)_i = \partial_{a_i} \sum_j \sum_k b(a)_j C_{jk} b(a)_k$$

$$= \sum_j \sum_k \{[\partial_{a_i} b(a)_j] C_{jk} b(a)_k + [\partial_{a_i} b(a)_k] C_{jk} b(a)_j\}$$

$$\Rightarrow$$

$$d(a) = \nabla_a b(a) \cdot (C + C^T) b(a)$$

$$(\text{A-14})$$

在整本书中，（点运算符表示的）转置都要在应用梯度算子前进行：

$$\nabla_a b(a) \cdot (\cdots) \triangleq \nabla_a b(a)^T (\cdots) \neq [\nabla_a b(a)]^T (\cdots) \quad (\text{A-15})$$

式 A-14 中的恒等式可用于推导第 4 章预测编码的信念更新方程。第二个有用的恒等式是相同量对矩阵 C 的导数：

$$D(a) = \nabla_C [b(a) \cdot C b(a)]$$

$$\Rightarrow$$

$$D(a)_{ij} = \partial_{C_{ij}} \sum_k \sum_l b(a)_k C_{kl} b(a)_l = b(a)_i b(a)_j \quad (\text{A-16})$$

$$\Rightarrow$$

$$D(a) = b(a) \otimes b(a)$$

这里我们用到了带矩阵下标的梯度算子，表示：

$$\nabla_C = \begin{bmatrix} \partial_{C_{11}} & \partial_{C_{12}} & \cdots \\ \partial_{C_{21}} & \partial_{C_{22}} & \\ \vdots & & \ddots \end{bmatrix} \quad (\text{A-17})$$

我们将在附录 B 展示式 A-16 如何有助于估计后验概率的协方差矩阵。

A.2.3 概率

对概率推理而言，这些线性代数恒等式在两种重要的情况下发挥作用。第一种情况是当我们正在推理的随机变量（即概率分布的支撑集）是矢量时，第二种情况是当概率分布本身由充分统计量（向量、矩阵或更高阶张量）描述时。[1] 以同时符合这两种情况的多元正态分布为例，其定义为：

$$p(x) = \left(\frac{1}{(2\pi)^k}|\Pi|\right)^{\frac{1}{2}} e^{-\frac{1}{2}(x-\eta)\cdot\Pi(x-\eta)}$$
$$\dim(x) = k \qquad (\text{A-18})$$

在这里 x 是一个 k 维向量，因此众数 η 也是一个 k 维向量。精度 Π 是逆协方差——是一个表示众数周围概率质量离散程度的 $k \times k$ 维对称矩阵，它在 A-18 中出现了两次，一次出现在归一化常数中（作为一个行列式），一次出现在指数中。需要注意的是，指数中的二次项是个标量，因此易受式 A-6 中恒等式的影响。这一点在附录 B 中还要加以强调。

对分类变量而言，概率分布的充分统计量就是由概率构成的向量、矩阵或张量。比如掷骰子后朝上一面的点数分布可以写成一个 6 维向量，各元素分别代表不同点数的概率。但在处理条件变量时，情况就更有意思了。如果变量 o 和 s 各都有若干可能的取值，我们就能将给定 s 下 o 的条件概率写成一个矩阵，A，其元素如下：

$$P(o = i | s = j) = A_{ij} \qquad (\text{A-19})$$

式 A-19 的意思是，矩阵 A 中第 i 行第 j 列的元素表示在 s 取第 j 个可能的值时 o 取第 i 个可能的值的概率。我们可以更进一步，定义条件集中含多个项的条件概率，其可写成张量结构：

$$P(o = i \mid s_1 = j, s_2 = k, s_3 = l, \cdots) = A_{ijkl\cdots} \quad (\text{A-20})$$

通过在条件集中指定任意多个变量，我们能将条件概率写成任意阶张量，它可以有任意多个索引。比如第 7 章老鼠走迷宫的案例就应用了 3 阶概率张量，其原理能推广到任意高阶。对一个张量 A，我们可以用式 A-3 的点运算符来表示（关于第一个索引的）求和：

$$A = B \cdot x$$
$$\Rightarrow$$
$$A_{jklm\cdots} = \sum_i B_{ijklm\cdots} x_i \quad (\text{A-21})$$

将分布写成数字阵列的一个好处是，我们能使用 A.2.1 到 A.2.2 中的定义，用简明的方式来表达相应的量。我们经常要计算各种与信息理论有关的量，如概率分布的熵，也就是负预期（平均）对数概率。借助式 A-19，我们能得到熵的一种简单表达式：

$$H[P(o \mid s)] \triangleq - \mathrm{E}_{P(o \mid s)}[\ln P(o \mid s)]$$
$$\mathbf{H}_j \triangleq H[P(o \mid s = j)]$$
$$= \sum_i P(o = i \mid s = j) \ln P(o = i \mid s = j)$$
$$\Rightarrow$$
$$\mathbf{H} = - \mathrm{diag}(A \cdot \ln A)$$
$$(\text{A-22})$$

在式 A-22 中，*diag* 表示以向量的形式返回一个矩阵的对角线元素。与第 4 章对预期自由能的定义一样，线性代数符号的使用让我们能以一种简明的方式描述这些量的具体计算。

A.3 泰勒级数近似

A.3.1 介绍

通常而言，我们可以用一个近似（以^表示）来简化函数 $f(x)$ 的形式，只要该近似在某局部区域（比如点 a 的周围区域）有效。假如我们只对点 a 处的函数感兴趣，就可以用一个常数来代替这个函数，该常数为 $x=a$ 时 $f(x)$ 的值：

$$\hat{f}(x) = f(a) \tag{A-23}$$

不过这只对 $x=a$ 有效。要使 x 落在 a 周边区域时近似依然有效，我们可以加上一项，确保 x 的任何微小变化都将伴随函数值的相应变化，而函数值的变化取决于函数在 a 处的梯度。

$$\hat{f}(x) = f(a) + \varepsilon \partial_x f(x)\vert_{x=a}$$
$$\varepsilon \triangleq x - a \tag{A-24}$$

在 x 与 a 相等时，ε 项为零，这与式 A-23 是一致的。此外，x 与 a 相等时原函数与其近似的一阶导数相等。

沿用这种方法，我们可以再加上一项，其反映梯度的变化率

（即曲率），这样即便 x 的取值偏离 a 更多，近似依然有效。而且我们无需止步于此：我们可以添加任意多个项，依次对应原函数与近似间的（连续的）各阶导数。

$$\begin{aligned}\hat{f}(x) &= f(a) + \varepsilon \partial_x f(x)|_{x=a} + \frac{1}{2}\varepsilon^2 \partial_x^2 f(x)|_{x=a} + \cdots \\ &= \sum_{n=0} \frac{1}{n!}\varepsilon^n \partial_x^n f(x)|_{x=a}\end{aligned} \tag{A-25}$$

式 A-25 展示了泰勒级数的"一维展开"，不过我们可以将其推广到多元的情况（此时 x 是一个向量）：

$$f(x) \approx f(a) + \varepsilon \cdot \nabla_x f(x)|_{x=a} + \frac{1}{2}\varepsilon \cdot \nabla_x [\nabla_x f(x)]^T|_{x=a} \varepsilon + \cdots \tag{A-26}$$

这其中 $\nabla_x [\nabla_x f(x)]^T$ 就被称为海森矩阵（Hessian matrix）。

泰勒级数的项数越多，近似的效果就越好。就我们的目的而言，没有必要追求二阶（二次）以上的展开。接下来我们要展示这种近似在本书中的应用，其中就包括拉普拉斯近似，这是预测编码方案（见第 4 和第 8 章）和基于模型的数据分析需要仰仗的变分拉普拉斯方案（见第 9 章）的基础。此外，用于模拟连续轨迹的广义运动坐标（见知识库 4.2）也能解释为泰勒级数的系数。关于泰勒级数近似的这些应用，我们将分别在 A.3.2 和 A.3.3 展开。

A.3.2 拉普拉斯近似

泰勒级数近似对概率推理的重要意义之一是其在拉普拉斯近似中的应用。拉普拉斯近似指的是在一个概率分布（p）的众数（μ）附近用一个高斯分布来近似之。如果我们用式 A-26 来扩展一个概率分布的对数，就能得到：

$$\ln p(x) \approx \ln p(\mu) + \varepsilon \cdot \nabla_x \ln p(x)|_{x=\mu} + \frac{1}{2} \varepsilon \cdot \nabla_x [\nabla_x \ln p(x)]^T|_{x=\mu} \varepsilon$$

$$\varepsilon \triangleq x - \mu$$

(A-27)

这其实就是式 A-26，只不过 $f(x) = \ln p(x)$，且 $a = \mu$。约等号后第一项是一个常数，由 x 的取值决定，对确定归一化常数很重要。第二项为零，因为 x 取众数时对数概率的梯度为零。对约等号两侧进行对数还原，结果如下：

$$p(x) \approx \frac{1}{Z} e^{-\frac{1}{2}\varepsilon \cdot C^{-1}\varepsilon}$$

$$= \mathcal{N}(\mu, C^{-1})$$

$$C^{-1} \triangleq -\nabla_x [\nabla_x \ln p(x)]^T|_{x=\mu}$$

(A-28)

式 A-28 的意思是：当我们在一个对数概率的众数附近用一个二次函数来近似它，则在其众数附近的概率密度是正态的。这就是对概率分布应用拉普拉斯近似。不过，拉普拉斯近似还能应用于自由能泛函。要直观地理解这些，我们可以先给出一个自由能泛函（见

第4章):

$$F[q,y] = \mathbb{E}_{q(x)}[\ln q(x) - \ln p(y, x)] \quad \text{(A-29)}$$

式 A-29 将自由能界定为两个对数概率的预期差异。概率密度 q 为近似（变分）后验概率，p 为生成模型，描述了隐藏状态（x）如何生成（感知）数据（y）。如式 A-27 所示，我们能对这两个对数概率实施泰勒级数展开。从变分密度开始，我们有：

$$\begin{aligned}
\ln q(x) &\approx \ln q(\mu) + (x-\mu) \cdot \underbrace{\nabla_x \ln q(x)|_{x=\mu}}_{0} \\
&\quad + \frac{1}{2}(x-\mu) \cdot \nabla_x [\nabla_x \ln q(x)]^T|_{x=\mu}(x-\mu) \\
\Rightarrow q(x) &\approx \mathcal{N}(\mu, \Sigma^{-1}) \\
\Sigma^{-1} &= -\nabla_x[\nabla_x \ln q(x)]^T|_{x=\mu} \\
\mu &= \arg\max_x q(x)
\end{aligned} \quad \text{(A-30)}$$

将式 A-29 的预期应用于式 A-30，我们有：

$$\begin{aligned}
\mathbb{E}_{q(x)}[\ln q(x)] &\approx \ln q(\mu) - \frac{1}{2}\mathbb{E}_{q(x)}[(x-\mu)\cdot\Sigma^{-1}(x-\mu)] \\
&= \ln q(\mu) - \frac{1}{2}tr\Big\{\Sigma^{-1}\underbrace{\mathbb{E}_{q(x)}[(x-\mu)(x-\mu)^T]}_{\Sigma}\Big\} \\
&= -\frac{k}{2}\ln 2\pi - \frac{1}{2}\ln|\Sigma| - \frac{k}{2} \\
&= -\frac{1}{2}\ln(2\pi e)^k|\Sigma|
\end{aligned}$$

$$\text{(A-31)}$$

这里，k 是 x 的维数。从第一行到第二行的变换根据式 A-6 进行。第三行头两项来自多元正态分布的定义（式 A-18），式 A-31 对应于拉普拉斯假设下式 A-27 的第一项，式 A-27 的第二项也能围绕 μ 做类似的展开：

$$\ln p(y,x) \approx \ln p(y,\mu) + (\mu - x) \cdot \nabla_x \ln p(y,x)|_{x=\mu} +$$
$$\frac{1}{2}(\mu - x) \cdot \nabla_x [\nabla_x \ln p(y,x)]^T|_{x=\mu}(\mu - x)$$

$$\mathbb{E}_{q(x)}[\ln p(y,x)] \approx \ln p(y,\mu) + \underbrace{(\mu - \mathbb{E}_{q(x)}[x])}_{0} \nabla_x \ln p(y,x)|_{x=\mu} +$$
$$\frac{1}{2}tr[\mathbb{E}_{q(x)}[(\mu - x)(\mu - x)^T] \nabla_x [\nabla_x \ln p(y,x)]^T|_{x=\mu}]$$

$$= \ln p(y,\mu) + \frac{1}{2}tr\left\{ \sum \nabla_x [\nabla_x \ln p(y,x)]^T|_{x=\mu} \right\}$$

$$(\text{A-32})$$

最后的等式是因为假如 q 是一个正态分布，那么它的均值和众数相等。将式 A-31 和 A-32 代入式 A-27，我们就得到了拉普拉斯自由能：

$$F[q,y] \approx -\frac{1}{2}\ln(2\pi e)^k |\sum| - \ln p(y,\mu) -$$
$$\frac{1}{2}tr\left\{ \sum \nabla_x [\nabla_x \ln p(y,x)]^T|_{x=\mu} \right\} \quad (\text{A-33})$$

假如 x 只有一维，则最后一项的求迹运算可以忽略。这个公式的有用之处在于，如果我们将自由能对后验精度的导数设为零，就会发现：[2]

$$\partial_{\Sigma} F[q, y] = 0 \Leftrightarrow \Sigma^{-1} = - \nabla_x [\nabla_x \ln p(y,x)]^T \big|_{x=\mu} \quad \text{(A-34)}$$

这表明后验的精度是（在后验模态下估测的）状态和数据的对数概率的负曲率。因此最小化自由能无需外显地优化精度，而是可以根据后验均值解析计算。此外，若将式 A-34 代入 A-33 可知：自由能中依赖后验均值的唯一一项是数据与状态的对数概率。关于如何在连续状态空间模型中实施推理的细节可参阅第 4 章。

A.3.3　广义运动坐标

除用于拉普拉斯近似外，泰勒级数近似在主动推理架构中还要扮演一个重要角色，其涉及用广义运动坐标来表征关于特定变量之时间轨迹的信念。简而言之，我们经常要就一个变量的位置（x）、速度（x'）、加速度（x''）及其更高阶时间导数进行推理，以内隐地表征该变量时间轨迹的一个近似。可借助以下泰勒级数明确该近似：

$$x(t) \approx x(\tau) + \varepsilon x'(t)\big|_{t=\tau} + \frac{1}{2}\varepsilon^2 x''(t)\big|_{t=\tau} + \cdots$$
$$\varepsilon = t - \tau \quad \text{(A-35)}$$

这还意味着我们可以解释随机波动的协方差的结构，这对处理生物系统的波动是很有必要的（这些波动本身就产生自生物系统的动力学过程）。我们将在 A.5 节做进一步探讨。当下只要指出广义运动坐标的概率密度等价于局部轨迹的分布，而要构建局部轨迹，就要将泰勒级数展开的系数视为坐标。

A.4 变分法

A.4.1 泛函的求导

鉴于主动推理涉及信念（即概率分布）的优化，我们经常要探讨函数应如何变化以实现泛函（即函数的函数）的最小化。这就需要（用变分法）对泛函求导。大体而言，就是要找到一个函数 f，能让泛函 S 最小化——S 一般要写成一个（包括 f 的）函数的积分：[3]

$$\phi(x) = \arg\min_f S[f(x)]$$
$$S[f(x)] \triangleq \int_{x_1}^{x_2} \mathcal{L}[f(x), x]\,dx \tag{A-36}$$

如果我们用在积分极值处为零的任一函数（g）来参数化函数，并将其乘以一个小数字（u），就可以得到 S 对 u 的导数：

$$f(x, u) \triangleq \phi(x) + ug(x)$$
$$\partial_u S[f(x, u)] = \int_{x_1}^{x_2} \partial_u \mathcal{L}[f(x, u), x]\,dx$$
$$= \int_{x_1}^{x_2} \partial_u f(x, u)\,\partial_f \mathcal{L}[f(x, u), x]\,dx \tag{A-37}$$
$$= \int_{x_1}^{x_2} g(x)\,\partial_f \mathcal{L}[f(x, u), x]\,dx$$

当 u 为零时，f 能最小化积分。也就是说，式 A-37 在 $u=0$ 时应该为 0。因此 f 能最小化 S 的条件是：

$$\int_{x_1}^{x_2} g(x)\partial_f \mathcal{L}[f(x),x]dx\,|_{f=\phi} = 0 \qquad (A\text{-}38)$$

若对任意 $g(x)$ 式 A-38 均为真,则意味着:[4]

$$\delta_f S \triangleq \partial_f \mathcal{L} = 0 \qquad (A\text{-}39)$$

请注意,在物理学领域,$\mathcal{L}$ 也许不仅包含 f 本身,还包含这个函数的梯度。我们能用同样的步骤导出欧拉—拉格朗日方程(Euler-Lagrange equation):

$$\begin{aligned}\delta_f S &\triangleq \partial_f \mathcal{L} - \frac{d}{dx}\partial_{f'}\mathcal{L} = 0 \\ f' &\triangleq \partial_x f\end{aligned} \qquad (A\text{-}40)$$

式 A-39 和 A-40 都是在用变分法对泛函求导,区别只有 $\mathcal{L}$ 是否包含梯度。

A.4.2 变分贝叶斯

如果我们设 f 为某近似后验分布的一个因子,S 为一个自由能泛函,就能比较直接地做变分贝叶斯:

$$\begin{aligned}f(x) &= q_i(x_i) \\ q(x) &= \prod_i q_i(x_i) \\ \mathcal{L}[q_i(x_i), x_i] &= \int q(x)[\ln q(x) - \ln p(y,x)]dx_{j\neq i} \\ S[q(x)] &= F[q(x), y]\end{aligned} \qquad (A\text{-}41)$$

式 A-41 的第二行是平均场近似，依据变量 x 对近似后验做因子分解。这一步通常是出于计算可行性的考虑。不过，近似后验其实很有很多种形式可供选择。应用式 A-39，我们能找到可最小化自由能的近似后验的形式（省略常数）：

$$\begin{aligned}
\delta_{qi} F[q, y] &= \ln q_i(x_i) - \int \prod_{j \neq i} q_j(x_j) \ln p(y, x) \, dx_{j \neq i} \\
\delta_{qi} F[q, y] &= 0 \Leftrightarrow \\
\ln q_i(x_i) &= \mathbb{E}_{q \setminus i}[\ln p(y, x)]
\end{aligned} \qquad (\text{A-42})$$

第三行的"$\setminus i$"应该读作"除第 i 个以外的所有因子"。式 A-42 对一种被称为"变分消息传递"（Winn & Bishop, 2005; Dauwels, 2007）的推理方案很重要。这是通过独立地优化 q 的每个因子来实现的，并且需要 p 相对稀疏（即并非每个 x_i 都依赖其他每个 x_j）。我们随便举一个例子：

$$p(y, x) = p(y \mid x_1) p(x_1 \mid x_2, x_3) p(x_3) p(x_2 \mid x_4) p(x_4)$$
$$\Rightarrow$$
$$\ln q(x_1) =$$
$$= \mathbb{E}_{q(x_2)q(x_3)q(x_4)} \left[\ln p(y \mid x_1) + \ln p(x_1 \mid x_2, x_3) + \underbrace{\ln p(x_3) p(x_2 \mid x_4) p(x_4)}_{\text{关于}x_1\text{的常数}} \right]$$
$$\ln q(x_2) =$$
$$= \mathbb{E}_{q(x_1)q(x_3)q(x_4)} \left[\ln p(x_1 \mid x_2, x_3) + \ln p(x_2 \mid x_4) + \underbrace{\ln p(y \mid x_1) p(x_3) p(x_4)}_{\text{关于}x_2\text{的常数}} \right]$$
$$\vdots$$

$$(\text{A-43})$$

式 A-43 显示了当我们将第一行中的密度代入式 A-42 中 q 的前两个因子时会发生什么。省略常数项，我们得到：

$$\ln q(x_1) = \ln p(y \mid x_1) + \mathbb{E}_{q(x_2)q(x_3)}[\ln p(x_1 \mid x_2, x_3)]$$
$$\ln q(x_2) = \mathbb{E}_{q(x_1)q(x_3)}[\ln p(x_1 \mid x_2, x_3)] + E_{q(x_4)}[\ln p(x_2 \mid x_4)]$$
$$\vdots$$

(A-44)

期望中的项以如下方式加以简化：

$$\mathbb{E}_{p(b)}[f(a)] = \int p(b)f(a)db = f(a)\underbrace{\int p(b)db}_{=1} = f(a)$$

(A-45)

这就是变分消息传递之所以简单的原因：为实现信念更新，我们只需考虑信念中的一小部分（关于马尔科夫毯的信念——见知识库4.1）。

A.5 随机动力学

A.5.1 随机微分方程

本书中有几处提到了随机动力系统理论。比如第 3 章强调了稳态分布的重要性：随着时间的推移，随机动力系统会趋于稳态分布，这种动力学与"自证"的概念有着重要的关联。第 4 章和第 8 章则探讨了如何使用随机微分方程来构建连续状态空间模型。

虽然这不失为一个引人入胜的话题（Yuan & Ao, 2012），但我们没有足够的篇幅去详细探讨定义随机过程的微妙之处。不过，关于随机微分方程还是有必要聊两句的。简而言之，随机微分方程就是带有随机项（ω）的微分方程。

$$\dot{x} = f(x) + \omega$$
$$\omega \sim \mathcal{N}\left(0, \frac{1}{2}\Gamma^{-1}\right) \tag{A-46}$$

这里选用的随机项需为正态分布，其均值为 0，这样 x 的变化率最有可能的取值就是 $f(x)$。式 A-46 有点不太好解释，要想消除任何歧义，最好将其视为一个离散化方案的极限情况：

$$\Delta x = f(x)\Delta \tau + \omega(\Delta \tau)^{\frac{1}{2}}$$
$$\Delta \tau \to 0 \Rightarrow \dot{x} = f(x) + \omega \tag{A-47}$$

注意，假如 ω 的方差因 x 的取值而异，我们就有不止一套离散化方案。常见的选择对应于随机方程的 Ito 和 Stratonovich 解释。不过本书假设方差保持不变，以确保这些解释会得出相同的结果。要定义第 8 章的那种生成模型，我们只需要描述 x 变化率的概率分布。根据式 A-46，也就是：

$$p(\dot{x}|x) = \mathcal{N}\left[f(x), \frac{1}{2}\Gamma^{-1}\right] \tag{A-48}$$

以上就是定义这里使用的生成模型所需的概率分布。我们能据此总结确定性和随机动力系统的区别。如果我们知道一个确定性系

统中 x 的取值，就知道了它的速度；而在一个随机系统中，x 能让我们对可能的速度分布形成一个预期。

A.5.2 非平衡稳态

回顾第 3 章，一个（根据定义）致力于降低某种能量（或惊异）函数的系统会在时间的推移中保持其形式，并维持（可能是非平衡的）稳态。这里我们要稍微展开一下，从稳态的概念切入，梳理惊异最小化或"自证"（Hohwy，2016）的动力学。我们的出发点是式 A-46 描述的随机动力学的另一个表达式，用确定性偏微分方程描述概率密度如何依时而变，也就是所谓的"福克—普朗克方程"（Fokker-Planck equation）（Risken，1996）。

$$\partial_\tau p(x) = \nabla_x \cdot [\Gamma \nabla_x p(x) - f(x)p(x)] \quad (\text{A-49})$$

有了福克—普朗克方程，我们只需要将密度对时间的偏导数设为 0，就能定义稳态：

$$\partial_\tau p(x) = 0$$
$$\Rightarrow$$
$$\nabla_x \cdot [\Gamma \nabla_x p(x) - f(x)p(x)] = 0$$
$$\Rightarrow \quad (\text{A-50})$$
$$f(x) = -[\Gamma - Q(x)] \nabla_x \mathfrak{I}(x)$$
$$\nabla_x \cdot [Q(x) \nabla_x p(x)] = 0$$
$$\mathfrak{I}(x) \triangleq -\ln p(x)$$

这里第三个方程[5]尤为重要，它的意思是任何系统要维持稳态，其动力学（平均而言）都要能最小化惊异（ʒ）。Q 项描绘了沿惊异"轮廓"的动力学，既不增加也不减少惊异。主动推理"自证"的一面就体现于此，这也是智能系统的核心物理属性。更多内容就不在这里展开了，我们推荐读者参考 Friston（2019a）以全面了解相关细节。

A.5.3　广义运动坐标

正如 A.3.3 谈到的，我们可以用泰勒级数时间展开的系数来表示一段较短的轨迹。当我们对随机动力系统应用这一方法，就会产生一个有趣的问题：用广义运动坐标指定连续时间模型时，我们如何解释不同阶广义运动的协变性（协方差）？这里将引用 Cox 和 Miller（1965）的回答。在广义坐标中，一个随机过程可以用一个向量来表示，该向量刻画了状态流的随机波动、其变化率与更高阶时间导数：

$$\dot{\tilde{x}} = \tilde{f}(\tilde{x}) + \tilde{\omega}$$

$$\tilde{\omega} \triangleq \begin{bmatrix} \omega \\ \omega' \\ \omega'' \\ \omega''' \\ \vdots \end{bmatrix} = \begin{bmatrix} \omega^{[0]} \\ \omega^{[1]} \\ \omega^{[2]} \\ \omega^{[3]} \\ \vdots \end{bmatrix} \quad (A\text{-}51)$$

随机波动刻画如下：

$$p(\tilde{\omega}) = \mathcal{N}(0, \tilde{\Pi})$$
$$\mathbb{E}[\omega^{[0]}(\tau)] = 0 \quad \text{(A-52)}$$
$$\mathbb{E}[\omega^{[0]}(\tau) \cdot \omega^{[0]}(\tau)] = \Sigma$$

它们的自相关函数如下：

$$\rho(h) \triangleq \Sigma^{-1} \underbrace{\mathbb{E}[\omega^{[0]}(\tau) \cdot \omega^{[0]}(\tau+h)]}_{\text{协变性}} \quad \text{(A-53)}$$

我们可以将方程的两边都乘以方差，以表明两个时点的噪声间的协变性（协方差）可分解为自相关和方差。我们将随机波动的第 i 阶导数定义为这种极限情况：

$$\omega^{[i]}(\tau, \Delta\tau) = \frac{\omega^{[i-1]}(\tau+\Delta\tau) - \omega^{[i-1]}(\tau)}{\Delta\tau} \quad \text{(A-54)}$$

借助式 A-52 和 A-53，变量与其一阶时间导数间的协方差可表示为：

$$\begin{aligned}
& \mathbb{E}[\omega^{[1]}(\tau, \Delta\tau) \cdot \omega^{[0]}(\tau+h)] \\
& = \frac{1}{\Delta\tau} \mathbb{E}\{[\omega^{[0]}(\tau+\Delta\tau) - \omega^{[0]}(\tau)]\omega^{[0]}(\tau+h)\} \\
& = \frac{1}{\Delta\tau} \Sigma [\rho(h-\Delta\tau) - \rho(h)]
\end{aligned} \quad \text{(A-55)}$$

在时间的变化趋近于零时取极限：

$$\mathbb{E}[\omega^{[1]}(\tau) \cdot \omega^{[0]}(\tau+h)] = \sum \dot{\rho}(h) \quad (A-56)$$

当 $h=0$ 时，协方差为 0，因为实时速度与位置彼此正交（自相关最大，因此其时间导数为零）。

我们还能更进一步，用同样的程序估测一阶导数的方差：

$$\mathbb{E}[\omega^{[1]}(\tau, \Delta\tau) \cdot \omega^{[1]}(\tau+h, \Delta\tau)]$$

$$= \frac{1}{\Delta\tau^2} \sum \mathbb{E}\{[\omega^{[0]}(\tau+\Delta\tau) - \omega^{[0]}(\tau)][\omega^{[0]}(\tau+h+\Delta\tau) - \omega^{[0]}(\tau+h)]\}$$

$$= \sum \frac{1}{\Delta\tau}\left\{\frac{1}{\Delta\tau}[\rho(h) - \rho(h-\Delta\tau)] - \frac{1}{\Delta\tau}[\rho(h+\Delta\tau) - \rho(h)]\right\}$$

$$(A-57)$$

在 $\Delta\tau \to 0$ 时取极限，则有：

$$\mathbb{E}[\omega^{[1]}(\tau) \cdot \omega^{[1]}(\tau+h)] = -\sum \ddot{\rho}(h) \quad (A-58)$$

对更高阶导数执行此程序，我们就能计算广义精度矩阵的元素：

$$\tilde{\Pi} = \sum\nolimits^{-1} \otimes \begin{bmatrix} 1 & 0 & \ddot{\rho}(0) \\ 0 & -\ddot{\rho}(0) & 0 \\ \ddot{\rho}(0) & 0 & \ddddot{\rho}(0) \\ & & & \ddots \end{bmatrix}^{-1} \quad (A-59)$$

若选择自相关函数为高斯函数，则有：

$$\rho(h) = e^{-\frac{1}{2}\lambda h^2} \qquad \rho(0) = 1$$

$$\dot{\rho}(h) = -\lambda\rho(h) \qquad \ddot{\rho}(0) = 1$$

$$\ddot{\rho}(h) = \lambda(\lambda h^2 - 1)\rho(h) \qquad \ddot{\rho}(0) = -\lambda \qquad (\text{A-60})$$

$$\dddot{\rho}(h) = \lambda^2 h(\lambda h^2 - 3)\rho(h) \qquad \dddot{\rho}(0) = 0$$

$$\ddddot{\rho}(h) = \lambda^2(\lambda^2 h^4 - 6\lambda h^2 + 3)\rho(h) \qquad \ddddot{\rho}(0) = 3\lambda^2$$

精度项（λ）可被认为是对随机波动之平滑度的参数化——通过最小化自由能，它本身就能相对于数据得到优化。

* * *
* *
*

附录 B 主动推理的数学方程

Active Inference

B.1 介绍

本部分是对主动推理形式体系的总结。作为补充，我们提供了关于正文部分的数学模型具体由来的细节，并试图补全一些缺失的步骤。本部分以附录 A 的数学背景为基础，涉及部分可观察的马尔科夫决策过程（POMDP）和预测编码架构中的推理，以及正文中提及的结构学习和模型简化问题。我们试图让一切尽可能地自洽，而且会特别关注那些经常引起困惑的话题。当然理解这部分内容并非应用主动推理架构的必要条件，我们只希望为有需要的读者提供更多的技术细节，仅此而已。

B.2 马尔科夫决策过程

B.2.1 状态推理

面对 POMDP 问题，我们的目的是选择适当的行动方案或行动策略。这在主动推理架构中是一个推理的过程。我们要为备择策略找到一个后验概率分布。计算一个后验概率需要：（1）行动策略的先验概率（见B.2.2）和（2）给定策略下观察的似然。本小节关注后者。给定策略下观察的似然不能直接计算，因为根据POMDP问题的结构，策略（π）影响状态（s）的轨迹（~表示轨迹），继而影响感知结果（o），而策略不会直接影响感知结果。因此这个问题涉及对状态轨迹的加总和边缘化，以获得给定状态下感知观察的边缘似然。

$$P(\tilde{o}\mid\pi) = \sum_{\tilde{s}} P(\tilde{o}\mid\tilde{s})P(\tilde{s}\mid\pi) \qquad \text{(B-1)}$$

从计算的角度来看，对任何非平凡状态空间而言，状态轨迹的加总都是非常困难的。但正如第2章所呈现的那样，我们能将自由能泛函视为边缘似然的近似。根据第2章到第4章，自由能是近似后验信念（Q）和生成模型（P）的泛函，因此给定行动策略的自由能可表示如下：

$$F(\pi) = \mathbb{E}_{Q(\tilde{s}\mid\pi)} - [\ln Q(\tilde{s}\mid\pi) - \ln P(\tilde{o},\tilde{s}\mid\pi)] \geq -\ln P(\tilde{o}\mid\pi)$$
$$Q(\tilde{s}\mid\pi) = \arg\min_{Q} F(\pi) \Rightarrow F(\pi) \approx -\ln P(\tilde{o}\mid\pi)$$
$$\text{(B-2)}$$

式B-2揭示了一些简单却重要的事实：要推出行动策略（该做些什么），我们需要求行动策略的边缘似然的近似。要求边缘似然的近似，我们就要优化关于该行动策略下的状态的信念。简而言之，知觉推理对制订行动计划是必不可少的。我们在实践中如何解决这个问题？答案是借助A.4.2中的方法。通过选择式B-1中概率分布的显式，我们能给出自由能的简单表达式：

$$Q(\tilde{s} \mid \pi) = \prod_\tau Q(s_\tau \mid \pi) : Q(s_\tau \mid \pi) = Cat(\mathbf{s}_{\pi\tau})$$

$$P(\tilde{o} \mid \tilde{s}) = \prod_\tau P(o_\tau \mid s_\tau) : P(o_\tau \mid s_\tau) = Cat(\mathbf{A})$$

$$P(\tilde{s} \mid \pi) = P(s_1) \prod_\tau P(s_{\tau+1} \mid s_\tau, \pi) : P(s_{\tau+1} \mid s_\tau, \pi) = Cat(\mathbf{B}_{\pi\tau})$$

$$P(s_1) = Cat(\mathbf{D})$$

(B-3)

简言之，式 B-3 的第一行用（依时序分解的）平均场近似定义了关于状态的信念（见式 A-41）。每个时点都对应一个信念，该信念是关于执行策略时的状态的（以向量 $\mathbf{s}_{\pi\tau}$ 表示，该向量的各个元素表示各个可能的状态的概率）。在第二行中，观察的轨迹取决于隐藏状态的轨迹，这里用矩阵（若状态被进一步分解，则是向量）$\mathbf{A}$ 表示对各状态的观察的分布。类似地，特定模型下状态的先验轨迹由该策略下的转换概率（$\mathbf{B}_{\pi\tau}$）和初始状态的概率（$\mathbf{D}$）决定。将这些代入式 B-2 的自由能表达式，就得到了特定政策下的自由能：

$$\mathbf{F}_\pi = \mathbf{s}_{\pi 1} \cdot (\ln \mathbf{s}_{\pi 1} - \ln \mathbf{A} \cdot o_1 - \ln \mathbf{D}) +$$
$$\sum_{\tau=2} \mathbf{s}_{\pi\tau} \cdot (\ln \mathbf{s}_{\pi\tau} - \ln \mathbf{A} \cdot o_\tau - \ln \mathbf{B}_{\pi\tau} \mathbf{s}_{\pi\tau-1}) \quad (B\text{-}4)$$

请注意，一个概率向量与另一个量的点积就相当于求期望（见 A.2.1）。式 B-4 视结果为概率向量，向量中对应观察到的结果的元素为 1，其他元素为零（有时也被称为"独热编码"或"1-in-k 向量"）。现在的挑战是要最小化我们对状态（$\mathbf{s}_{\pi\tau}$）的信念的自由能，确保它是边缘似然的足够理想的近似。我们可以像 A.4.2 那样，通过调整构成信念的每个因素（一次调整一个）逐渐优化，就这样不断迭代直到结果收敛。然而，鉴于我们对更具生物学可行性的方案更感兴趣，也可以构建一个收敛于同一解的动力系统。这种方法就是梯度下降，因为我们会沿自由能梯度一路向下，直至得到极小值。

为更新对状态的信念，我们先要确定当前对状态的信念并取相应的自由能梯度。而后，我们要定义一个辅助变量（$\mathbf{v}$），令其扮演对数后验的角色，在此基础上做自由能的梯度下降。我们要用softmax 函数[1]（σ）对该对数后验做归一化，以确保关于状态的信念的更新有助于最小化自由能。

$$\mathbf{s}_{\pi\tau} = \sigma(\mathbf{v}_{\pi\tau})$$

$$\dot{\mathbf{v}}_{\pi\tau} = -\nabla_{\mathbf{s}_{\pi\tau}}\mathbf{F}_{\pi} \qquad (B\text{-}5)$$

$$\nabla_{\mathbf{s}_{\pi\tau}}\mathbf{F}_{\pi} = \ln\mathbf{s}_{\pi\tau} - \ln\mathbf{A} \cdot o_{\tau} - \ln\mathbf{B}_{\pi\tau-1}\mathbf{s}_{\pi\tau-1} - \ln\mathbf{B}_{\pi\tau+1} \cdot \mathbf{s}_{\pi\tau+1}$$

式 B-5 对式 A-42 描述的变分消息传递方案有相同的解，让我们仅使用局部导出的信息就能方便地计算后验信念（"局部导出的信息"在这里包括感知数据、关于最近的过往的信念和关于最近的未来的信念）。但要注意，这里用到的（依时序分解的）平均场近似经常导致对后验信念的信心水平过高，因此实践中经常使用一种被称为"边际消息传递"的改进方案来应对这种情况（Friston，FitzGerald et al., 2017；Parr, Markovic et al., 2019）。

$$\dot{\mathbf{v}}_{\pi\tau} = \boldsymbol{\varepsilon}_{\pi\tau}$$

$$\boldsymbol{\varepsilon}_{\pi\tau} = \ln\mathbf{A}\cdot o_{\tau} + \frac{1}{2}\left[\ln(\mathbf{B}_{\pi\tau}\mathbf{s}_{\pi\tau-1}) + \ln(\mathbf{B}^{\dagger}_{\pi\tau+1}\mathbf{s}_{\pi\tau+1})\right] - \ln\mathbf{s}_{\pi\tau}$$

$$\mathbf{B}^{\dagger}_{\pi\tau} \propto \mathbf{B}^{T}_{\pi\tau}$$

(B-6)

这样一来，推理就变得更加保守了，后验信念将具有更多的不确定性。研究者还探索了一些替代方案，包括贝特近似（Bethe approximation；Schwöbel et al.，2018）。但截至本书写作时为止，边际消息传递依然是实现主动推理的最常见方案。

B.2.2　计划即推理

上一节讨论了对感知状态的推理，感知状态是以特定行动策略为条件的，状态推理的目的是最小化该策略下的自由能。自由能扮演了负对数边缘似然（模型证据）的角色，每种策略都对应一个模型。有了对（最有可能的）策略的先验与后验信念，自由能就可表达为对策略的信念的泛函。

$$\begin{aligned} F &= \mathbb{E}_{Q(\pi)}[\ln Q(\pi) - \ln P(\pi,\tilde{o})] \\ &\approx \mathbb{E}_{Q(\pi)}[\ln Q(\pi) + F(\pi) - \ln P(\pi)] \\ P(\pi) &= Cat(\boldsymbol{\pi}_o) \\ Q(\pi) &= Cat(\boldsymbol{\pi}) \\ \boldsymbol{\pi}_o &= \sigma(\ln \mathbf{E} - \mathbf{G}) \end{aligned}$$

(B-7)

第二行的约等号来自式 B-2，在这里 $\mathbf{E}$ 是一个向量，表示对策略的固定的信念（可理解为一种习惯性的偏向即"偏置"），而 $\mathbf{G}$ 是各策略的预期自由能。如前所述，我们可以用充分统计量来定义自由能：

$$F = \boldsymbol{\pi} \cdot (\ln\boldsymbol{\pi} - \ln\mathbf{E} + \mathbf{F} + \mathbf{G}) \quad (\text{B-8})$$

在这里 **F** 是一个向量，其各元素为式 B-4 定义的 $\mathbf{F}_\pi$。根据梯度，我们得以确定关于策略的信念最好应如何加以更新（也就是计划）：

$$\begin{aligned}\nabla_\pi F &= 0 \Leftrightarrow \\ \boldsymbol{\pi} &= \sigma(\ln\mathbf{E} - \mathbf{F} - \mathbf{G})\end{aligned} \quad (\text{B-9})$$

B.2.3 学习

生成模型由概率分布构成，学习则是关于这些概率分布之参数的信念的更新。鉴于这些概率分布为分类分布，其参数的先验分布应该是与分类共轭的 Dirichlet 分布。以关于初始状态的先验为例，自由能中依赖预期（对数）先验的项包括：

$$\begin{aligned} F &= \cdots + D_{KL}[Q(D) \parallel P(D)] - \mathbb{E}_{Q(s_1)Q(D)}[\ln P(s_1 \mid D)] \\ &= \cdots + (\mathbf{d} - d) \cdot \mathbb{E}_{Q(D)}[\ln\mathbf{D}] - \mathbf{s}_1 \cdot \mathbb{E}_{Q(D)}[\ln\mathbf{D}] \\ \mathbb{E}_{Q(D)}[\ln\mathbf{D}] &= \psi(\mathbf{d}) - \psi(\mathbf{d}_0) \\ \mathbf{d}_0 &= \sum_i \mathbf{d}_i \\ Q(D) &\triangleq Dir(\mathbf{d}) \\ P(D) &\triangleq Dir(d) \end{aligned} \quad (\text{B-10})$$

式 B-10 的第三行是一个有用的恒等式：一个 Dirichlet 分布的对数的期望等于两个 digamma 函数（ψ）的差——digamma 函数是 gamma 函数的导数。我们能用式 B-10 求得自由能的最小值：

$$\nabla_{E[\ln D]} F = \mathbf{d} - d - \mathbf{s}_1 = 0 \Leftrightarrow \mathbf{d} = d + s_1 \tag{B-11}$$

这就给出了一个简单的方案，能将 Dirichlet 参数从先验更新为后验值。构成生成模型的其他概率分布也适用类似的更新规则：

$$\begin{aligned}
\mathbf{a} &= a + \sum_\tau o_\tau \otimes \mathbf{s}_\tau \\
\mathbf{b}_{\pi\tau} &= b_{\pi\tau} + \sum_\tau \mathbf{s}_{\pi\tau} \otimes \mathbf{s}_{\pi\tau-1} \\
\mathbf{c} &= c + \sum_\tau o_\tau \\
\mathbf{d} &= d + \mathbf{s}_1 \\
\mathbf{e} &= e + \boldsymbol{\pi}
\end{aligned} \tag{B-12}$$

简单地说，概率分布中特定项预测的事件（对于条件概率来说，则是两个事件的组合）一旦发生，我们就会调增概率阵列中的相应元素，以表明类似事件在未来更有可能再次发生。

B.2.4 精度

在某些情况下，以其他方式参数化生成模型也很方便，比如使用吉布斯测度：为概率分布配置一个扮演精度角色的"逆温度参数"。我们经常像这样设置策略的精度（γ）：

$$\begin{aligned}
P(\pi \mid \gamma) &= Cat(\boldsymbol{\pi}_0) \\
\boldsymbol{\pi}_0 &= \sigma(-\gamma \mathbf{G})
\end{aligned} \tag{B-13}$$

为图简单，我们先不考虑 $\mathbf{E}$ 向量。接下来，我们还要设置似然的精度（ζ）和转换概率的精度（ω）。假设精度参数的先验分布为 gamma 分布：

$$P(\zeta) \propto \beta_\zeta \exp(-\beta_\zeta \zeta)$$
$$P(\omega) \propto \beta_\omega \exp(-\beta_\omega \omega) \qquad \text{(B-14)}$$
$$P(\gamma) \propto \beta_\gamma \exp(-\beta_\gamma \gamma)$$

近似后验分布有同样的形式（gamma 分布），我们用粗体 beta 超参数来区分后验与先验的充分统计量。在以这种方式参数化时，gamma 分布有一个有用的特性：

$$\boldsymbol{\zeta} = \mathbb{E}_{Q(\zeta)}[\zeta] = \boldsymbol{\beta}_\zeta^{-1}$$
$$\boldsymbol{\omega} = \mathbb{E}_{Q(\omega)}[\omega] = \boldsymbol{\beta}_\omega^{-1} \qquad \text{(B-15)}$$
$$\boldsymbol{\gamma} = \mathbb{E}_{Q(\gamma)}[\gamma] = \boldsymbol{\beta}_\gamma^{-1}$$

定义了这些分布，变分自由能可写成：

$$F = \mathbb{E}_Q\{F(\pi,\zeta,\omega) + D_{KL}[Q(\pi) \| P(\pi|\gamma)]\}$$
$$+ D_{KL}[Q(\gamma) \| P(\gamma)] + D_{KL}[Q(\omega) \| P(\omega)] + D_{KL}[Q(\zeta) \| P(\zeta)]$$
$$\text{(B-16)}$$

可以用充分统计量来表示（省略常数）：

$$F = \boldsymbol{\pi} \cdot [\mathbf{F} + \ln\boldsymbol{\pi} + \boldsymbol{\gamma} \cdot G + \ln \mathbf{Z}(\boldsymbol{\gamma})] + \ln\boldsymbol{\beta}_\gamma + \ln\boldsymbol{\beta}_\omega + \ln\boldsymbol{\beta}_\zeta$$
$$- \ln\beta_\gamma - \ln\beta_\omega - \ln\beta_\zeta + \boldsymbol{\gamma}\beta_\gamma + \boldsymbol{\omega}\beta_\omega + \boldsymbol{\zeta}\beta_\zeta$$
$$\mathbf{F}_\pi \approx -\sum_\tau \mathbf{s}_{\pi\tau} \cdot [\boldsymbol{\zeta}\ln\mathbf{A} \cdot o_\tau + \boldsymbol{\omega}\ln\mathbf{B}_{\pi\tau}\mathbf{s}_{\pi\tau-1} - \ln\mathbf{Z}(\boldsymbol{\zeta}) \cdot o_\tau - \ln\mathbf{Z}(\boldsymbol{\omega})\mathbf{s}_{\pi\tau-1}]$$
$$\text{(B-17)}$$

在式 B-17 中，Z 所表示的配分函数（即归一化常数）是这样给出的：

$$Z(\zeta)_j = \sum_i (A_{ij})^\zeta$$

$$Z(\omega)_j = \sum_i (B_{\pi\tau ij})^\omega$$

$$Z(\gamma) = \sum_\pi \exp(-\gamma \cdot G_\pi)$$

$$\Rightarrow$$

$$\partial_\zeta \ln Z(\zeta) s_\tau = o_\tau^\zeta \cdot \ln A$$

$$\partial_\omega \ln Z(\omega) s_{\pi\tau-1} = s_{\pi\tau}^\omega \cdot \ln B_\pi \quad \text{(B-18)}$$

$$\partial_\gamma \ln Z(\gamma) = -\pi_0 \cdot G$$

$$o_\tau^\zeta \triangleq \sigma(\zeta \ln A) s_\tau$$

$$s_{\pi\tau}^\omega \triangleq \sigma(\omega \ln B_\pi) s_{\pi\tau-1}$$

$$\pi_0 \triangleq \sigma(-\gamma G)$$

对预期精度求偏导[2]可得：

$$\begin{pmatrix} \partial_\zeta F \\ \partial_\omega F \\ \partial_\gamma F \end{pmatrix} = 0 \Leftrightarrow \begin{pmatrix} \beta_\zeta \\ \beta_\omega \\ \beta_\gamma \end{pmatrix} = \begin{pmatrix} \sum_\tau (o_\tau^\zeta - o_\tau) \cdot \ln A + \beta_\zeta \\ \sum_\tau \pi \cdot (s_{\pi\tau}^\omega - s_{\pi\tau}) \cdot \ln B_\pi s_{\pi\tau-1} + \beta_\omega \\ (\pi - \pi_0) \cdot G + \beta_\gamma \end{pmatrix}$$

$$\text{(B-19)}$$

将这些更新表述为有生物学可行性的梯度下降，得到如下式子：

$$\begin{pmatrix} \dot{\beta}_\zeta \\ \dot{\beta}_\omega \\ \dot{\beta}_\gamma \end{pmatrix} = \begin{pmatrix} \sum_\tau (o_\tau^\zeta - o_\tau) \cdot \ln A + \beta_\zeta - \beta_\zeta \\ \sum_\tau \pi \cdot (s_{\pi\tau}^\omega - s_{\pi\tau}) \cdot \ln B_\pi s_{\pi\tau-1} + \beta_\omega - \beta_\omega \\ (\pi - \pi_0) \cdot G + \beta_\gamma - \beta_\gamma \end{pmatrix} \quad \text{(B-20)}$$

请注意，维度对应 **A** 的精度（行）向量，其中每个状态（**A** 的列）都与其自己的精度参数相关联。

B.2.5 预期自由能

我们在正文中已详细地介绍了预期自由能，这里要做两点补充。其一，我们要简单概述为何使用预期自由能来界定关于策略的先验信念。其二，我们要探讨计算这个量的一些操作上的细节。

虽然模拟研究（如第 7 章所展示的那种类型）已证实了预期自由能的价值，关于这个量为何有用依然是一个热门话题。截至本书创作之时，一些研究者已做出了相当简洁优美的解释（Da Costa et al., 2020；Friston, Da Costa et al., 2020），在此仅做一番总结。同时，我们相信这类讨论仍将继续进行下去。这些解释的出发点是：根据规定，一个系统会在未来某个时点（τ）达到某种稳态（见 A.5.2）或实现其（与潜在状态有关的）偏好——此二者是等价的。

$$Q(s_\tau) = \mathbb{E}_{Q(\pi)}[Q(s_\tau \mid \pi)] = P(s_\tau \mid C) \quad \text{(B-21)}$$

我们的挑战是要找出满足式 B-21 的 $Q(\pi)$。我们注意到根据式 B-21，有：

$$D_{KL}[Q(\pi \mid s_\tau)Q(s_\tau) \parallel Q(\pi \mid s_\tau)P(s_\tau \mid C)] = 0$$

$$\Rightarrow$$

$$\mathbb{E}_{Q(\pi,s_\tau)}[\ln Q(\pi,s_\tau)] = \mathbb{E}_{Q(\pi,s_\tau)}[\ln Q(\pi \mid s_\tau) + \ln P(s_\tau \mid C)]$$

$$\text{(B-22)}$$

接下来分解等号左侧部分，将我们感兴趣的 $Q(\pi)$ 提取出来：

$$\mathbb{E}_{Q(\pi)}[\ln Q(\pi)] = \mathbb{E}_{Q(\pi,s_\tau)}[\ln Q(\pi \mid s_\tau) + \ln P(s_\tau \mid C) - \ln Q(s_\tau \mid \pi)] \quad (\text{B-23})$$

我们用一个变量 α 来代表两个熵的比值：

$$\alpha = \frac{\mathbb{E}_{Q(s_\tau)}\{H[Q(\pi \mid s_\tau)]\}}{\mathbb{E}_{Q(s_\tau,\pi)}\{H[P(o_\tau \mid s_\tau)]\}} \quad (\text{B-24})$$

显然，α 表示给定状态下合理的行为输出（即政策）的范围与该状态下预期的结果的范围之比。若 α 的取值很大，则意味着动物的行为与其所处环境关系不大，尽管后者能生成高精度的感知观察。若 α 的取值很小，则意味着动物在了解世界的状态后总以同样的方式行动，但很少能获得精确的数据。按规定，我们对 α = 1 的系统比较感兴趣，它们与世界的互动方式相对平衡对称，因此式 B-24 中的两个熵取值相等。回到式 B-23：

$$\begin{aligned}\mathbb{E}_{Q(\pi)}[\ln Q(\pi)] &= -\mathbb{E}_{Q(s_\tau)}\{H[Q(\pi \mid s_\tau)]\} \\ &\quad + \mathbb{E}_{Q(\pi,s_\tau)}[\ln P(s_\tau \mid C) - \ln Q(s_\tau \mid \pi)] \\ &= -\mathbb{E}_{Q(s_\tau,\pi)}\{H[P(o_\tau \mid s_\tau)]\} \\ &\quad - \mathbb{E}_{Q(\pi)}\{D_{KL}[Q(s_\tau \mid \pi) \parallel P(s_\tau \mid C)]\}\end{aligned}$$

$$(\text{B-25})$$

之所以能像这样变换，正是因为 α = 1。可见要满足式 B-25，进而满足式 B-21，就要做如下选择：

$$\ln Q(\pi) = -\underbrace{\mathbb{E}_{Q(s_\tau,\pi)}\{H[P(o_\tau \mid s_\tau)]\}}_{\text{预期含混}} - \underbrace{D_{KL}[Q(s_\tau \mid \pi) \parallel P(s_\tau \mid C)]}_{\text{风险}}$$

（B-26）

最后，要注意等号右侧的量和预期自由能之间的关系——对后者而言，偏好是根据观察而非状态来定义的：

$$\mathbb{E}_{Q(s_\tau \mid \pi)}\{H[P(o_\tau \mid s_\tau)]\} + D_{KL}[Q(s_\tau \mid \pi) \parallel P(s_\tau \mid C)]$$

$$= \mathbb{E}_{Q(s_\tau \mid \pi)}\{H[P(o_\tau \mid s_\tau)]\} + D_{KL}[Q(s_\tau \mid \pi) \parallel P(s_\tau \mid C)]$$

$$+ \underbrace{\mathbb{E}_{Q(s_\tau \mid \pi)P(o_\tau \mid s_\tau)}[\ln P(o_\tau \mid s_\tau)] - \mathbb{E}_{Q(s_\tau \mid \pi)P(o_\tau \mid s_\tau)}[\ln P(o_\tau \mid s_\tau)]}_{=0} \quad \text{(B-27)}$$

$$= \mathbb{E}_{Q(s_\tau \mid \pi)}\{H[P(o_\tau \mid s_\tau)]\} + D_{KL}[Q(o_\tau, s_\tau \mid \pi) \parallel P(o_\tau, s_\tau \mid C)]$$

$$= \mathbb{E}_{Q(s_\tau \mid \pi)}\{H[P(o_\tau \mid s_\tau)]\} + D_{KL}[Q(o_\tau \mid \pi) \parallel P(o_\tau \mid C)]$$

$$+ \mathbb{E}_{Q(o_\tau \mid \pi)}\{D_{KL}[Q(s_\tau \mid o_\tau,\pi) \parallel P(s_\tau \mid o_\tau,C)]\}$$

$$\geq \mathbb{E}_{Q(s_\tau \mid \pi)}\{H[P(o_\tau \mid s_\tau)]\} + D_{KL}[Q(o_\tau \mid \pi) \parallel P(o_\tau \mid C)] = G(\pi)$$

式 B-27 中的步骤也许有些乏味，之所以要列得这么细，是因为很多读者如果只看最后的结果，都会感到困惑。最后一行的不等号是因为省略了上一行的（非负的）KL 散度。这里最重要的结果是：为式 B-26 中最合理的策略最小化的含混和风险扮演了本书中一再出现的预期自由能的上限。

关于这一切的计算实现，可直接引用我们在 A.2 节中看到的线性代数恒等式。如果我们将偏好表示为先验概率（**C**）的向量，就能方便地将预期自由能的"实用价值"项表示如下：

$$\mathbb{E}_{Q(o_\tau|\pi)}[\ln P(o_\tau|C)] = \mathbf{o}_{\pi\tau} \cdot \ln \mathbf{C}_\tau$$
$$Q(o_\tau|\pi) = Cat(\mathbf{o}_{\pi\tau}) \quad \text{(B-28)}$$
$$\mathbf{o}_{\pi\tau} = \mathbf{A}\mathbf{s}_{\pi\tau}$$

与隐藏状态有关的预期信息收益（"显著性""认识价值"或"贝叶斯惊异"）可表示为两个熵之间的差异：

$$H[Q(o_\tau|\pi)] - \mathbb{E}_{Q(s_\tau|\pi)}\{H[P(o_\tau|s_\tau)]\}$$
$$= -\mathbf{o}_{\pi\tau} \cdot \ln \mathbf{o}_{\pi\tau} - \mathbf{H} \cdot \mathbf{s}_{\pi\tau} \quad \text{(B-29)}$$
$$\mathbf{H} \triangleq -diag(\mathbf{A} \cdot \ln \mathbf{A})$$

关于最后一行的解释见 A.2.3，结合式 B-28 与式 B-29，可知预期自由能为：

$$\mathbf{G}_\pi = \sum_\tau \mathbf{G}_{\pi\tau}$$
$$\mathbf{G}_{\pi\tau} = \mathbf{H} \cdot \mathbf{s}_{\pi\tau} + \mathbf{o}_{\pi\tau} \cdot (\ln \mathbf{o}_{\pi\tau} - \ln \mathbf{C}_\tau) \quad \text{(B-30)}$$

若在此基础上补充参数信息收益，就能解释主动学习。我们可以这样推导与生成模型的参数有关的信息收益（即"新颖性"）：使用两个 Dirichlet 分布的 KL 散度，就可以表示因给定状态—结果组合而产生的信息收益：

$$
\begin{aligned}
W_{ij} &\triangleq D_{KL}[P(A_{ij} \mid o=i, s=j) \parallel P(A_{ij})] \\
&= \underbrace{[\ln\Gamma(a_{ij}) - \ln\Gamma(a_{ij}+1)]}_{-\ln a_{ij}} + \underbrace{[\ln\Gamma(a_{0j}+1) - \ln\Gamma(a_{0j})]}_{+\ln a_{0j}} \\
&\quad + \psi(a_{ij}+1) - \psi(a_{0j}+1) \\
a_{0j} &\triangleq \sum_{i} a_{ij}
\end{aligned}
\tag{B-31}
$$

我们利用了以下事实：假如某个给定的状态—结果组合发生了，相应的 Dirichlet 参数就可以加 1。这样我们就能用对数 gamma 函数（如下括号所示）的标准恒等式来简化表达式：

$$
\begin{aligned}
W_{ij} &= \ln\frac{a_{0j}}{a_{ij}} + \frac{\partial_{a_{ij}}\Gamma(a_{ij}+1)}{a_{ij}\Gamma(a_{ij})} - \frac{\partial_{a_{0j}}\Gamma(a_{0j}+1)}{a_{0j}\Gamma(a_{0j})} \\
&= \ln\frac{a_{0j}}{a_{ij}} + \frac{1}{a_{ij}} + \frac{\partial_{a_{ij}}\Gamma(a_{ij})}{\Gamma(a_{ij})} - \frac{1}{a_{0j}} - \frac{\partial_{a_{0j}}\Gamma(a_{0j})}{\Gamma(a_{0j})}
\end{aligned}
\tag{B-32}
$$

这里我们用到了恒等式 $x\Gamma(x) = \Gamma(x+1)$，并且应用了乘法规则。而后，借助恒等式 $\psi(x)\Gamma(x) = \partial_x\Gamma(x)$ 和近似关系 $\psi(x) \approx \ln x - (2x)^{-1}$，可进一步简化如下：

$$
\begin{aligned}
&= \frac{1}{a_{ij}} - \frac{1}{a_{0j}} + \ln\frac{a_{0j}}{a_{ij}} + \psi(a_{ij}) - \psi(a_{0j}) \\
&\approx \frac{1}{2a_{ij}} - \frac{1}{2a_{0j}}
\end{aligned}
\tag{B-33}
$$

这样一来，预期信息收益就能写成：

$$
\mathbb{E}_{Q(o_\tau, s_\tau \mid \pi)}\{D_{KL}[P(A \mid o_\tau, s_\tau) \parallel P(A)]\} \approx \mathbf{o}_{\pi\tau} \cdot \mathbf{W}\mathbf{s}_{\pi\tau}
\tag{B-34}
$$

这个简单的表达式提高了预期自由能，确保主动推理的主体除追求实用价值和显著性，还会主动求新。

B.2.6　贝叶斯模型简化

我们在第 7 章稍微提及了结构学习和模型简化的概念，这里可以作一番深入。贝叶斯模型简化可用于比较不同的备择模型（模型间的差异仅在于先验）。根据贝叶斯定理（见第 2 章），我们能用两种方式表达两个备择模型的（数据 y 与参数 θ 的）联合概率之比：

$$\frac{P(y,\theta)}{\tilde{P}(y,\theta)} = \frac{P(y|\theta)P(\theta)}{\tilde{P}(y|\theta)\tilde{P}(\theta)} = \frac{P(\theta|y)P(y)}{\tilde{P}(\theta|y)\tilde{P}(y)} \quad (\text{B-35})$$

假如两个模型的差异只在先验，即 $P(y|\theta) = \tilde{P}(y|\theta)$，就能约去似然项。这样我们就能用原（完整）先验下的后验概率来表达备择（简化）先验下的后验概率了：

$$\tilde{P}(\theta|y) = \frac{P(\theta|y)P(y)\tilde{P}(\theta)}{\tilde{P}(y)P(\theta)} \quad (\text{B-36})$$

等号两侧均对参数求积分可得：

$$1 = \frac{P(y)}{\tilde{P}(y)} \mathbb{E}_{P(\theta|y)}\left[\frac{\tilde{P}(\theta)}{P(\theta)}\right] \Rightarrow$$

$$\ln\tilde{P}(y) = \ln P(y) + \ln \mathbb{E}_{P(\theta|y)}\left[\frac{\tilde{P}(\theta)}{P(\theta)}\right] \quad (\text{B-37})$$

代入式 B-36 得：

$$\ln\tilde{P}(\theta\,|\,y) = \ln P(\theta\,|\,y) + \ln\tilde{P}(\theta) - \ln P(\theta) - \ln \mathbb{E}_{P(\theta|y)}\left[\frac{\tilde{P}(\theta)}{P(\theta)}\right]$$

(B-38)

式 B-37 和式 B-38 表明，借助对一个完整模型进行反演的结果，我们能得到一个给定的简化先验下的模型证据和后验。我们能用第 4 章介绍的变分法来重写这些方程：

$$F[P(\theta)] - F[\tilde{P}(\theta)] = \ln \mathbb{E}_{Q(\theta)}\left[\frac{\tilde{P}(\theta)}{P(\theta)}\right]$$

$$\ln\tilde{Q}(\theta) = \ln Q(\theta) + \ln\tilde{P}(\theta) - \ln P(\theta) - \ln \mathbb{E}_{Q(\theta)}\left[\frac{\tilde{P}(\theta)}{P(\theta)}\right]$$

(B-39)

为便于参考，我们给出了式 B-39 在两种先验下的形式。第一种先验为正态分布：[3]

$$P(\theta) = \mathcal{N}(\eta, \Sigma)$$

$$\tilde{P}(\theta) = \mathcal{N}(\tilde{\eta}, \tilde{\Sigma})$$
$$Q(\theta) = \mathcal{N}(\mu, C)$$
$$\tilde{Q}(\theta) = \mathcal{N}(\tilde{\mu}, \tilde{C})$$
$$\tilde{C}^{-1} = \tilde{P} = P + \tilde{\Pi} - \Pi$$
$$\tilde{\mu} = \tilde{C}(P\mu + \tilde{\Pi}\tilde{\eta} - \Pi\eta)$$
$$\Delta F = -\frac{1}{2}\ln|\tilde{\Pi}P\tilde{C}\Sigma| + \frac{1}{2}(\mu \cdot P\mu + \tilde{\eta} \cdot \tilde{\Pi}\tilde{\eta} - \eta \cdot \Pi\eta - \tilde{\mu} \cdot \tilde{P}\tilde{\mu})$$

(B-40)

实践中，针对正态分布的模型简化技术常用于具有连续成分与离散成分的混合模型。若离散成分的每个分类结果都与一个连续先验有关，我们就能有效估测这些先验（及相应分类结果）的证据，而不必依次反演每个模型。有关实例见第 8 章。

更常见的情况是，对纯粹的 POMDP，我们可能想对比关于 Dirichlet 先验分布的不同假设。已有模拟研究用这种方法来修剪概率矩阵中的元素，以类比睡眠期间的突触修剪过程（Friston, Lin et al., 2017）。以下是针对 Dirichlet 分布的贝叶斯模型简化：

$$\begin{aligned}
P(\theta) &= Dir(a) \\
\tilde{P}(\theta) &= Dir(a\tilde{a}) \\
Q(\theta) &= Dir(\mathbf{a}) \\
\tilde{Q}(\theta) &= Dir(\mathbf{a}\tilde{a}) \\
\tilde{\mathbf{a}} &= \mathbf{a} + \tilde{a} - a \\
\Delta F &= \ln B(\mathbf{a}) - \ln B(\tilde{\mathbf{a}}) + \ln B(\tilde{a}) - \ln B(a)
\end{aligned} \tag{B-41}$$

这里 B 表示 beta 函数。虽说对一系列先验分布都能得出类似的结果（见 Friston, Parr, & Zeidman, 2018），但主动推理中最常见的还是正态先验分布和 Dirichlet 先验分布。

B.3 （主动）广义滤波

接下来，我们要从 POMDP 模型下的分类推理过渡到连续推理。

这也是附录 A 中交代的一些背景知识即将发挥作用之处。我们要用到拉普拉斯近似和广义运动坐标，这些内容在 A.3 节中已有呈现。此外，我们需要构造精度矩阵，包含不同阶的广义运动，如 A.5.3 所示。我们能根据式 A-33 和式 A-34 写出拉普拉斯近似下的自由能：

$$F[q,\tilde{y}] \approx -\frac{1}{2}\ln(2\pi)^k |\widetilde{\Sigma}| - \ln p(\tilde{y},\tilde{\mu})$$

$$q(\tilde{x}) = \mathcal{N}(\tilde{\mu}, \widetilde{\Sigma}^{-1}) \tag{B-42}$$

$$\widetilde{\Sigma}^{-1} = -\nabla_{\tilde{x}}[\nabla_{\tilde{x}}\ln p(\tilde{y},\tilde{x})]^T|_{\tilde{x}=\tilde{\mu}}$$

这是一个在广义坐标中定义的模型的自由能。根据拉普拉斯假设，第一行的最后一项是其中唯一一个随 μ 而变化的，该项正是对生成模型的表达。下一步是指定生成模型的形式：

$$\begin{aligned} p(\tilde{y},\tilde{x},\tilde{v}) &= p(\tilde{y}|\tilde{x},\tilde{v})p(\tilde{x}|\tilde{v})p(\tilde{v}) \\ p(\tilde{y}|\tilde{x},\tilde{v}) &= \mathcal{N}\left[\tilde{g}(\tilde{x},\tilde{v}), \widetilde{\Pi}_y\right] \\ p(\tilde{x}|\tilde{v}) &= \mathcal{N}\left[D\cdot\tilde{f}(\tilde{x},\tilde{v}), \widetilde{\Pi}_x\right] \\ p(\tilde{v}) &= \mathcal{N}\left[\tilde{\eta}, \widetilde{\Pi}_x\right] \\ D\tilde{x} &= \tilde{f}(\tilde{x},\tilde{v}) + \tilde{\omega}_x \\ \tilde{y} &= \tilde{g}(\tilde{x},\tilde{v}) + \tilde{\omega}_y \end{aligned} \tag{B-43}$$

请注意，我们现在有两个隐藏状态：x 和 v。区别在于前者依赖一个运动方程（f），而后者依赖一个静态先验。倒数第二行的 D 算子是一个矩阵，其主对角线上方的元素均为 1。这在广义坐标中等价于求时间导数，因为时间导数向量中的各个元素都会上移一位。广义精度的创建见 A.5.3，将式 B-43 的量代入式 B-42 可得：

$$F[q, \tilde{y}] = \underbrace{\frac{1}{2}\tilde{\varepsilon}_y \cdot \tilde{\Pi}_y \tilde{\varepsilon}_y}_{-\ln p(\tilde{y} \mid \tilde{\mu}_x, \tilde{\mu}_v)} + \underbrace{\frac{1}{2}\tilde{\varepsilon}_x \cdot \tilde{\Pi}_x \tilde{\varepsilon}_x}_{-\ln p(\tilde{\mu}_x \mid \tilde{\mu}_v)} + \underbrace{\frac{1}{2}\tilde{\varepsilon}_v \cdot \tilde{\Pi}_v \tilde{\varepsilon}_v}_{-\ln p(\tilde{\mu}_v)}$$

$$\tilde{\varepsilon}_y \triangleq \tilde{y} - \tilde{g}(\tilde{\mu}_x, \tilde{\mu}_v)$$

$$\tilde{\varepsilon}_x \triangleq D\tilde{\mu}_x - \tilde{f}(\tilde{\mu}_x, \tilde{\mu}_v)$$

$$\tilde{\varepsilon}_v \triangleq \tilde{\mu}_v - \tilde{\eta}$$

（B-44）

我们省略了所有关于 μ 的常数。借助式 B-44，我们能确定自由能的梯度（使用 A.2.2 介绍的恒等式）：

$$\nabla_{\tilde{\mu}_x} F[q, \tilde{y}] = -\nabla_{\tilde{\mu}_x}\tilde{g} \cdot \tilde{\Pi}_y \tilde{\varepsilon}_y + D \cdot \tilde{\Pi}_x \tilde{\varepsilon}_x - \nabla_{\tilde{\mu}_x}\tilde{f} \cdot \tilde{\Pi}_x \tilde{\varepsilon}_x$$

$$\nabla_{\tilde{\mu}_v} F[q, \tilde{y}] = -\nabla_{\tilde{\mu}_v}\tilde{g} \cdot \tilde{\Pi}_y \tilde{\varepsilon}_y - \nabla_{\tilde{\mu}_v}\tilde{f} \cdot \tilde{\Pi}_x \tilde{\varepsilon}_x + \tilde{\Pi}_v \tilde{\varepsilon}_v$$

（B-45）

现在我们可以借助梯度下降来确定可最小化自由能的 μ 的值。然而，这意味着 μ 在自由能最小化时将成为静态的。显然，如果我们认为高阶运动不为零，这一结果就不是最优的。为解释这一点，我们可以在一个运动参考系中做梯度下降，这样 μ 在自由能最小化时会继续以速度 μ' 运动：

$$\dot{\tilde{\mu}}_x - D\tilde{\mu}_x = \nabla_{\tilde{\mu}_x} \tilde{g} \cdot \widetilde{\prod}_y \tilde{\varepsilon}_y - D \cdot \widetilde{\prod}_x \tilde{\varepsilon}_x + \nabla_{\tilde{\mu}_x} \tilde{f} \cdot \widetilde{\prod}_x \tilde{\varepsilon}_x$$

$$\dot{\tilde{\mu}}_v - D\tilde{\mu}_v = \nabla_{\tilde{\mu}_v} \tilde{g} \cdot \widetilde{\prod}_y \tilde{\varepsilon}_y + \nabla_{\tilde{\mu}_v} \tilde{f} \cdot \widetilde{\prod}_x \tilde{\varepsilon}_x - \widetilde{\prod}_v \tilde{\varepsilon}_v$$

(B-46)

式 B-46 确定了一个预测编码方案，在预测误差的驱动下，期望得到了更新，进而误差也得到了消除。只要将式 B-46 复刻至额外的层级（但将 y 替换为较低层的 v），该方案就能实现分层扩展：

$$\dot{\tilde{\mu}}_x^{(i)} - D\tilde{\mu}_x^{(i)} = \nabla_{\tilde{\mu}_x^{(i)}} \tilde{g} \cdot \widetilde{\prod}_v^{(i-1)} \tilde{\varepsilon}_v^{(i-1)}$$

$$- D \cdot \widetilde{\prod}_x^{(i)} \tilde{\varepsilon}_x^{(i)} + \nabla_{\tilde{\mu}_x^{(i)}} \tilde{f}^{(i)} \cdot \widetilde{\prod}_x^{(i)} \tilde{\varepsilon}_x^{(i)}$$

$$\dot{\tilde{\mu}}_v^{(i)} - D\tilde{\mu}_v^{(i)} = \nabla_{\tilde{\mu}_v^{(i)}} \tilde{g}^{(i)} \cdot \widetilde{\prod}_v^{(i-1)} \tilde{\varepsilon}_v^{(i-1)}$$

$$+ \nabla_{\tilde{\mu}_v^{(i)}} \tilde{f}^{(i)} \cdot \widetilde{\prod}_x^{(i)} \tilde{\varepsilon}_x^{(i)} + \widetilde{\prod}_v^{(i)} \tilde{\varepsilon}_v^{(i)}$$

$$\tilde{\varepsilon}_v^{(i)} \triangleq \tilde{\mu}_v^{(i)} + \tilde{g}^{(i+1)}(\tilde{\mu}_x^{(i+1)}, \tilde{\mu}_v^{(i+1)})$$

$$\tilde{\varepsilon}_v^{(i)} \triangleq D\tilde{\mu}_x^{(i)} - \tilde{f}^{(i)}(\tilde{\mu}_x^{(i)}, \tilde{\mu}_v^{(i)})$$

(B-47)

在主动推理架构中，自由能的最小化既可通过知觉，又能借助行动实现。既然行动只会改变感知输入（y），式 B-44 中的项就大都与行动无关了。因此借助行动最小化自由能可写作：

$$\dot{u} = - \nabla_u \tilde{y}(u) \cdot \widetilde{\prod}_y \tilde{\varepsilon}_y \qquad (\text{B-48})$$

式 B-47 和式 B-48 非常概括地描述了连续状态空间模型的主动推理。我们不会在这一节讨论学习或混合模型的问题，因为这些内容在知识库 8.2 和知识库 8.3 中已分别有过总结。

* * *
* *
*

附录 C　Matlab 代码：一个带注释的例子

Active Inference

C.1　介绍

本部分提供了一个带注释的例子，演示了怎样以 Matlab 代码指定与求解生成模型（使用 SPM12 版本的标准反演和绘图例程）。这是对第 7 章老鼠走迷宫一例的再现。这些内容有点枯燥，但读者只要在 Matlab 中将这些代码跑上一遍，就能追踪整个运行过程。我们强烈建议读者不要拘泥于此，而是要用不同的参数和模型去"试"，才能对主动推理的具体机制有一个直观的了解。

C.2　准备

我们假设读者对 Matlab 已经比较了解，而且已从 https://www.fil.ion.ucl.ac.uk/spm/ 下载了 SPM12 版本的软件包。第一步是确保将含 SPM12 函数的文件夹添加到 Matlab 路径。而后我们可以打开一个 Matlab 脚本，开始写 demo。首先要定义一个函数并为它命名（在这里我们将它命名为 demo_AI_book）。

```
function demo_AI_book
rng default
```

图 C-1 定义

图 C-1 的第二行是为随机数生成器设定默认初始种子，确保每次使用该函数都会生成同样的随机数。我们对 demo 这样做通常都是为了确保可重复性，当然我们也能多次运行该函数，为多个试次中的行为汇总统计结果。在脚本中做好注释以备查询是个好习惯，但鉴于本部分专门解释该脚本，我们就先不这样做了。

接下来，我们定义一些稍后要用到的重要常数。鉴于之后我们可能还想做一些调整，因此要将它们列出来以方便查找。我们定义了两个参数，它们将扮演概率的角色，具体作用将在 C.3 节展示（见图 C-2）：

```
a     = .98;
b     =1 - a;
```

图 C-2 参数

这个定义确保了 $a+b=1$。现在我们可以为创建生成模型设置矩阵 **A**、**B**、**C**、**D** 及有关的向量了。在这个简单的例子里，我们假设这些参数在生成模型与生成过程中一致。

C.3 似然

我们在这里的重点是如何在 Matlab 中形式化一个似然矩阵，因此不会花太多的篇幅来描述生成模型及其内涵（这部分内容见 7.3 节）。我们的目的是为反演例程转译图 7-4 和图 7-5 的似然矩阵。首先，我们将 $\mathbf{A}^1$ 写成 A {1}，大括号 { } 内的项对应矩阵上标（即结果模态），如图 C-3 所示。矩阵（或更严格地说，向量）的元素可以用三个参数来寻址，分别是结果、第一个（位置）隐藏状态和第二个（情境）隐藏状态，这些参数显示在小括号（）中。其中第三个参数为 1 表明矩阵对应的是第二个隐藏状态的第一个水平——即吸引性刺激位于右岔路；该参数为 2 则表明吸引性刺激位于左岔路。

```
A{1}(:,:,1) = [...
    1 0 0 0;        % start
    0 0 0 0;        % left cue
    0 1 0 0;        % right cue
    0 0 1 0;        % left
    0 0 0 1];       % right
A{1}(:,:,2) = [...
    1 0 0 0;        % start
    0 1 0 0;        % left cue
    0 0 0 0;        % right cue
    0 0 1 0;        % left
    0 0 0 1];       % right
```

图 C-3 矩阵（1）

行表示结果，列表示第一个隐藏状态因子的各个水平。我们可以对比图 7-4 和图 7-5 的矩阵来更好地理解语句。类似地，A^2 矩阵也要分情境定义。这里我们要用到在脚本开始时定义的 a 和 b（见图 C-4）：

```
A{2}(:,:,1) = [...
    1 1 0 0;         % reward neutral
    0 0 a b;         % reward positive
    0 0 b a];        % reward negative
A{2}(:,:,2) = [...
    1 1 0 0;         % reward neutral
    0 0 b a;         % reward positive
    0 0 a b];        % reward negative
```

图 C-4 矩阵（2）

至此，我们指定了 **A**，为两个隐藏状态因子（见第二和第三个索引）取值的各个组合定义了两种模态（见矩阵上标或大括号）下各结果组合（行）的概率。

C.4 转换概率

继指定 **A** 之后，我们要指定 **B**。如第 7 章所述，**B** 矩阵的上标代表隐藏状态因子，而不是像 **A** 矩阵的上标一样代表结果模态。大括号内的项仍对应矩阵上标（见图 C-5）。两个隐藏状态因子分别为位置（1）和情境（2）。每个矩阵都将过去状态（列）映射到当前状态（行）。如果状态因子可控，则行动发生变化，**B** 矩阵也会变化。因此控制状态需要一个额外的索引来指定具体实施的行动：

```
B{1}(:,:,1)    = [1 1 0 0;0 0 0 0;0 0 1 0;0 0 0 1];
B{1}(:,:,2)    = [0 0 0 0;1 1 0 0;0 0 1 0;0 0 0 1];
B{1}(:,:,3)    = [0 0 0 0;0 0 0 0;1 1 1 0;0 0 0 1];
B{1}(:,:,4)    = [0 0 0 0;0 0 0 0;0 0 1 0;1 1 0 1];
B{2}    = eye(2);
```

图 C-5　矩阵（3）

这里，我们指定了可控的位置状态和能够实施的行动。回顾正文部分，老鼠能实施的行动有四种，对应四种位置转换。迷宫的左岔路和右岔路为"吸引态"，意思是老鼠一旦进入，就会停留在那里。这里的分号表示矩阵每一行的末尾。情境状态不受老鼠的控制，因此无需为每一种行动指定另一组转换概率，我们为此在 Matlab 中用 eye 函数简单地定义了一个单位矩阵。至此，对位置（见图 7-6）和情境（式 7-5）的指定就完成了。

C.5　先验偏好与初始状态

继矩阵 **B** 后，我们要指定 **C**。这里的语句和指定 **A** 时很相似：矩阵的上标和大括号中的项都对应结果的模态。此外，我们还要指定 **D**，如指定矩阵 **B** 时一样，矩阵的上标和大括号中的项与隐藏状态因子有关（见图 C-6）。矩阵 **C** 和 **D** 的行数必须与相应的矩阵 **A** 和 **B** 的行数分别对应。

```
C{1} =[ -1 -1 -1;
         0  0  0;
         0  0  0;
         0  0  0;
         0  0  0];
c    = 6;
C{2} =[  0  0  0;
         c  c  c;
        -c -c -c];
D{1} = [1 0 0 0]';
D{2} = [1 1]'/2;
```

图 C-6 矩阵（4）

偏好在 **C** 矩阵中以对数概率的形式指定（无需归一化）。将 c 设为 6 表示一种结果的可能性是另一种的 e^6 倍。每一行对应一个不同的结果，列则对应不同的时间步。这表明偏好可能依时而变。如果只指定了一列，说明我们假设偏好会一直保持。这里的 **D** 向量只是在为试次开始时的各个状态分配相应的概率。读者可对比式 7-6 和式 7-7。请注意，在 Matlab 语句中，"'"代表转置。

C.6 策略空间

我们借助 **B** 矩阵隐含地指定允许的行动。可以假设策略就是行动，行动就是策略，且我们在每一时间步都要选择新的策略。也可以将策略理解为行动的序列。每个策略都要告诉我们在各时间步起作用的是哪个 **B** 矩阵（对应第三个索引）。为此我们要指定一个数组 V（见图 C-7）：

```
V(:,:,1) = [1 1 1 1 3 4 2 2 2 2
            1 2 3 4 3 4 1 2 3 4];
V(:,:,2) = 1;
```

图 C-7 数组

V 的第一个索引（也就是行）代表行动在其序列中的位置，第一行即第一个行动，第二行即第二个行动。行动会导致转换，因此一个三步模型只需要两个行动。第二个索引（也就是列）代表不同备择策略。第三个索引则是隐藏状态因子。举个直观的例子，V(2，5，1) =3 的意思是：第 5 个可用策略包括选择位置 $\mathbf{B}^1$ 矩阵，并以第 3 个行动促成从第二到第三时间步的转换。虽然我们可以在简单的模拟中考虑所有可用的策略，但在其他情况下只能选择策略的一个子集。需要注意的是，我们在设计模型时就要决定有哪些策略可用，这对最终的行为会产生重要的影响。

C.7 组合

指定 POMDP 后，我们可以将其所有部分组合为一个 mdp 变量（见图 C-8）：

```
mdp.V = V;          % allowable policies
mdp.A = A;          % observation model
mdp.B = B;          % transition probabilities
mdp.C = C;          % preferred outcomes
mdp.D = D;          % prior over initial states
mdp.S = [1 1]';     % true initial state
```

图 C-8 mdp 变量

最后一行指定了我们希望设置的真正的初始隐藏状态。该信息是模拟研究中的老鼠无法获得的，它必须根据状态的结果及生成模型（由前 5 行指定）对这些状态进行推理。

C.8　模拟与绘图

spm_MDP_VB_X 函数（在幕后）承担了一系列重任，实施了第 4 和第 7 章描述的消息传递和策略选择。此外，它模拟了生物必须应对的世界，包括状态间的转换和感知结果的生成。更多其他选择见 Matlab 脚本中该函数的注释。

一旦模拟了某个试次，我们就想形象地展示相关结果。标准绘图例程可自动生成图示，就像图 7-2 和图 7-7 一样。

图 C-9 中的代码可模拟相关试次，并生成结果的三幅图示。第一幅图是对模拟的总结，包括状态、结果、选定的策略和回顾性的推理。第二幅、第三幅图分别展示了关于第一和第二个隐藏状态因子的信念更新的电生理相关物。为确保代码可用，我们贴出了运行第一段代码后生成的图示（见图 C-10）。对另外两段代码，我们还是希望读者能自己跑上一遍并生成相应的图示，这对理解整个主动推理过程将大有裨益。

```
MDP = spm_MDP_VB_X(mdp);
spm_figure('GetWin','Figure 1'); clf
spm_MDP_VB_trial(MDP);

spm_figure('GetWin','Figure 2'); clf
spm_MDP_VB_LFP(MDP,[],1);

spm_figure('GetWin','Figure 3'); clf
spm_MDP_VB_LFP(MDP,[],2);
```

图 C-9　生成图示的代码

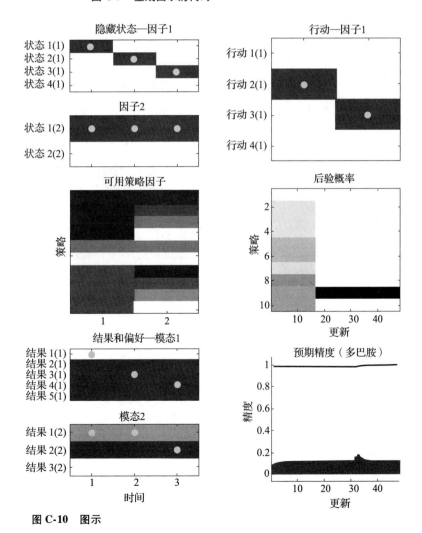

图 C-10　图示

我们的举例到此结束，希望这个简单的示例能作为引子，引导读者开始尝试用相同的原理和语句创建一系列生成模型。读者可以在 Matlab 的命令行中键入 "DEM" 并在生成的图形用户界面上选择 demo 来找到更多的示例。我们提供的 demo 脚本是对 Friston、FitzGerald 等人（2017）所使用的例程的简化。更多相关细节（包括在多个试次中学习生成模型）可参阅该论文和 SPM12 中的 DEM_demo_MDP_X.m 脚本。

运行 spm_MDP_VB_trial 例程的结果。左上图：对各隐藏状态因子的信念（回顾性信念，在做出所有观察后形成）。黑色部分表示概率为 1，白色部分表示概率为 0，灰点（在彩图中显示为青色）表示模拟环境产生的真实状态，我们看到（模拟的）老鼠准确而自信地推断其位置（因子 1）和情境（因子 2）。左中图：C.6 节指定的变量 V 的可用策略，每一行对应一种策略：第一列是老鼠实施的第一个行动，第二列是第二个行动。各元素的颜色不同，表示可选择的行动不同。左下图：各模态的真实结果（灰点）。背景色表示各模态的 C 矩阵，颜色越深，对相应结果的偏好程度就越高。右上图：推断与选择的行动。右中图：关于各时间步的各个策略的信念。右下图：关于策略的信念的推断精度（灰线），变化率绘制为柱状图，类似电生理学研究中描绘多巴胺能神经元放电的光栅图。注意，时间是用更新（自由能梯度下降的迭代次数）衡量的。每个时间步默认含 16 次更新。

注释

Active Inference

第 1 章

1 "规范性"的意思是,存在某种评价标准,可据此为行为"评分"。之所以说主动推理是规范性的,是因为我们能用自由能来为知觉和行动评分——整个第 1 章和第 2 章都将用于深入剖析自由能这个概念。

2 "贝叶斯最优"涉及一系列与贝叶斯定理有关的概念,详见第 2 章。粗略地说,贝叶斯最优的行动指在给定观察下最小化(或最大化)某些成本(或效用)函数之预期值的任何行动。其包括贝叶斯最优实验设计,即选择能最大化预期信息收益的实验(行动)。

第 2 章

1 和比特(bit)一样,奈特(nat)也是衡量信息量的单位。具体选择哪个取决于我们是以 2(比特)还是以 e(奈特)作为对数函数的底数。

2 "支撑集"指的是一个分布的所有可能取值。比如说,一个离散(分类)概率分布的支撑集是一系列备择状态(即事件空间),它们的概率是可以量化的。一元正态分布的支撑集则是完整的实数轴。

3 表格中的细节对从概念上理解主动推理并不重要,但我们可以为有兴趣的读者简单解释其中的要点。"支撑集"一列呈现了一些变量,借助它们所具有的分布,我们可以量化其惊异水平。比如对高斯分布来说,支撑集就是所有实数。对多项分布来说,支撑集包括一组共 K 个变量,这些变量均为整数,取值介于 0 到 N 之间,且组内所有元素加和为 N。对 Dirichlet 分布来说,支撑集包括一组共 K 个实数,这些实数介于 0 到 1 之间,组内所有元素加和为 1。Gamma 分布则量化了非负实数的惊异水平。"惊异"一列展示了惊异水平的计算方法,除随机变量 x 外,其同样取决于控制分布形态的常数。

4 有趣的是,资源的有限性并非经典贝叶斯推理的唯一障碍。如果模型比较复杂,经典推理可能是无法解析的,因此缺乏额外资源的生物在推理活动中不可能确保真正的准确性。

5 与 KL 散度一样,熵也是一个取自信息理论的概念。它衡量的是一个概率分布的散布程度或不确定性。在数学上,熵等于负对数概率的均值,也就是平均惊异。

注　释

6　"复杂性"衡量的是我们为解释数据，需在多大程度上改变自己关于外界的先验信念。

7　之所以称之为"准确性"，是因为一个解释越准确，就意味着在我们推断的隐藏状态下当前观察数据的对数概率越高。也就是说，预测的感知结果分布与观察数据的实际测量分布高度相符。

第3章

1　这里"非平衡"的意思是不满足所谓的"细致平衡条件"（detailed balance）。细致平衡是指系统达到平衡态后在时间反转下的不变性。显然，图3-3左图的系统不满足细致平衡条件，其轨迹倾向于沿"惊异轮廓"逆时针旋转。如果我们"倒放"这个过程，系统的轨迹会以顺时针方向旋转。

2　这并不是说追求惊异最小化的系统必然会实现熵的最小化。如图3-3所示，系统不会趋向于使熵最小化的无限精确的（点）分布，但它的散布程度会在时间的推移中保持一致——使其熵值既不太高，又不太低。

3　"作用量"（Action）和"行动"（action）在英文中是同一个单词，区别仅在于首字母的大小写：作用量是一个拉格朗日路径积分，行动则是马尔科夫毯之"主动状态"的动力学。

4　拉格朗日量是位置和速度的函数，给出了动能和势能间的差异。

哈密顿量则是拉格朗日量的勒让德变换，以位置和动量表达了系统的总能量。

第 4 章

1. 在这里（以及整个第 4 章中），我们默认以模型为条件，因此模型的证据写作 $P(y)$，而非 $P(y|m)$。

2. 在数学上，Jensen 不等式对任何凹函数均成立，但我们这里只关心对数函数。

3. 期望是对方括号内的项做加权求和或求积分：每一项均以下标所示的概率加权（见知识库 2.2）。

4. 在本书中，我们承袭物理学家的传统，将自由能视为负对数证据的上限。然而其他学科（包括统计学和机器学习）以负自由能作为证据的下限（ELBO）。这些理解其实是完全等价的，但可能在跨学科研究中产生一些混淆。

5. 最大后验概率（MAP）估计是考虑先验信念与可用数据后的最可能状态。相比之下，最大似然方法不考虑先验信念。

第 5 章

1. 这种命名法源自强化学习理论（Daw et al., 2005），但可能产生一些误导性，因为两种系统其实都是基于模型的，只不过

"无模型"的系统基于一个简单的模型，该模型预测特定环境下的特定行为。

第6章

1 这并不意味着神经过程具有离散的时间动力学，相反，我们相信连续神经动力学可表征对（离散的）事件序列的（连续的）信念变化。

2 话虽如此，在连续时间模型中使用广义运动坐标（知识库4.2）意味着这些模型内隐地表征了较短的轨迹，因此具有时间深度。然而，它们未必含有变量来表征备择轨迹（行动序列的结果）。

3 请勿混淆有时间深度的模型与多层模型。不同于有时间深度的模型，有些多层模型（比如预测编码模型，见4.4.1）只考虑当前的观察。但能够胜任多尺度计划的生成模型可以既是多层的，又有时间深度。

第8章

1 通常需要添加阻尼项来解释摩擦和/或黏度，以排除解的振动性。

第9章

1 实践中，将参数定义为对数尺度参数通常很有用：该参数充当非负比例因子，不能用正态分布来刻画，后者会为负数分配一个有限的概率密度。相反，假设尺度参数的对数呈正态分布，可确保求幂获得的尺度参数本身为正。建模时设参数的平方根为正态分布也能达到同样的目标。

2 举个例子，$\partial_x f(x) \approx \frac{1}{2\Delta x}[f(x+\Delta x) - f(x-\Delta x)]$。

第 10 章

1 从更实用的角度来看，主动推理只需要正向模型，后者通常要比反向模型更容易习得，因为它们只是行动与结果间的直接的（可观察的）映射。正向模型还能通过模仿或外部监督获取，这些技术非常类似于主动推理，在机器人模型的训练中得到了广泛使用（Nishimoto & Tani, 2009）。

2 在机器学习中，优化行动序列的过程有时也被称为顺序策略优化，以区别于更常见的状态—行动策略优化——也就是"假如我处于这种状态，该做些什么"。

3 高效使用认知资源的理念与自由能的最小化并不矛盾，因为在信息理论与热力学的双重意义上，最小化复杂性本就能促成效率的最大化。换言之，"阻力"最小的路径的自由能水平也最低。

附录 A

1 张量是标量、向量和矩阵概念的推广。上面这些都可视为数组，其元素可以借助一定数量的索引来实现寻址。要制定一个向量中的特定元素，我们只需要一个参数（行），因此向量可视为一阶张量。对一个矩阵，我们需要两个参数（行和列），因此矩阵属于二阶张量。对标量就不需要参数来确定什么元素了，因此它们是 0 阶张量。

2 这里用到了恒等式：$\partial_A \ln |A| = A^{-1}$。

3 在变分推理的语境下，积分通常是一个期望。

4 这有时也被称为"变分微积分基本引理"（fundamental lemma of variational calculus）。

5 这里用到了链式法则，涉及对数函数的求导：
$\partial_x \ln f(x) = f(x)^{-1} \partial_x f(x)$。

附录 B

1 Softmax 是指数标准化函数，又称归一化指数函数。

2 为求简洁，我们在对数配分函数的导数中省去了几项。之所以能这样做是因为选择了变分分布，而任何高阶多项式项都会违反这种分布的形式。

3 这里的 C 是一个协方差，注意不要与先验偏好相混淆，尽管我们曾用同样的符号来表示后者。

参考文献

Active Inference

Ackley, D. H., G. E. Hinton, and T. J. Sejnowski (1985). "A learning algorithm for Boltzmann machines." *Cognitive Science* 9(1):147–169.

Adams, R. A., E. Aponte, L. Marshall, and K. J. Friston (2015). "Active inference and oculomotor pursuit: the dynamic causal modelling of eye movements." *Journal of Neuroscience Methods* 242:1–14.

Adams, R. A., M. Bauer, D. Pinotsis, and K. J. Friston (2016). "Dynamic causal modelling of eye movements during pursuit: confirming precision-encoding in V1 using MEG." *NeuroImage* 132:175–189.

Adams, R. A., L. U. Perrinet, and K. Friston (2012). "Smooth pursuit and visual occlusion: Active Inference and oculomotor control in schizophrenia." *PLOS ONE* 7(10):e47502.

Adams, R. A., S. Shipp, and K. J. Friston (2013). "Predictions not commands: Active Inference in the motor system." *Brain Structure and Function* 218(3):611–643.

Adams, R. A., K. E. Stephan, H. R. Brown, C. D. Frith, and K. J. Friston (2013). "The computational anatomy of psychosis." *Frontiers in Psychiatry* 4:47.

Aghajanian, G. K., and G. J. Marek (1999). "Serotonin, via 5-HT2A receptors, increases EPSCs in layer V pyramidal cells of prefrontal cortex by an asynchronous mode of glutamate release." *Brain Research* 825(1):161–171.

Ahmadi, A., and J. Tani (2019). "A novel predictive-coding-inspired variational RNN model for online prediction and recognition." *Neural Computation* 31(11):2025–2074.

Aitchison, L., and M. Lengyel (2017). "With or without you: predictive coding and Bayesian inference in the brain." *Current Opinion in Neurobiology* 46:219–227.

参考文献

Allen, M., A. Levy, T. Parr, and K. J. Friston (2019). "In the body's eye: the computational anatomy of interoceptive inference." *bioRxiv* 603928.

Anderson, B. A., P. A. Laurent, and S. Yantis (2011). "Value-driven attentional capture." *Proceedings of the National Academy of Sciences* 108(25): 10367.

Arnal, L. H., and A. -L. Giraud (2012). "Cortical oscillations and sensory predictions." *Trends in Cognitive Sciences* 16(7): 390 – 398.

Arnsten, A. F. T., and B. -M. Li (2005). "Neurobiology of executive functions: catecholamine influences on prefrontal cortical functions." *Biological Psychiatry* 57(11): 1377 – 1384.

Ashby, W. R. (1952). *Design for a Brain*. Oxford: Wiley.

Attias, H. (2003). "Planning by probabilistic inference." *Proceedings of the 9th International Workshop on Artificial Intelligence and Statistics, Key West, Florida, USA.*

Baldassarre, G., and M. Mirolli (2013). *Intrinsically Motivated Learning in Natural and Artificial Systems*. New York: Springer.

Barca, L., and G. Pezzulo (2020). "Keep your interoceptive streams under control: an Active Inference perspective on anorexia nervosa." *Cognitive, Affective and Behavioral Neuroscience* 20(2): 427 – 440.

Barrett, L. F. (2017). *How Emotions Are Made: The Secret Life of the Brain*. Boston, MA: Houghton Mifflin Harcourt. Barrett, L. F., K. S. Quigley, and P. Hamilton (2016). "An Active Inference theory of allostasis and interoception in depression." *Philosophical Transactions of the Royal Society B* 371(1708): 20160011.

Barrett, L. F., and W. K. Simmons (2015). "Interoceptive predictions in the brain." *Nature Reviews Neuroscience* 16(7): 419 – 429.

Barsalou, L. W. (2008). "Grounded cognition." *Annual Review of Psychology* 59: 617 – 645.

Bastos, A. M., V. Litvak, R. Moran, C. A. Bosman, P. Fries, and K. J. Friston (2015).
"A DCM study of spectral asymmetries in feedforward and feedback connections between visual areas V1 and V4 in the monkey." *Neuroimage* 108: 460 – 475.

Bastos, A. M., W. M. Usrey, R. A. Adams, G. R. Mangun, P. Fries, and K. J. Friston (2012). "Canonical microcircuits for predictive coding." *Neuron* 76(4): 695 – 711.

Beal, M. J. (2003). "Variational algorithms for approximate Bayesian inference." PhD diss., University of London.

Bellman, R. (1954). "The theory of dynamic programming." *Bulletin of the American Mathematical Society* 60(6): 503–515.

Benrimoh, D., T. Parr, P. Vincent, R. A. Adams, and K. Friston (2018). "Active Inference and auditory hallucinations." *Computational Psychiatry* 2: 183–204.

Berridge, K. C. (2007). "The debate over dopamine's role in reward: the case for incentive salience." *Psychopharmacology* 191(3): 391–431.

Berridge, K. C., and M. L. Kringelbach (2011). "Building a neuroscience of pleasure and well-being." *Psychology of Well-Being* 1(1): 1–3.

Botvinick, M., and M. Toussaint (2012). "Planning as inference." *Trends in Cognitive Sciences* 16(10): 485–488.

Botvinick, M. M. (2008). "Hierarchical models of behavior and prefrontal function." *Trends in Cognitive Sciences* 12(5): 201–208.

Brown, H., R. A. Adams, I. Parees, M. Edwards, and K. Friston (2013). "Active Inference, sensory attenuation and illusions." *Cognitive Processing* 14(4): 411–427.

Brown, H., and K. Friston (2012). "Free-energy and illusions: the cornsweet effect." *Frontiers in Psychology* 3(43).

Brown, L. D. (1981). "A complete class theorem for statistical problems with finite-sample spaces." *Annals of Statistics* 9(6): 1289–1300.

Bruineberg, J., J. Kiverstein, and E. Rietveld (2016). "The anticipating brain is not a scientist: the free-energy principle from an ecological-enactive perspective." *Synthese* 195: 2417–2444.

Bruineberg, J., E. Rietveld, T. Parr, L. van Maanen, and K. J. Friston (2018). "Free-energy minimization in joint agent-environment systems: a niche construction perspective." *Journal of Theoretical Biology* 455: 161–178.

Buzsaki, G. (2019). *The Brain from Inside Out*. New York: Oxford University Press.

Callaway, E. M., and A. K. Wiser (2009). "Contributions of individual layer 2-5 spiny neurons to local circuits in macaque primary visual cortex." *Visual Neuroscience* 13(5): 907–922.

Cannon, W. B. (1929). "Organization for physiological homeostasis." *Physiological Reviews* 9(3): 399–431.

Ciria, A., G. Schillaci, G. Pezzulo, V. V. Hafner, and B. Lara (2021). "Predictive processing in cognitive robotics: a review." *arXiv preprint arXiv*:2101.06611.

Cisek, P. (2019). "Resynthesizing behavior through phylogenetic refinement." *Attention, Perception, and Psychophysics* 81(7):2265–2287.

Clark, A. (2013). "Whatever next? Predictive brains, situated agents, and the future of cognitive science." *Behavioral and Brain Sciences* 36(03):181–204.

Clark, A. (2015). *Surfing Uncertainty: Prediction, Action, and the Embodied Mind*. New York: Oxford University Press.

Clark, A., and D. J. Chalmers (1998). "The extended mind." *Analysis* 58:10–23.

Clark, J. E., S. Watson, and K. J. Friston (2018). "What is mood? A computational perspective." *Psychological Medicine* 48(14):2277–2284.

Collins, S. H., M. Wisse, and A. Ruina (2016). "A three-dimensional passive-dynamic walking robot with two legs and knees." *International Journal of Robotics Research* 20(7):607–615.

Conant, R. C., and W. R. Ashby (1970). "Every good regulator of a system must be a model of that system." *International Journal of Systems Science* 1(2):89–97.

Corcoran, A. W., G. Pezzulo, and J. Hohwy (2020). "From allostatic agents to counterfactual cognisers: Active Inference, biological regulation, and the origins of cognition." *Biology and Philosophy* 35(3):32.

Corlett, P. R., G. Horga, P. C. Fletcher, B. Alderson-Day, K. Schmack, and A. R. Powers III (2019). "Hallucinations and strong priors." *Trends in Cognitive Sciences* 23(2):114–127.

Cox, D. R., and H. D. Miller (1965). "The theory of stochastic processes." London: Chapman and Hall/CRC.

Craik, K. (1943). *The Nature of Explanation*. Cambridge: Cambridge University Press.

Cullen, M., B. Davey, K. J. Friston, and R. J. Moran (2018). "Active inference in OpenAI gym: a paradigm for computational investigations into psychiatric illness." *Biological Psychiatry: Cognitive Neuroscience and Neuroimaging* 3(9):809–818.

Da Costa, L., T. Parr, N. Sajid, S. Veselic, V. Neacsu, and K. Friston (2020). "Active Inference on discrete state-spaces: a synthesis." *arXiv preprint arXiv*:2001.07203.

Daunizeau, J., H. E. M. den Ouden, M. Pessiglione, S. J. Kiebel, K. E. Stephan, and K. J. Friston (2010). "Observing the observer (I): meta-Bayesian models of learning and decision-making." *PLOS ONE* 5(12):e15554.

Dauwels, J. (2007). "On variational message passing on factor graphs." 2007 *IEEE International Symposium on Information Theory*, 2546–2550.

Daw, N. D., Y. Niv, and P. Dayan (2005). "Uncertainty-based competition between prefrontal and dorsolateral striatal systems for behavioral control." *Nature Neuroscience* 8(12):1704–1711.

Dayan, P., G. E. Hinton, R. M. Neal, and R. S. Zemel (1995). "The Helmholtz machine." *Neural Computation* 7:889–904.

Demirdjian, D., L. Taycher, G. Shakhnarovich, K. Grauman, and T. Darrell (2005).

"Avoiding the 'streetlight effect': tracking by exploring likelihood modes." In *Tenth IEEE International Conference on Computer Vision (ICCV'05) Volume 1*, 357–364.

Dennett, D. C. (1978). "Why not the whole iguana?" *Behavioral and Brian Sciences* 1:103–104.

Dickinson, A., and B. Balleine (1990). "Motivational control of instrumental performance following a shift from thirst to hunger." *Quarterly Journal of Experimental Psychology* 42(4):413–431.

Disney, A. A., C. Aoki, and M. J. Hawken (2007). "Gain modulation by nicotine in Macaque V1." *Neuron* 56(4):701–713.

Donnarumma, F., M. Costantini, E. Ambrosini, K. Friston, and G. Pezzulo (2017). "Action perception as hypothesis testing." *Cortex: A Journal Devoted to the Study of the Nervous System and Behavior* 89:45–60.

Doya, K. (2007). *Bayesian Brain: Probabilistic Approaches to Neural Coding*. Cambridge, MA: MIT Press.

Elliott, M. C., P. M. Tanaka, R. W. Schwark, and R. Andrade (2018). "Serotonin differentially regulates L5 pyramidal cell classes of the medial prefrontal cortex in rats and mice." *eNeuro* 5(1):eneuro.0305–0317.2018.

Feldman, A. G. (2009). "New insights into action-perception coupling." *Experimental Brain Research* 194(1):39–58.

Feldman, A. G., and M. F. Levin (2009). "The equilibrium-point hypothesis—past, present and future." In *Progress in Motor Control: A Multidisciplinary Perspective*, edited by D. Sternad, 699-726. Boston, MA: Springer US.

Feldman, H., and K. Friston (2010). "Attention, uncertainty, and free-energy." *Frontiers in Human Neuroscience* 4(215).

Felleman, D. J., and D. C. Van Essen (1991). "Distributed hierarchical processing in the primate cerebral cortex." *Cerebral Cortex* 1(1): 1-47.

Fiser, J., P. Berkes, G. Orbán, and M. Lengyel (2010). "Statistically optimal perception and learning: from behavior to neural representations." *Trends in Cognitive Sciences* 14(3): 119-130.

FitzGerald, T. H. B., R. J. Dolan, and K. Friston (2015). "Dopamine, reward learning, and active inference." *Frontiers in Computational Neuroscience* 9: 1-16.

FitzGerald, T. H. B., P. Schwartenbeck, M. Moutoussis, R. J. Dolan, and K. Friston (2015). "Active inference, evidence accumulation, and the urn task." *Neural Computation* 27(2): 306-328.

Foster, D. (2019). *Generative Deep Learning: Teaching Machines to Paint, Write, Compose, and Play*. Boston: O'Reilly Media.

Fountas, Z., N. Sajid, P. A. M. Mediano, and K. Friston (2020). "Deep active inference agents using Monte-Carlo methods." *arXiv*: 2006.04176 [$cs,q-bio,stat$].

Fradkin, I., R. A. Adams, T. Parr, J. P. Roiser, and J. D. Huppert (2020). "Searching for an anchor in an unpredictable world: a computational model of obsessive compulsive disorder." *Psychological Review* 127(5): 672-699.

Frank, M. J. (2005). "Dynamic dopamine modulation in the basal ganglia: a neurocomputational account of cognitive deficits in medicated and nonmedicated Parkinsonism." *Journal of Cognitive Neuroscience* 17(1): 51-72.

Freeze, B. S., A. V. Kravitz, N. Hammack, J. D. Berke, and A. C. Kreitzer (2013). "Control of basal ganglia output by direct and indirect pathway projection neurons." *Journal of Neuroscience* 33(47): 18531-18539.

Freund, T. F., J. F. Powell, and A. D. Smith (1984). "Tyrosine hydroxylase-immunoreactive boutons in synaptic contact with identified striatonigral neurons, with particular reference to dendritic spines." *Neuroscience* 13(4): 1189-1215.

Friston, K. (2005). "A theory of cortical responses." *Philosophical Transactions of the Royal Society of London B: Biological Sciences* 360(1456): 815–836.

Friston, K. (2008). "Hierarchical models in the brain." *PLOS Computational Biology* 4(11): e1000211.

Friston, K. (2009). "The free-energy principle: a rough guide to the brain?" *Trends in Cognitive Sciences* 13(7): 293–301.

Friston, K. (2011). "What is optimal about motor control?" *Neuron* 72(3): 488–498.

Friston, K. (2013). "Life as we know it." *Journal of the Royal Society Interface* 10(86): 20130475.

Friston, K. (2017). "Precision psychiatry." *Biological Psychiatry: Cognitive Neuroscience and Neuroimaging* 2(8): 640–643.

Friston, K. (2019a). "A free energy principle for a particular physics." *arXiv preprint arXiv: 1906.10184*.

Friston, K. (2019b). "Waves of prediction." *PLOS Biology* 17(10): e3000426.

Friston, K., R. Adams, L. Perrinet, and M. Breakspear (2012). "Perceptions as hypotheses: saccades as experiments." *Frontiers in Psychology* 3(151).

Friston, K., and G. Buzsaki (2016). "The functional anatomy of time: what and when in the brain." *Trends in Cognitive Sciences* 20(7): 500–511.

Friston, K., L. Da Costa, D. Hafner, C. Hesp, and T. Parr (2020). "Sophisticated inference." *arXiv preprint arXiv: 2006.04120*.

Friston, K., J. Daunizeau, and S. J. Kiebel (2009). "Reinforcement learning or Active Inference?" *PLOS ONE* 4(7): e6421.

Friston, K., J. Daunizeau, J. Kilner, and S. J. Kiebel (2010). "Action and behavior: a free-energy formulation." *Biological Cybernetics* 102(3): 227–260.

Friston, K., T. FitzGerald, F. Rigoli, P. Schwartenbeck, J. O'Doherty, and G. Pezzulo (2016). "Active Inference and learning." *Neuroscience and Biobehavioral Reviews* 68: 862–879.

Friston, K., T. FitzGerald, F. Rigoli, P. Schwartenbeck, and G. Pezzulo (2017). "Active Inference: a process theory." *Neural Computation* 29(1): 1–49.

Friston, K., and C. D. Frith (2015a). "Active inference, communication and hermeneutics

( ). "*Cortex:A Journal Devoted to the Study of the Nervous System and Behavior* 68:129 – 143.

Friston, K., and C. Frith (2015b). "A duet for one." *Consciousness and Cognition* 36:390 – 405.

Friston, K., and I. Herreros (2016). "Active Inference and learning in the cerebellum." *Neural Computation* 28(9):1812 – 1839.

Friston, K., and S. Kiebel (2009). "Predictive coding under the free-energy principle."

Philosophical Transactions of the Royal Society B:Biological Sciences 364(1521):1211.

Friston, K., M. Levin, B. Sengupta, and G. Pezzulo (2015). "Knowing one's place: a free-energy approach to pattern regulation." *Journal of the Royal Society Interface* 12(105): 20141383.

Friston, K., M. Lin, C. D. Frith, G. Pezzulo, J. A. Hobson, and S. Ondobaka (2017).

"Active Inference, curiosity and insight." *Neural Computation* 29(10):2633 – 2683.

Friston, K., V. Litvak, A. Oswal, A. Razi, K. E. Stephan, B. C. M. van Wijk, G. Ziegler, and P. Zeidman (2016). "Bayesian model reduction and empirical Bayes for group (DCM) studies." *NeuroImage* 128(Supplement C):413 – 431.

Friston, K., J. Mattout, and J. Kilner (2011). "Action understanding and active inference." *Biological Cybernetics* 104(1):137 – 160.

Friston, K., J. Mattout, N. Trujillo-Barreto, J. Ashburner, and W. Penny (2007). "Variational free energy and the Laplace approximation." *NeuroImage* 34(1):220 – 234.

Friston, K., T. Parr, and B. de Vries (2017). "The graphical brain: belief propagation and Active Inference." *Network Neuroscience* 1(4):381 – 414.

Friston, K., T. Parr, Y. Yufik, N. Sajid, C. J. Price, and E. Holmes (2020). "Generative models, linguistic communication and active inference." *Neuroscience and Biobehavioral Reviews* 118:42 – 64.

Friston, K., T. Parr, and P. Zeidman (2018). "Bayesian model reduction." *arXiv preprint arXiv*:1805.07092.

Friston, K., F. Rigoli, D. Ognibene, C. Mathys, T. Fitzgerald, and G. Pezzulo (2015). "Active Inference and epistemic value." *Cognitive Neuroscience* 6(4):187 – 214.

Friston, K., R. Rosch, T. Parr, C. Price, and H. Bowman (2017). "Deep temporal models and active inference." *Neuroscience and Biobehavioral Reviews* 77: 388–402.

Friston, K., S. Samothrakis and R. Montague (2012). "Active Inference and agency: optimal control without cost functions." *Biological Cybernetics* 106(8–9): 523–541.

Friston, K., P. Schwartenbeck, T. FitzGerald, M. Moutoussis, T. Behrens, and R. J. Dolan (2014). "The anatomy of choice: dopamine and decision-making." *Philosophical Transactions of the Royal Society B: Biological Sciences* 369(1655): 20130481.

Friston, K., K. Stephan, B. Li, and J. Daunizeau (2010). "Generalised filtering." *Mathematical Problems in Engineering.* doi: 10.1155/2010/621670.

Friston, K., K. E. Stephan, R. Montague, and R. J. Dolan (2014). "Computational psychiatry: the brain as a phantastic organ." *Lancet Psychiatry* 1(2): 148–158.

Frith, C. D., S. Blakemore, and D. M. Wolpert (2000). "Explaining the symptoms of schizophrenia: abnormalities in the awareness of action." *Brain Research Reviews* 31(2–3): 357–363.

Funahashi, S., C. J. Bruce, and P. S. Goldman-Rakic (1989). "Mnemonic coding of visual space in the monkey's dorsolateral prefrontal cortex." *Journal of Neurophysiology* 61(2): 331.

Fuster, J. n. M. (2004). "Upper processing stages of the perception-action cycle." *Trends in Cognitive Sciences* 8(4): 143–145.

Galea, J. M., S. Bestmann, M. Beigi, M. Jahanshahi, and J. C. Rothwell (2012).

"Action reprogramming in Parkinson's disease: response to prediction error is modulated by levels of dopamine." *Journal of Neuroscience* 32(2): 542.

George, D., W. Lehrach, K. Kansky, M. Lázaro-Gredilla, C. Laan, B. Marthi, X. Lou, Z. Meng, Y. Liu, H. Wang, A. Lavin, and D. S. Phoenix (2017). "A generative vision model that trains with high data efficiency and breaks text-based CAPTCHAs." *Science* 358(6368): eaag2612.

Gershman, S. J., E. J. Horvitz, and J. B. Tenenbaum (2015). "Computational rationality: a converging paradigm for intelligence in brains, minds, and machines." *Science* 349(6245): 273.

Gertler, T. S., C. S. Chan, and D. J. Surmeier (2008). "Dichotomous anatomical properties of adult striatal medium spiny neurons." *Journal of Neuroscience* 28(43): 10814.

Gil, Z., B. W. Connors, and Y. Amitai (1997). "Differential regulation of neocortical synapses by neuromodulators and activity." *Neuron* 19(3):679–686.

Goodfellow, I. J., J. Pouget-Abadie, M. Mirza, B. Xu, D. Warde-Farley, S. Ozair, A. Courville, and Y. Bengio (2014). "Generative adversarial networks." *arXiv*:1406.2661[cs,stat].

Gottlieb, J., P.-Y. Oudeyer, M. Lopes, and A. Baranes (2013). "Information-seeking, curiosity, and attention: computational and neural mechanisms." *Trends in Cognitive Sciences* 17(11):585–593.

Gottwald, S., and D. A. Braun (2020). "The two kinds of free energy and the Bayesian revolution." *arXiv*:2004.11763 [cs,q-bio].

Gregory, R. L. (1980). "Perceptions as hypotheses." *Philosophical Transactions of the Royal Society of London B: Biological Sciences* 290(1038):181–197.

Ha, D., and D. Eck (2017). "A neural representation of sketch drawings." *arXiv preprint arXiv*:1704.03477.

Ha, D., and J. Schmidhuber (2018). "World models." *arXiv*:1803.10122 [cs,stat].

Haeusler, S., and W. Maass (2007). "A statistical analysis of information-processing properties of lamina-specific cortical microcircuit models." *Cerebral Cortex* 17(1):149–162.

Harlow, H. F. (1949). "The formation of learning sets." *Psychological Review* 56(1):51–65.

Helmholtz, H. v. (1866). "Concerning the perceptions in general." *Treatise on Physiological Optics*. Translated by J. P. C. Southall. New York, Dover.

Helmholtz, H. v. (1867). *Handbuch der physiologischen Optik*. Leipzig: L. Voss.

Herbart, J. (1825). *Psychologie als Wissenschaft: Neu gegründet auf Erfahrung, Metaphysik und Mathematik*. Zweiter, analytischer Teil. Koenigsberg, Germany: August Wilhem Unzer.

Hezemans, F. H., N. Wolpe, and J. B. Rowe (2020). "Apathy is associated with reduced precision of prior beliefs about action outcomes." *Journal of Experimental Psychology: General* 149(9):1767–1777.

Hills, T. T., P. M. Todd, D. Lazer, A. D. Redish, and I. D. Couzin (2015). "Exploration versus exploitation in space, mind, and society." *Trends in Cognitive Sciences* 19(1):46–54.

Hillyard, S. A., E. K. Vogel, and S. J. Luck (1998). "Sensory gain control (amplification) as a mechanism of selective attention: electrophysiological and neuroimaging evidence." *Philosophical Transactions of the Royal Society B: Biological Sciences* 353 (1373): 1257 – 1270.

Hinton, G. E. (2007a). "Learning multiple layers of representation." *Trends in Cognitive Sciences* 11 (10): 428 – 434.

Hinton, G. E. (2007b). "To recognize shapes, first learn to generate images." *Progress in Brain Research* 165: 535 – 547.

Hoffmann, J. (1993). *Vorhersage und Erkenntnis: Die Funktion von Antizipationen in der menschlichen Verhaltenssteuerung und Wahrnehmung* [Anticipation and cognition: The function of anticipations in human behavioral control and perception]. Goettingen, Germany: Hogrefe.

Hoffmann, J. (2003). "Anticipatory behavioral control." In *Anticipatory Behavior in Adaptive Learning Systems: Foundations, Theories, and Systems*, edited by M. V. Butz, O. Sigaud, and P. Gerard, 44 – 65. Berlin: Springer-Verlag.

Hohwy, J. (2013). *The Predictive Mind*. New York: Oxford University Press.

Hohwy, J. (2016). "The self-evidencing brain." *Noû* 50 (2): 259 – 285.

Hommel, B., J. Musseler, G. Aschersleben, and W. Prinz (2001). "The theory of event coding (TEC): a framework for perception and action planning." *Behavioral and Brain Science* 24 (5): 849 – 878.

Huerta, R., and M. Rabinovich (2004). "Reproducible sequence generation in random neural ensembles." *Physical Review Letters* 93 (23): 238104.

Hurley, S. (2008). "The shared circuits model (SCM): how control, mirroring, and simulation can enable imitation, deliberation, and mindreading." *Behavioral and Brain Sciences* 31: 1 – 22.

Huygens, C. (1673). *Horologium Oscillatorium: Sive, De Motu Pendulorum Ad Horologia Aptato Demostrationes Geometricae.* Culture et Civilisation.

Iodice, P., G. Porciello, I. Bufalari, L. Barca, and G. Pezzulo (2019). "An interoceptive illusion of effort induced by false heart-rate feedback." *Proceedings of the National Academy of Sciences* 116 (28): 13897 – 13902.

Isomura, T., and K. Friston (2018). "In vitro neural networks minimise variational free energy." *Scientific Reports* 8(1):16926.

Isomura, T., T. Parr, and K. Friston (2019). "Bayesian filtering with multiple internal models: toward a theory of social intelligence." *Neural Computation* 31(12):2390 – 2431.

James, W. (1890). *The Principles of Psychology*. New York: Dover Publications.

Jaynes, E. T. (1957). "Information theory and statistical mechanics." *Physical Review* 106(4):620.

Jeannerod, M. (2001). "Neural simulation of action: a unifying mechanism for motor cognition." *NeuroImage* 14:S103 – S109.

Joffily, M., and G. Coricelli (2013). "Emotional valence and the free-energy *PLOS Computational Biology* 9(6):e1003094.

Kahneman, D. (2017). Thinking, fast and slow. United Kingdom: Penguin Books.

Kakade, S., and P. Dayan (2002). "Dopamine: generalization and bonuses." *Neural Networks* 15(4):549 – 559.

Kanai, R., Y. Komura, S. Shipp, and K. Friston (2015). "Cerebral hierarchies: predictive processing, precision and the pulvinar." *Philosophical Transactions of the Royal Society B: Biological Sciences* 370(1668):20140169.

Kaplan, R., and K. J. Friston (2018). "Planning and navigation as Active Inference." *Biological Cybernetics* 112:323 – 343.

Kappen, H. J., V. Gómez, and M. Opper (2012). "Optimal control as a graphical model inference problem." *Machine Learning* 87(2):159 – 182.

Karson, C. N. (1983). "Spontaneous eye-blink rates and dopaminergic systems." *Brain* 106(3):643 – 653.

Kemp, C., and J. B. Tenenbaum (2008). "The discovery of structural form." *Proceedings of the National Academy of Sciences* 105(31):10687 – 10692.

Kiebel, S. J., J. Daunizeau, and K. J. Friston (2008). "A hierarchy of time-scales and the brain." *PLOS Computational Biology* 4(11):e1000209.

Kingma, D. P., and M. Welling (2014). "Auto-encoding variational Bayes." *arXiv*:1312.6114 [cs, stat].

Kirchhoff, M., T. Parr, E. Palacios, K. Friston, and J. Kiverstein (2018). "The Markov blankets of life: autonomy, active inference and the free energy principle." *Journal of the Royal Society*, Interface 15, 20170792, doi: 10. 1098/rsif. 2017. 0792.

Knill, D. C., and A. Pouget (2004). "The Bayesian brain: The role of uncertainty in neural coding and computation." *Trends in Neurosciences* 27(12): 712–719.

Kording, K. P., and D. M. Wolpert (2006). "Bayesian decision theory in sensorimotor control." *Trends in Cognitive Sciences* 10: 319–326.

Koss, M. C. (1986). "Pupillary dilation as an index of central nervous system ɑ2-adrenoceptor activation." *Journal of Pharmacological Methods* 15(1): 1–19.

Krakauer, J. W., A. A. Ghazanfar, A. Gomez-Marin, M. A. MacIver, and D. Poeppel (2017). "Neuroscience needs behavior: correcting a reductionist bias." *Neuron* 93(3): 480–490.

Krishnamurthy, K., M. R. Nassar, S. Sarode, and J. I. Gold (2017). "Arousal-related adjustments of perceptual biases optimize perception in dynamic environments." *Nature Human Behaviour* 1: 0107.

Kunde, W., I. Koch, and J. Hoffmann (2004). "Anticipated action effects affect the selection, initiation and execution of actions." *Quarterly Journal of Experimental Psychology. Section A: Human Experimental Psychology* 57(1): 87–106.

Lake, B. M., T. D. Ullman, J. B. Tenenbaum, and S. J. Gershman (2017). "Building machines that learn and think like people." *Behavioral and Brain Sciences* 40: 1–72.

Lambe, E. K., P. S. Goldman-Rakic, and G. K. Aghajanian (2000). "Serotonin induces EPSCs preferentially in layer V pyramidal neurons of the frontal cortex in the rat." *Cerebral Cortex* 10(10): 974–980.

Lavín, C., R. San Martín, and E. Rosales Jubal (2013). "Pupil dilation signals uncertainty and surprise in a learning gambling task." *Frontiers in Behavioral Neuroscience* 7: 218.

Lavine, N., M. Reuben, and P. Clarke (1997). "A population of nicotinic receptors is associated with thalamocortical afferents in the adult rat: laminal and areal analysis." *Journal of Comparative Neurology* 380(2): 175–190.

Lee, M. D., and E. -J. Wagenmakers (2014). *Bayesian Cognitive Modeling: A Practical Course*. Cambridge: Cambridge University Press.

Lee, S. W., S. Shimojo, and J. P. O'Doherty (2014). "Neural computations underlying arbitration between model-based and model-free learning." *Neuron* 81(3): 687–699.

Levine, S. (2018). "Reinforcement learning and control as probabilistic inference: tutorial and review." *arXiv*: 1805.00909 [cs, stat].

Liao, H.-I., M. Yoneya, S. Kidani, M. Kashino, and S. Furukawa (2016). "Human pupillary dilation response to deviant auditory stimuli: effects of stimulus properties and voluntary attention." *Frontiers in Neuroscience* 10: 43.

Limanowski, J., and K. Friston (2019). "Attentional modulation of vision versus proprioception during action." *Cerebral Cortex* 30(3): 1637–1648.

Lindley, D. V. (1956). "On a measure of the information provided by an experiment." *Annals of Mathematical Statistics* 27(4): 986–1005.

Linson, A., T. Parr, and K. J. Friston (2020). "Active Inference, stressors, and psychological trauma: a neuroethological model of (mal)adaptive explore-exploit dynamics in ecological context." *Behavioural Brain Research* 380: 1–13.

Loeliger, H. A. (2004). "An introduction to factor graphs." *IEEE Signal Processing Magazine* 21(1): 28–41.

Loeliger, H. A., J. Dauwels, J. Hu, S. Korl, L. Ping, and F. R. Kschischang (2007). "The factor graph approach to model-based signal processing." *Proceedings of the IEEE* 95(6): 1295–1322.

MacKay, D. M. (1956). *The Epistemological Problem for Automata*. Princeton, NJ: Princeton University Press.

Maisto, D., L. Barca, O. V. d. Bergh, and G. Pezzulo (2021). "Perception and misperception of bodily symptoms from an Active Inference perspective: modelling the case of panic disorder." *Psychological Review*.

Maisto, D., K. Friston, and G. Pezzulo (2019). "Caching mechanisms for habit formation in Active Inference." *Neurocomputing* 359: 298–314.

Marek, R., C. Strobel, T. W. Bredy, and P. Sah (2013). "The amygdala and medial prefrontal cortex: partners in the fear circuit." *Journal of Physiology* 591(10): 2381–2391.

Marshall, L., C. Mathys, D. Ruge, A. O. de Berker, P. Dayan, K. E. Stephan, and S. Bestmann (2016). "Pharmacological fingerprints of contextual uncertainty." *PLOS Biology* 14(11): e1002575.

Maturana, H. R., and F. J. Varela (1980). *Autopoiesis and Cognition: The Realization of Living*. Dordrecht, Holland: D. Reidel.

Mesulam, M. M. (1998). "From sensation to cognition." *Brain: Journal of Neurology* 121 (pt. 6):1013–1052.

Miller, E. K., and J. D. Cohen (2001). "An integrative theory of prefrontal cortex function." *Annual Review of Neuroscience* 24:167–202.

Miller, G. A., E. Galanter, and K. H. Pribram (1960). *Plans and the Structure of Behavior*. New York: Holt, Rinehart and Winston.

Miller, K. D. (2003). "Understanding layer 4 of the cortical circuit: a model based on cat V1." *Cerebral Cortex* 13(1):73–82.

Millidge, B. (2019). "Deep Active Inference as variational policy gradients." *arXiv*:1907.03876 [cs].

Mirza, M. B., R. A. Adams, C. Mathys, and K. J. Friston (2018). "Human visual exploration reduces uncertainty about the sensed world." *PLOS ONE* 13(1):e0190429.

Mirza, M. B., R. A. Adams, C. D. Mathys, and K. J. Friston (2016). "Scene construction, visual foraging, and Active Inference." *Frontiers in Computational Neuroscience* 10(56).

Mirza, M. B., R. A. Adams, T. Parr, and K. Friston (2019). "Impulsivity and Active Inference." *Journal of Cognitive Neuroscience* 31(2):202–220.

Montague, P. R., R. J. Dolan, K. J. Friston, and P. Dayan (2012). "Computational psychiatry." *Trends in Cognitive Sciences* 16(1):72–80.

Moran, R. J., P. Campo, M. Symmonds, K. E. Stephan, R. J. Dolan, and K. J. Friston (2013). "Free energy, precision and learning: the role of cholinergic neuromodulation." *Journal of Neuroscience* 33(19):8227–8236.

Moss, J., and J. P. Bolam (2008). "A dopaminergic axon lattice in the striatum and its relationship with cortical and thalamic terminals." *Journal of Neuroscience* 28(44):11221.

Moutoussis, M., N. J. Trujillo-Barreto, W. El-Deredy, R. J. Dolan, and K. J. Friston (2014). "A formal model of interpersonal inference." *Frontiers in Human Neuroscience* 8:160.

Mukherjee, P., A. Sabharwal, R. Kotov, A. Szekely, R. Parsey, D. M. Barch, and A. Mohanty (2016). "Disconnection between amygdala and medial prefrontal cortex in psychotic disorders." *Schizophrenia Bulletin* 42(4):1056–1067.

Murphy, K. P. (2012). *Machine Learning: A Probabilistic Perspective*. Cambridge, MA: MIT Press.

Nambu, A. (2004). "A new dynamic model of the cortico-basal ganglia loop." *Progress in*

Brain Research 143:461-466.

Nassar, M. R., K. M. Rumsey, R. C. Wilson, K. Parikh, B. Heasly, and J. I. Gold (2012).
"Rational regulation of learning dynamics by pupil-linked arousal systems." *Nature Neuroscience* 15(7):1040-1046.

Nave, K., G. Deane, M. Miller, and A. Clark (2020). "Wilding the predictive brain." *Cognitive Science* 11(6):e1542.

Neisser, U. (2014). *Cognitive Psychology: Classic Edition*. London: Taylor & Francis.

Nishimoto, R., and J. Tani (2009). "Development of hierarchical structures for actions and motor imagery: a constructivist view from synthetic neuro-robotics study." *Psychological Research PRPF* 73(4):545-558.

Olsen, S. R., D. S. Bortone, H. Adesnik, and M. Scanziani (2012). "Gain control by layer six in cortical circuits of vision." *Nature* 483:47.

Ortega, P. A., and D. A. Braun (2013). "Thermodynamics as a theory of decision-making with information-processing costs." *Proceedings of the Royal Society A: Mathematical, Physical and Engineering Science* 469(2153).

Oudeyer, P. Y., F. Kaplan, and V. Hafner (2007). "Intrinsic motivation systems for autonomous mental development." *IEEE Transactions on Evolutionary Computation* 11(2):265-286.

Palacios, E. R., T. Isomura, T. Parr, and K. Friston (2019). "The emergence of synchrony in networks of mutually inferring neurons." *Scientific Reports* 9(1):6412.

Palacios, E. R., A. Razi, T. Parr, M. Kirchhoff, and K. Friston (2020). "On Markov blankets and hierarchical self-organisation." *Journal of Theoretical Biology* 486:110089.

Pareés, I., H. Brown, A. Nuruki, R. A. Adams, M. Davare, K. P. Bhatia, K. Friston, and M. J. Edwards (2014). "Loss of sensory attenuation in patients with functional (psychogenic) movement disorders." *Brain* 137(11):2916-2921.

Parr, T. (2020). "Inferring what to do (and what not to)." *Entropy* 22(5):536.

Parr, T., D. A. Benrimoh, P. Vincent, and K. J. Friston (2018). "Precision and false perceptual inference." *Frontiers in Integrative Neuroscience* 12:39-39.

Parr, T., L. D. Costa, and K. Friston (2020). "Markov blankets, information geometry and stochastic thermodynamics." *Philosophical Transactions of the Royal Society A:*

Mathematical, Physical and Engineering Sciences 378(2164):20190159.

Parr, T., and K. J. Friston (2017a). "The computational anatomy of visual neglect." *Cerebral Cortex* 28:1-14.

Parr, T., and K. J. Friston (2017b). "Uncertainty, epistemics and active inference." *Journal of the Royal Society Interface* 14(136).

Parr, T., and K. J. Friston (2017c). "Working memory, attention, and salience in Active Inference." *Scientific Reports* 7(1):14678.

Parr, T., and K. J. Friston (2018a). "Active Inference and the anatomy of oculomotion." *Neuropsychologia* 111:334-343.

Parr, T., and K. J. Friston (2018b). "The anatomy of inference: generative models and brain structure." *Frontiers in Computational Neuroscience* 12(90).

Parr, T., and K. J. Friston (2018c). "The discrete and continuous brain: From decisions to movement—and back again." *Neural Computation* 30(9):2319-2347.

Parr, T., and K. J. Friston (2018d). "Generalised free energy and Active Inference: can the future cause the past?" *bioRxiv*.

Parr, T., and K. J. Friston (2019a). "Attention or salience?" *Current Opinion in Psychology* 29:1-5.

Parr, T., and K. J. Friston (2019b). "The computational pharmacology of oculomotion." *Psychopharmacology* 236(8):2473-2484.

Parr, T., D. Markovic, S. J. Kiebel, and K. J. Friston (2019). "Neuronal message passing using mean-field, Bethe, and marginal approximations." *Scientific Reports* 9(1):1889.

Parr, T., M. B. Mirza, H. Cagnan, and K. J. Friston (2019). "Dynamic causal modelling of active vision." *Journal of Neuroscience* 39(32):6265-6275.

Parr, T., R. V. Rikhye, M. M. Halassa, and K. J. Friston (2019). "Prefrontal computation as Active Inference." *Cerebral Cortex* 30(2):682-695.

Pearl, J. (1988). *Probabilistic Reasoning in Intelligent Systems: Networks of Plausible Inference*. San Francisco, CA: Morgan Kaufmann.

Pearl, J. and D. Mackenzie (2018). *The Book of Why: The New Science of Cause and Effect*. New York: Basic Books.

Perrinet, L. U., R. A. Adams, and K. J. Friston (2014). "Active Inference, eye movements and oculomotor delays." *Biological Cybernetics* 108(6):777–801.

Peters, A., B. S. McEwen, and K. Friston (2017). "Uncertainty and stress: why it causes diseases and how it is mastered by the brain." *Progress in Neurobiology*. 156:164–188.

Petersen, K. B., and M. S. Pedersen (2012). *The Matrix Cookbook*. https://www.math.uwaterloo.ca/~hwolkowi/matrixcookbook.pdf.

Pezzulo, G. (2012). "An Active Inference view of cognitive control." *Frontiers in Theoretical and Philosophical Psychology* 478:1–2.

Pezzulo, G. (2013). "Why do you fear the bogeyman? An embodied predictive coding model of perceptual inference." *Cognitive, Affective, and Behavioral Neuroscience* 14(3):902–911.

Pezzulo, G., G. Baldassarre, M. V. Butz, C. Castelfranchi, and J. Hoffmann (2007). "Fron action to goals and vice-versa: Theoretical analysis and models of the ideomotor principle and TOTE." In *Anticipatory Behavior in Adaptive Learning Systems*, edited by M. V. Butz, O. Sigaud, G. Pezzulo, and G. Baldassarre. ABiALS 2006. *Lecture Notes in Computer Science*, vol 4520. Berlin: Springer. https://doi.org/10.1007/978-3-540-74262-3_5.

Pezzulo, G., L. W. Barsalou, A. Cangelosi, M. H. Fischer, K. McRae, and M. J. Spivey (2013). "Computational grounded cognition: a new alliance between grounded cognition and computational modeling." *Frontiers in Psychology* 3:612.

Pezzulo, G., E. Cartoni, F. Rigoli, L. Pio-Lopez, and K. Friston (2016). "Active Inference, epistemic value, and vicarious trial and error." *Learning and Memory* 23(7):322–338.

Pezzulo, G., and P. Cisek (2016). "Navigating the affordance landscape: feedback control as a process model of behavior and cognition." *Trends in Cognitive Sciences* 20(6):414–424.

Pezzulo, G., F. Donnarumma, P. Iodice, D. Maisto, and I. Stoianov (2017). "Model-based approaches to active perception and control." *Entropy* 19(6):266.

Pezzulo, G., C. Kemere, and M. A. A. van der Meer (2017). "Internally generated hippocampal sequences as a vantage point to probe future-oriented cognition." *Annals of the New York Academy of Sciences* 1396(1):144–165.

Pezzulo, G., and M. Levin (2015). "Re-membering the body: applications of computational neuroscience to the top-down control of regeneration of limbs and other complex organs." *Integrative Biology* 7(12):1487–1517.

Pezzulo, G., B. Lw, A. Cangelosi, M. H. Fischer, K. McRae, and M. Spivey (2011).

"The mechanics of embodiment: A dialogue on embodiment and computational modeling."

Frontiers in Cognition 2(5):1–21.

Pezzulo, G., D. Maisto, L. Barca, and O. V. d. Bergh (2019). "Symptom perception from a predictive processing perspective." *Clinical Psychology in Europe* 1(4):1–14.

Pezzulo, G., and F. Rigoli (2011). "The value of foresight: how prospection affects decision-making." *Frontiers in Neuroscience* 5(79).

Pezzulo, G., F. Rigoli, and K. J. Friston (2015). "Active Inference, homeostatic regulation and adaptive behavioural control." *Progress in Neurobiology* 136:17–35.

Pezzulo, G., F. Rigoli, and K. J. Friston (2018). "Hierarchical Active Inference: a theory of motivated control." *Trends in Cognitive Sciences* 22(4):294–306.

Pezzulo, G., M. Zorzi, and M. Corbetta (2020). "The secret life of predictive brains: what's spontaneous activity for?" *psyarxiv*.

Pfeifer, R., and J. C. Bongard (2006). *How the Body Shapes the Way We Think*. Cambridge, MA: MIT Press.

Pio-Lopez, L., A. Nizard, K. Friston, and G. Pezzulo (2016). "Active Inference and robot control: a case study." *Journal of the Royal Society Interface* 13(122).

Posner, M. I., R. D. Rafal, L. S. Choate, and J. Vaughan (1985). "Inhibition of return: neural basis and function." *Cognitive Neuropsychology* 2(3):211–228.

Pouget, A., J. M. Beck, W. J. Ma, and P. E. Latham (2013). "Probabilistic brains: knowns and unknowns." *Nature Neuroscience* 16(9):1170–1178.

Powers, W. T. (1973). *Behavior: The Control of Perception*. Hawthorne, NY: Aldine.

Prosser, A., K. J. Friston, N. Bakker, and T. Parr (2018). "A Bayesian account of psychopathy: a model of lacks remorse and self-aggrandizing." *Computational Psychiatry* 1–49.

Ramstead, M. J. D., M. D. Kirchhoff, and K. J. Friston (2019). "A tale of two densities: Active Inference is enactive inference." *Adaptive Behavior* 28(4):225–239.

Rao, R. P., and D. H. Ballard (1999). "Predictive coding in the visual cortex: a functional interpretation of some extra-classical receptive-field effects." *Nature Neuroscience* 2(1):79–87.

Rawlik, K., M. Toussaint, and S. Vijayakumar (2013). "On stochastic optimal control and reinforcement learning by approximate inference." In *Robotics: Science and Systems VIII*, edited by N. Roy, P. Newman, and S. Srinivasa. Cambridge, MA: MIT Press.

Risken, H. (1996). "Fokker-Planck equation." *The Fokker-Planck Equation: Methods of Solution and Applications*, 63–95. Berlin: Springer.

Rizzolatti, G., L. Riggio, I. Dascola, and C. Umiltá (1987). "Reorienting attention across the horizontal and vertical meridians: evidence in favor of a premotor theory of attention." *Neuropsychologia* 25(1, pt. 1): 31–40.

Rosenblueth, A., N. Wiener, and J. Bigelow (1943). "Behavior, purpose and teleology." *Philosophy of Science* 10(1): 18–24.

Sahin, M., W. D. Bowen, and J. P. Donoghue (1992). "Location of nicotinic and muscarinic cholinergic and ì-opiate receptors in rat cerebral neocortex: evidence from thalamic and cortical lesions." *Brain Research* 579(1): 135–147.

Sales, A. C., K. J. Friston, M. W. Jones, A. E. Pickering, and R. J. Moran (2019). "Locus coeruleus tracking of prediction errors optimises cognitive flexibility: an Active Inference model." *PLOS Computational Biology* 15(1): e1006267.

Sancaktar, C., M. van Gerven, and P. Lanillos (2020). "End-to-end pixel-based deep Active Inference for body perception and action." *arXiv*: 2001.05847 [cs, q-bio].

Schmidhuber, J. (1991). "Adaptive confidence and adaptive curiosity." Institut fur Informatik, Technische Universitat Munchen. Schultz, W., P. Dayan, and P. R. Montague (1997). "A neural substrate of prediction and reward." *Science* 275(5306): 1593.

Schwartenbeck, P., T. H. B. FitzGerald, C. Mathys, R. Dolan, and K. Friston (2015). "The dopaminergic midbrain encodes the expected certainty about desired outcomes." *Cerebral Cortex* 25(10): 3434–3445.

Schwartenbeck, P., T. H. B. FitzGerald, C. Mathys, R. Dolan, F. Wurst, M. Kronbichler, and K. Friston (2015). "Optimal inference with suboptimal models: Addiction and active Bayesian inference." *Medical Hypotheses* 84(2): 109–117.

Schwartenbeck, P., and K. Friston (2016). "Computational phenotyping in psychiatry: a worked example." *eNeuro* 3(4): eneuro.0049–0016.2016.

Schwartenbeck, P., J. Passecker, T. U. Hauser, T. H. FitzGerald, M. Kronbichler, and K. J. Friston (2019). "Computational mechanisms of curiosity and goal-directed exploration." *eLife* 8: e41703.

Schwöel, S., S. Kiebel, and D. Marković (2018). "Active Inference, belief propagation, and the Bethe approximation." *Neural Computation* 30(9): 1–38.

Seth, A. K. (2013). "Interoceptive inference, emotion, and the embodied self." *Trends in*

Cognitive Sciences 17(11):565-573.

Seth, A. K., and K. J. Friston (2016). "Active interoceptive inference and the emotional brain." *Philosophical Transactions of the Royal Society B* 371(1708):20160007.

Seth, A. K., K. Suzuki, and H. D. Critchley (2012). "An interoceptive predictive coding model of conscious presence." *Frontiers in Psychology* 2:1-16.

Shadmehr, R., M. A. Smith, and J. W. Krakauer (2010). "Error correction, sensory prediction, and adaptation in motor control." *Annual Review of Neuroscience* 33:89-108.

Sheliga, B. M., L. Riggio, and G. Rizzolatti (1994). "Orienting of attention and eye movements." *Experimental Brain Research* 98(3):507-522.

Sheliga, B. M., L. Riggio, and G. Rizzolatti (1995). "Spatial attention and eye movements." *Experimental Brain Research* 105(2):261-275.

Shipp, S. (2007). "Structure and function of the cerebral cortex." *Current Biology* 17(12): R443-R449.

Shipp, S. (2016). "Neural elements for predictive coding." *Frontiers in Psychology* 7:1792.

Shipp, S., R. A. Adams, and K. J. Friston (2013). "Reflections on agranular architecture: predictive coding in the motor cortex." *Trends in Neurosciences* 36(12):706-716.

Simon, H. A. (1990). "Bounded rationality." In *Utility and Probability*, 15-18. New York: Springer. Skinner, B. F. (1938). *The Behavior of Organisms: An Experimental Analysis*. New York: Appleton-Century-Crofts.

Smith, R., R. D. Lane, T. Parr, and K. J. Friston (2019). "Neurocomputational mechanisms underlying emotional awareness: insights afforded by deep Active Inference and their potential clinical relevance." *Neuroscience and Biobehavioral Reviews* 107:473-491.

Smith, R., T. Parr, and K. J. Friston (2019). "Simulating emotions: an Active Inference model of emotional state inference and emotion concept learning." *bioRxiv* 640813.

Solway, A., and M. M. Botvinick (2012). "Goal-directed decision making as probabilistic inference: a computational framework and potential neural correlates." *Psychological Review* 119(1):120-154.

Sterling, P. (2012). "Allostasis: a model of predictive regulation." *Physiology and Behavior* 106(1):5-15.

Stewart, N., N. Chater, and G. D. A. Brown (2006). "Decision by sampling." *Cognitive Psychology* 53(1):1-26.

Stoianov, I. , D. Maisto, and G. Pezzulo (2020). "The hippocampal formation as a hierarchical generative model supporting generative replay and continual learning." *bioRxiv* 2020. 2001. 2016. 908889.

Sutton, R. S., and A. G. Barto (1998). *Reinforcement Learning: An Introduction*. Cambridge MA: MIT Press.

Tani, J. , and J. White (2020). "Cognitive neurorobotics and self in the shared world, a focused review of ongoing research." *Adaptive Behavior*. 1 – 20.

Tenenbaum, J. B. , T. L. Griffiths, and C. Kemp (2006). "Theory-based Bayesian models of inductive learning and reasoning." *Trends in Cognitive Sciences* 10: 309 – 318.

Tervo, D. G. R. , J. B. Tenenbaum, and S. J. Gershman (2016). "Toward the neural implementation of structure learning." *Current Opinion in Neurobiology* 37: 99 – 105.

Thomson, A. (2010). "Neocortical layer 6, a review." *Frontiers in Neuroanatomy* 4(13).

Todorov, E. (2004). "Optimality principles in sensorimotor control." *Nature Neuroscience* 7(9): 907 – 915.

Todorov, E. (2008). "General duality between optimal control and estimation." In *47th IEEE Conference on Decision and Control*, 4286 – 4292.

Todorov, E. (2009). "Efficient computation of optimal actions." *Proceedings of the National Academy of Sciences USA* 106(28): 11478 – 11483.

Tolman, E. C. (1948). "Cognitive maps in rats and men." *Psychological Review* 55: 189 – 208.

Tschantz, A. , L. Barca, D. Maisto, C. L. Buckley, A. K. Seth, and G. Pezzulo (2021). "Simulating homeostatic, allostatic and goal-directed forms of interoceptive control using Active Inference." *bioRxiv* 2021. 2002. 2016. 431365.

Tschantz, A. , A. K. Seth, and C. L. Buckley (2020). "Learning action-oriented models through active inference." *PLOS Computational Biology* 16(4): e1007805.

Tsvetanov, K. A. , R. N. A. Henson, L. K. Tyler, A. Razi, L. Geerligs, T. E. Ham, and J. B. Rowe (2016). "Extrinsic and intrinsic brain network connectivity maintains cognition across the lifespan despite accelerated decay of regional brain activation." *Journal of Neuroscience* 36(11): 3115.

Ueltzhöfer, K. (2018). "Deep Active Inference." *Biological Cybernetics* 112(6): 547 – 573.

Ungerleider, L. G., and J. V. Haxby (1994). "'What' and 'where' in the human brain." *Current Opinion in Neurobiology* 4(2):157–165.

van de Laar, T. W., and B. de Vries (2019). "Simulating Active Inference processes by message passing." *Frontiers in Robotics and AI* 6(20).

Veissière, S. P. L., A. Constant, M. J. D. Ramstead, K. J. Friston, and L. J. Kirmayer (2020). "Thinking through other minds: a variational approach to cognition and culture." *Behavioral and Brain Sciences* 43:e90.

Verschure, P., C. M. A. Pennartz, and G. Pezzulo (2014). The why, what, where, when and how of goal-directed choice: neuronal and computational principles. *Philosophical Transactions of the Royal Society of London B: Biological Sciences* 369:20130483.

Verschure, P. F. M. J. (2012). "Distributed adaptive control: a theory of the mind, brain, body nexus." *Biologically Inspired Cognitive Architectures* 1:55–72.

Verschure, P. F. M. J., T. Voegtlin, and R. J. Douglas (2003). "Environmentally mediated synergy between perception and behaviour in mobile robots." *Nature* 425(6958):620–624.

Vincent, P., T. Parr, D. Benrimoh, and K. J. Friston (2019). "With an eye on uncertainty: modelling pupillary responses to environmental volatility." *PLOS Computational Biology* 15(7):e1007126.

Vossel, S., M. Bauer, C. Mathys, R. A. Adams, R. J. Dolan, K. E. Stephan, and K. J. Friston (2014). "Cholinergic stimulation enhances Bayesian belief updating in the deployment of spatial attention." *Journal of Neuroscience* 34(47):15735.

Wainwright, M. J., and M. I. Jordan (2008). "Graphical models, exponential families, and variational inference." *Foundations and Trends in Machine Learning* 1(1–2):1–305.

Wald, A. (1947). "An essentially complete class of admissible decision functions." *Annals of Mathematical Statistics* 18(4):549–555.

Wall, N. R., M. De La Parra, E. M. Callaway, and A. C. Kreitzer (2013). "Differential innervation of direct-and indirect-pathway striatal projection neurons." *Neuron* 79(2):347–360.

Wesson, D. W., and D. A. Wilson (2011). "Sniffing out the contributions of the olfactory tubercle to the sense of smell: hedonics, sensory integration, and more?" *Neuroscience and Biobehavioral Reviews* 35(3):655–668.

Wiener, N. (1948). *Cybernetics: or Control and Communication in the Animal and the*

Machine. Cambridge, MA: MIT Press.

Winn, J., and C. M. Bishop (2005). "Variational message passing." *Journal of Machine Learning Research* 6(April): 661–694.

Wolpert, D. M., K. Doya, and M. Kawato (2003). "A unifying computational framework for motor control and social interaction." *Philosophical Transactions of the Royal Society of London B: Biological Sciences* 358(1431): 593–602.

Wolpert, D. M., and M. Kawato (1998). "Multiple paired forward and inverse models for motor control." *Neural Networks* 11(7–8): 1317–1329.

Wolpert, D. M., and M. S. Landy (2012). "Motor control is decision-making." *Current Opinion in Neurobiology* 22(6): 996–1003.

Yager, L. M., A. F. Garcia, A. M. Wunsch, and S. M. Ferguson (2015). "The ins and outs of the striatum: role in drug addiction." *Neuroscience* 301: 529–541.

Yamashita, Y., and J. Tani (2008). "Emergence of functional hierarchy in a multiple timescale neural network model: a humanoid robot experiment." *PLOS Computational Biology* 4(11): e1000220.

Yuan, R., and P. Ao (2012). "Beyond It versus Stratonovich." *Journal of Statistical Mechanics: Theory and Experiment* 2012(07): P07010.

Yuille, A., and D. Kersten (2006). "Vision as Bayesian inference: analysis by synthesis?" *Probabilistic Models of Cognition* 10(7): 301–308.

Zeki, S., and S. Shipp (1988). "The functional logic of cortical connections." *Nature* 335(6188): 311–317.

Zénon, A., O. Solopchuk, and G. Pezzulo (2019). "An information-theoretic perspective on the costs of cognition." *Neuropsychologia* 123: 5–18.

Zhang, Z., S. Cordeiro Matos, S. Jego, A. Adamantidis, and P. Séguéla (2013). "Norepinephrine drives persistent activity in prefrontal cortex via synergistic á1 and á2 adrenoceptors." *PLOS ONE* 8(6): e66122.

Zhou, Y., P. Zeidman, S. Wu, A. Razi, C. Chen, L. Yang, J. Zou, G. Wang, H. Wang, and K. J. Friston (2018). "Altered intrinsic and extrinsic connectivity in schizophrenia." *NeuroImage: Clinical* 17: 704–716.

索引（原书页码）

Active Inference

Accuracy 准确性, 28
Allostasis 稳态应变, 215 – 216
Ambiguity 含混, 33, 137
Attention 注意, 157, 217
Basal ganglia 基底神经节, 92 – 93
Bayesian brain 贝叶斯大脑, 200
Bayesian surprise 贝叶斯惊异, 20
Bayes' rule 贝叶斯定理, 16 – 17
Birdsong 鸟鸣, 164
Bounded rationality 有限理性, 213
Complexity 复杂性, 28, 220
Cortical microcircuit 皮质微观回路, 87 – 88
Dirichlet distribution Dirichlet 分布, 142
Dopamine 多巴胺, 92
Emotion 情绪, 213 – 214
Energy 能量, 28, 55
Entropy 熵, 28
Euler-Lagrange equations 欧拉—拉格朗日方程, 55, 237
Expectation 预期, 期望, 21
Expected free energy 预期自由能, 33, 52, 73, 144, 251 – 252
Factor graph 因子图, 67 – 68
Free energy (or variational free energy) 自由能（或变分自由能）, 27 – 28
Generalized coordinates of motion 广义运动坐标, 69 – 70, 78 – 79, 235
Generalized synchrony 广义同步, 164
Generative adversarial networks 生成对抗网络, 222
Generative model 生成模型, 8, 16 – 17, 22 – 23, 63
Generative process 生成过程, 22 – 23
Goal-directed behaviour 目标导向的行为, 93, 101
Habits 习惯, 93, 209
Hamiltonian 哈密顿量, 47, 54 – 55
Hierarchy 层级结构, 多层结构, 148
Hybrid models 混合模型, 166
Ideomotor theory 观念运动理论, 202
Information gain 信息收益, 33, 135
Interoceptive inference 内感觉推理, 215 – 216
Jensen's inequality Jensen 不等式, 64 – 65
Kullback-Leibler divergence KL 散度, 20, 66

索 引

Laplace approximation 拉普拉斯近似, 81, 233-235
Learning 学习, 142, 161, 247
Lorenz systems Lorenz 系统, 163
Lotka-Volterra systems Lotka-Volterra 系统, 159
Markov blanket 马尔科夫毯, 43-45, 55
Meta-Bayesianism 元贝叶斯推理, 176
Microcircuit 微观回路, 87-88
Motivation 动机, 36, 101, 187, 213-214
Navigation 导航, 146
Neurotransmitters 神经递质, 97-98
Newtonian dynamics 牛顿力学, 54, 155
Nonequilibrium steady state 非平衡稳态, 48, 240
Novelty 新颖性, 144, 252
Occam's razor 奥卡姆剃刀原则, 28
Optimal control theory 最优控制理论, 204
Optimality 最优, 优化, 22, 208
Parametric empirical Bayes (PEB) 参数经验贝叶斯 (PEB), 178-179
Parkinson's disease 帕金森病, 94
Partially observed Markov decision process 部分可观察的马尔科夫决策过程, 69-70, 243-247
Perceptual control theory 知觉控制理论, 203
Planning 计划, 31-33
Pragmatic value 实用价值, 33
Precision 精度, 138, 157
Predictive coding 预测编码, 78-83, 89, 201
Process theory 过程理论, 85-86, 197
Random dynamical system 随机动力系统, 48, 54, 238-239
Reading 阅读, 148-149
Reflexes 反射, 155
Reinforcement learning 强化学习, 53, 203, 206, 208-209
Risk 风险, 33
Saccades 扫视, 139, 167-168
Salience 显著性, 144
Self-evidencing "自证", 41, 47, 52, 239
Sensory attenuation 感知抑制, 157
Social dynamics 社会动力学, 164-165, 221
Surprise 惊异, 19, 39
Synaptic efficacy 突触效能, 95
Taylor series 泰勒级数, 69, 232-233
Thalamus 丘脑, 94-95
Value function 价值函数, 53
Variational autoencoders 变分自编码器, 222
Variational inference 变分推理, 51
Variational Laplace 变分拉普拉斯, 177
Variational message passing 变分消息传递, 75-76, 237-238, 254
Working memory 工作记忆, 112, 196